湯本貴和・松田裕之 編

世界遺産をシカが喰う

シカと森の生態学

文一総合出版

はじめに　シカと森の「今」をたしかめる

湯本貴和

日本の森がおかしい

「日本の森に大きな変化が起こっている」

このことに山村に住む人々や生物の研究者の多くが気づいてから、そろそろ十五年ほどになるでしょうか。西日本では、モウソウチクがどんどん雑木林に侵入しています。全国的には、シカ、イノシシ、サルが植林の苗木や畑の作物を食い荒らしたり、果樹園の果物を台無しにしたりします。かつてはこのような野生動物は人里離れた奥山に住むもので、めったに人の眼に触れるものではありませんでした。このような自然の変化は、当初は一部地域の特異な現象として取り上げられてきましたが、次第に日本全国どこにでも起こっている同時多発的な様相を呈してきました。

では、里山あるいは奥山とはいったい何でしょうか。里山林とは昔から薪や柴をとったり、炭を焼いたり、落葉をかいて肥料にしたり、葉のついた枝や低木を伐って刈敷にしたり、山菜をとったりというように、さまざまなかたちで繰り返し繰り返し人間が利用してきた林です。また、里山林は農業用水を育み、肥料を供給するかたちで伝

森林の地表面をおおっていた植物（下層植生）がなくなったため，雨水などにより土壌の流失がすすみ，斜面が崩れてしまう。草がなくなった理由とは？（長崎県五島列島にて　撮影／常田邦彦）

統社会の農業と密接なつながりをもっていました。ですから里山林だけではなく、それに接する中山間地の水田やため池、用水路、茅場なども里山に含めてもいいでしょう。[1] それに対して、日常的な人間活動がなく、全体的には自然本来の力が卓越していた場所のことを奥山と呼ぶことにします。ただし、奥山でも、昔から人間活動の影響がまったくないわけではありませんでした。さらに日本では歴史的にも本当に限られた場所にしかありませんでしたが、奥山の先は、次第にほとんど人間活動の影響がみられない原生的自然になっていきます。

民俗学では、村落の構造はムラ（集落）を取り巻くノラ（耕地）、それをさらに取り巻くヤマ（山林＝採取地）の三重円構造で理解できるとしています。そのうちムラとノラは里であり、ノラとヤマの境界部分とヤマが里山です。[2] このふたつはすべてのムラビトの日常的な活動の場です。それに対して、三重円構造の外側にあって一部の職業的なヤマビトが一時的な小屋掛けをしながら活動する場所がモリ、すなわち奥山にあたります。ここは日常的なムラビトの世界とは離れた、カミの力が卓越する領域であるとはっきり意識されています。たとえば第二次世界大戦までの東北・中部のマタギ猟師たちは典型的なヤマビトといっていいでしょうが、ふだんはムラに住んでいて狩猟の季節に限って、精進潔斎をして入山しました。そして、奥山では里ことばではなく、マタギことばに切り替えて仕事をしたのです。原生的自然にいたっては完全なるカミの世界で、山伏や行者といった修行の衆しか足を踏み入れることはありませんでした。ムラやノラの中に小さなモリあるいは原生的自然を見立てることによって、鎮守の森としてカミを祭ることもよく知られたことです。いずれにせよ、伝統社会では、人間が主に生業である農業を営むために長い時間をかけて改変してきたのが里山の自然で、まれに、あるいは季節を限って狩猟や採集を行っていて人間活動の影響がそれほど強くないのが奥山の自然ということになります。

しかし、この伝統社会の里山と奥山の区分は近世までの姿であり、近代になると大きく様相が変わってきます。里山の多くが民有林であったのに対して、奥山は共有林や藩有林であったために明治の地租改正で国有林とされました。その後、第二次世界大戦の前後での木材需要に応えるための乱伐や、一九六〇年代の紙需用の増大と林野庁・現業職員の安定雇用確保を背景にしたチェーンソーや動力集材機を駆使する皆伐とスギ・ヒノキの一斉造林で、奥山の自然生態系は壊滅的な打撃を蒙りました。一方で、里山では後で説明する社会経済の構造変化に伴い、ヤマでの仕事が衰退してこれまでのような管理が放棄されたため、森林としての遷移が進んできました。これら奥山と里山の双方に大きな変化が起こってきたために里山と奥山の境界があいまいとなり、いまや急速に三重円構造がなくなっていることが、冒頭にあげたような野生動物が人里にあらわれる現象を説明する直接の原因と考えられます。

オーバーユースとアンダーユースの両輪

環境省は、生物多様性に関して日本の自然が抱える諸問題は、第一の危機「開発や乱獲による生物種の絶滅や脆弱な生態系への悪影響」、第二の危機「農山村での人間

木々の葉が一定の高さで刈り払われたようになくなった森林。しかし，人間が刈り払ったわけではない。どのようにして起こったのだろう？
こうした現象により，林内に日光が入ったり，風通しがよくなったりするため，地表（林床）をおおう植物の種類が変わるなどの環境変化にもつながっていく（長崎県五島列島にて撮影／常田邦彦）

活動の縮小と生活スタイルの変化に伴う耕作放棄地の拡大や里山生態系の崩壊」、第三の危機「移入種による在来生態系の変容」に要約されるとしています。[3] これまで自然保護といえば、第一の危機に対して、国立公園や天然記念物に指定することによって守るべき自然を囲い込んで、人間の手がなるべく加わらないように利用を制限するという、ゾーニングと利用制限という対策を施してきました。これに加えて第三の危機に対しては、移入種の駆除という対策をまず適用すべきでしょう。けれども第二の危機はこのような地域限定の囲い込み型の対策では解決できません。自然環境の理解に加えて、人間と自然の日常的なかかわりの文化的・歴史的背景について理解を深めたうえで、二十一世紀にはこれまでと異なった人間社会の自然へのかかわりを提案することが求められているからです。

十九世紀の後半から二十世紀にかけて、いわゆる近代化と、それに引き続くグローバル化に伴って、それぞれの地域を基本的な経済単位としてきた伝統社会が壊され、地域の外にある資源に大幅に依存する現代社会へと急速に移行してきました。その一里塚としては一九六〇年代の燃料革命があり、私たちの毎日の炊事やお風呂沸かしに使うエネルギー源が「外」からやってくるようになりました。さらにその動きを加速したのが一九八五年のプラザ合意です。当時、ドル高にあえいでいたアメリカに協調して、先進五か国（アメリカ、イギリス、フランス、西ドイツ、日本）がドル安になるように積極的に為替レートに介入することを合意しました。その結果、急速な円高に進み、世界中の商品が国内では相対的に安くなって、大量に日本に流れ込んできた

2005年に世界遺産に登録された知床半島の景観。1987年には，海辺までさまざまな丈の高い植物（高茎草本）が見られたのだが……（撮影／梶光一）

わけです。その後、日本はバブル経済に突入していきました。

いまや私たちの日常生活は、輸入される石油製品や食料なしでは考えられなくなっています。大量生産で安くつくられた工業製品や農林産物が世界中のどこにでも流通する一方で、逆にこれまで使われてきた地域の産物が顧みられなくなりました。燃料としての薪や柴、建材や身近な道具素材としての木材や竹、それに食料としての山菜や野生動物の肉を含む農林産物。ブランド化に成功して全国的に流通するごく一部の産物を除いて、これまでの私たちの生活を支えてきた身近な自然資源は安価な代替品によって利用価値が下がり、交換価値はなきに等しいものになってしまいました。そのため、もともと優良なタケノコを採取するために植えられたはずのモウソウチクが邪魔者あつかいされるにまで至ったのです。開発途上国で起こっている資源を巡る環境問題の多くは、自然の生産力や回復力を上回る量を収奪するオーバーユース（過剰利用）であるのに対して、現代日本を含む先進諸国で起こりはじめている第二の危機は、むしろこれまで資源として使ってきたものを放棄して顧みないというアンダーユース（利用不足）による現象です。

このような里山の変化と同時に、奥山では一九六〇年代から国策レベルで始まる広葉樹の皆伐と針葉樹の植林、あるいは観光ブームによる奥山への入り込み数の増加とそれに伴う施設整備という動きも並行しました。ここでは、自然生態系の徹底的なオーバーユースの問題があります。もはや野生動物を収容することのできないほどの規模に達した人工林化と、自然を良好に維持できるレベルを超えた奥山への過剰なアクセ

17 年後の 2004 年には，ササ原に変貌してしまった（撮影／梶光一）

ス整備や野生動物の餌付けなど、日本の自然生態系をどのように維持していくかという見通しのないまま、さまざまな事業が行われ続けたことは否定できません。国立公園化などによる保護区の囲い込みにしても、奥山の伐採あるいは伐採計画がかなり進行するなかでの政治決着として行われてきたために、囲い込むべき保護区は数も少なく、それぞれが野生生物の保全にとって十分とはいえない狭いものになりました。保護区と保護区をつなぐコリドー（回廊）の考え方が環境省や林野庁、国土交通省の政策に現れたのは、ごく最近です。これが第一の危機を生んだ直接的な原因です。このように第一の危機と第二の危機を招いた原因について、より深く理解するには、世界的な社会情勢と、そのなかでの日本の過去の農政や林政、さらには環境行政の歴史的な総括が必要でしょう。

環境問題としてのシカ問題

このような社会情勢下でシカ問題を含めた鳥獣害は、まず農林業被害として現れました。詳しくは本書の各章に譲りますが、一九八〇年代頃から鳥獣害は無視できない脅威となり、いまや中山間部では鳥獣害のためにほとんど作物の収穫が望めず、離農や離村を余儀なくされる第一の要因になっている地域も少なくありません。また林業ではせっかく新しく植えた苗木をカモシカやシカに喰われてしまうという深刻な問題となり、さまざまな対策が講じられてきました。しかし、一九九〇年代までは農林業被害という枠組みで論じられており、まだまだ日本の自然そのものへの脅威とは受け

栃木県の日光白根山には，日本固有種であるシラネアオイが生育する。1980 年にはみごとな群生が見られたのだが……（撮影／桑原光二氏）

取られていませんでした。あくまで人里や里山の範囲、つまり人間活動が卓越する場所での現象だと考えられてきたのです。

ところが本書が重点的に取り上げた北海道・知床、本州・大台ヶ原と大峯、九州・屋久島は、いずれもユネスコの世界遺産登録地域なのですが、シカの問題は日本を代表する原生的自然への脅威となっているのです。『世界遺産をシカが喰う』という本書のタイトルは、本当はシカが喰っているのは植物であって世界遺産ではないという点で、必ずしも現象を正確に表現しているとはいえないのですが、シカの食害によって森林の次世代である稚樹や実生が消えて森林の存続が危ぶまれているという危機的な状況を読者のみなさん方に知っていただきたいために、あえてつけたものです。似たような現象は各章の端々に述べられているように、ここに挙げた三地域以外にも、関東では奥日光や丹沢、関西では芦生、九州では霧島など、各地域を代表するような奥山あるいは原生的自然で同時多発的に進行しています。また世界的にみても、自然公園や世界遺産登録地で同じような問題があり、スコットランドではアカシカが少なくとも四十万頭以上に大発生し、「制御不能」といわれています。本書の共同編者である松田裕之さんが視察したスペインのドニャーナ世界自然遺産でも、狩猟が禁止されたためにシカの仲間が増えすぎて自然植生を損なっているそうです。

アメリカ合衆国ワシントンに拠点をもつ生物多様性の研究ならびに保全についての世界的なNGO、コンサベーション・インターナショナルは、二〇〇四年、日本列島を、世界中に三十四か所ある「世界でもっとも生物多様性が豊かな、かつ脅威に晒されて

14年後の1994年には，植物の姿もまばらになってしまった（撮影／栃木県自然環境課）

いるホットスポット」のひとつとして取り上げました。[4] これらのホットスポットは全地表面積の十五・七％を占めるに過ぎませんが、全世界の植物種の半数以上、また地上性の脊椎動物種の四十二％の生息地を擁しています。それぞれのホットスポットにのみ生息する地域固有の動植物がほとんどであるために、ここでの生物多様性保全に失敗すると、いかに他の地域で成功したとしても、世界の生物多様性に不可逆的な損失を与えるものであると、コンサベーション・インターナショナルは警告しています。

シカ問題は、地球温暖化やオゾン層破壊のような、現象としても影響の及ぶ範囲にしてもグローバルな、誰しもが地球環境問題と認識できるものではなく、それ自体はローカルな現象でそれぞれの地域に限定された影響しか与えないものかもしれません。しかし、日本各地で同じような問題が同時多発的に起こっていて、総合すると少なくとも東アジア全体、ひいては世界全体の森林生態系や生物多様性に不可逆的な影響を及ぼすことが懸念されているという意味では、まさしく地球環境問題なのです。

問題解決にむけて

森林再生支援センターは、このような日本の自然についての大きな危機感を背景にして、二〇〇〇年五月、植物分類・生態学者である村田源を理事長とする特定非営利活動法人（ＮＰＯ）として発足しました。[5] 原生的自然を重視した従来の保全の考え方に加えて、人間の影響を受けた自然を含めて、いかに保全し、必要に応じていかに再生していくかという課題に、実践的に取り組むＮＰ０として、五年間の実績をつんできました。シカ問題はタケ問題と並んで、日本の自然に対する、新しい、しかも深刻な脅威であり、当初から森林再生支援センターが緊急に取り組むべき課題として念頭にあったのです。

その活動の一環として、平成一六年度独立行政法人・環境再生保全機構・地球環境基金の助成をいただき、特定非営利活動法人・森林再生支援センターの主催、奈良教育大学、奈良新聞社、奈良県教育委員会、総合地球環境学研究所、関西自然保護機構、環境再生保全機構、環境省のご後援のもとに、二〇〇四年一一月二八日に奈良教育大学において、シンポジウム「シカと森の『今』をたしかめる」を開催して一五〇名の方にご参加をいただきました。それに先立つ一一月二七日には、大台ヶ原でのエクスカーションを実施し、講演者を含む八十三名の参加を得て、大台ヶ原のシカと森林の現状を目の当たりにしました。この活動でのシンポジウムをもとにまとめたのが本書です。

まず、巨視的にみた日本全体のシカについての章を置きました(第一章)。次の北海道の例は、もともと農林業に対する被害が甚大であるために、早くからエゾシカの個体数調査や防除の実践がなされており、日本では唯一、長期にわたる正確なシカの個体数変動をベースにして理論的な議論ができる、いわば先進地域です(第二章、第三章)。続く一連の奈良県の例では、長い間、神鹿として保護されて餌付けされてきた奈良公園に隣接する春日山原生林のシカと、原生的自然である大台ヶ原のシカという対照的な状況での問題を比較してとりあげました(第四〜六章)。加えて、シカと森というテーマではバックグラウンドに沈んでしまいがちな山村での人々の生活とその変

ニホンジカの亜種で北海道に分布するエゾシカ。全道で個体数が増え続け，農業被害などの問題を引き起こしているほか，植物を食べ尽くしてしまうことで，自然環境にも影響を与えている。シカの増加は，日本全国に共通する問題になっている（撮影／松田裕之）

化についての章を設けました（第七章）。ここまでの例はほとんどが行政主導型といってもいいのですが、最後の屋久島のケースでは、初めから研究活動が地域の民間団体の参加を前提として進められて、ゴールとしての地域住民の合意形成が明確に意識されている取り組みを紹介します（第八章、第九章）。

本書の議論の焦点は、**⑴現実に進行している森林の変化はシカの影響であると断言できるのか？** **⑵シカは本当に増えているのか？増えているとしたら、その原因は何なのか？** では、**⑶この先、何が起こることが予想されて、対策はどうあるべきか？** の三点に尽きると考えられます。それぞれの章はもともとの自然も歴史も異なる場所でのケーススタディなのですが、一定の共通する方向のもとで研究計画が立てられていることがわかっていただけると思います。まず、⑴の問いに答えるには状況証拠だけではなく、防鹿柵を設置してその内外を較べるという実験的な手法が必要不可欠であると同時に、対症療法として稀少な植物を守るにも防鹿柵が有効であることがわかります。さらに大台ヶ原の実験では、シカの影響は植物に限らず、昆虫や鳥類にまで及ぶというデータが示されています。⑵については、北海道以外では、まだ状況証拠で論じられている状態なので、正確なシカの個体数および植生の変化のモニタリングを並行してやっていくべきであるという結論に達します。この個体数の変動がきっちり把握されないと、シカの増えた（かもしれないが、そうでないかもしれない）ことの原因についても、憶測の域を出ないわけです。⑶はもちろん発展途上の問いで、とくに今後、生態系全体がどう変化していくのかはなかなか予測が難しいといえます。単純にシカの数を減らせばよいと論じている研究者はひとりもなく、シカの増えた根本原因を追究して、それを解決しなければならないというのが全員の共通認識です。しかし他方では、シカ問題に限らず、自然生態系に関する取り組みの困難さは、完全に学問的見解が固まっていないにもかかわらず、事態はどんどん進行し、手をこまねいているわけにはいかないという点です。そのためには、とにかく緊急に何としてでもシカの数を減らす方策をとらないと植生に回復不可能な壊滅的な打撃を受けるというわたしたちの予測を、科学的根拠とともに主張したいというのが、本書の目的です。

今回、ここにまとめた研究や実践の記録は、農林業への被害ではなく、自然植生への影響に偏っているという印象をお受けになるかもしれません。農林業被害も深刻なものであることは十分承知していますが、このシンポジウムでは、自然の声なき声を聞こう、そしてできることなら、その代弁者となろう、というのが趣旨であることを改めてお断りしておきます。そのなかで「シカと森の『今』をたしかめる」というのは、実は「シカと森と**人**の『今』をたしかめる」ということにほかならないということをご理解いただければ、主催者代表としてたいへんありがたく思います。

最後になりましたが、シンポジウムやエクスカーションに参加していただきました皆様方、とくに総合司会の金子英子さん、座長の村上興正さん、エクスカーションでの解説とともにパネルディスカッションに参加していただいた環境省の徳田裕之さん、屋久島から参加していただいた荒田洋一さんと布施健吾さんにお礼を申し上げます。繰り返しになりますが、シンポジウムとエクスカーションの実施は、平成一六年

知床半島でもエゾシカが増え，冬季にも落ち葉を食べて生活している。風が強いため雪が積もらず，地面が露出した場所に群れて，ササを食べているようす。点々と見える黒い影がエゾシカ。画面奥までとぎれずにいるのがわかる。（写真提供／知床財団）

度独立行政法人・環境再生保全機構・地球環境基金の助成を受けたものです。さらにシンポジウムやエクスカーションの進行とともに本書原稿にも貴重なご意見を寄せていただいた森林再生支援センターの村田源理事長、高田研一常任理事、松井淳理事（奈良教育大学教授）、計画の作成から講演者への諸連絡、シンポジウムの記録まで煩雑な事務一切をやっていただいた細井まゆみさんには、著者一同を代表して深く感謝をいたします。表紙に使用した、三十年前の大台ヶ原の様子をとらえた貴重な写真は、菅沼孝之さんから提供していただきました。また、文一総合出版の菊地千尋さんには、原稿の依頼から出版にいたるまでお世話になりました。本書は大学共同利用機関法人・人間文化研究機構・総合地球環境学研究所のプロジェクト「日本列島における人間―自然相互関係の歴史的・文化的検討」の一環として位置づけられ、地球研の出版助成による地球研ライブラリーの一冊に加えられることとなりました。日高敏隆所長、斎藤清明研究推進センター長をはじめとした関係者の皆様方に、この場をお借りしてお礼申し上げます。

世界遺産をシカが喰う　シカと森の生態学　目次

第三部 大台ヶ原の現状から「森と人のつながり」を考える

第四部　市民参加による森林再生の試み―屋久島からの報告

第一部　日本のシカ問題とその背景

第一章　自然公園におけるシカ問題

人とシカのかかわりの歴史を踏まえて

財団法人自然環境研究センター●常田邦彦

ここではまず、シカ問題の背景と全体像をイメージするために、日本人とシカとのかかわりの歴史を概観したうえで、シカ個体群と保護管理施策の現状を紹介します。次に、自然公園におけるシカ問題について全国的な概況を報告し、世界遺産に指定された知床をはじめとした、いくつかの地域での取り組み例と課題について述べたいと思います。生態系の保全は何も自然公園に限った問題ではありませんが、自然公園は保全・保護に重点が置かれる地域として社会的に認知されている場所です。したがって、まずそのような場所でどうするかが、当然のことながら焦点となるでしょう。

1―日本人とシカとのかかわり

ニホンジカは極東地域と東南アジアの一部に生息する種で、日本のほか、ロシア沿海州、朝鮮半島、中国、台湾、ベトナムに分布しています。日本では北海道、本州、四国、九州と対馬や屋久島などいくつかの島に生息しています。この分布から推測できるように、シカは大陸起源の動物で、数十万年前に日本列島にわたってきました。日本への流入ルートについて明確な結論はまだ出ていませんが、最近のＤＮＡ分析では、北と西、つまり沿海州から北海道へのルートと、朝鮮半島あるいは中国から九州・本州西部へという二つのルートがあったのではないかと推定されています[(1)]。

一方ヒトが日本列島に住むようになったのは、シカよりもはるかに遅く、三万数千年前の後期旧石器時代だと言われています。日本列島へのヒトの侵入年代はもっと古いとする説もあり、考古学上の論争もあるようですが、それ以前はともかく少なくとも三万数千年前からはヒトが住んでいたということは、多くの専門家の共通した認識になっています。日本ではこの時期以降、ヒトとシカとのかかわりが始まったわけです。

ヒトにとってのシカという視点から、私はヒトとシカとのかかわりを大きく次の四つに整理したいと思います。一つはヒトにとってさまざまな物質的資源であるという側面です。今でも肉は蛋白資源として、毛皮、角や骨などは様々な用具に利用されています。二つ目は農林業に対する加害獣という側面です。三番目は宗教的あるいは霊的な精神活動の対象という側面です。農耕が始まってからシカは害獣という側面を持ったのですが、それにもかかわらず霊獣という性格も併せ持っていました。豊穣を願う際の捧げものとして用いられたほか、さまざまな儀式や銅鐸などの造形物のモチーフにもなりました。同じ害獣のイノシシがこのような場面にほとんど登場しないことと比べると、これは特徴的なことです[(2)]。このような伝統は、現在でも東北地方をはじめとした各地の鹿《しし》踊りなどに継承されていますし、奈良春日大社や宮城県金華山、宮島の厳島神社などのシカは神鹿として扱われています。四番目は人間の存立基盤である生態系の構成要素としての価値です。これは自然に対する生態学的な理解が進むなかで出てきた、ヒトと生物的自然との関係に関する新しいとらえ方で、最近よく聞かれる「生物多様性の保全」という言葉で包括されます。それは単に自然は神聖だから大事にしようという観念ではなく、長い歴史のなかで形作られてきた自然が、人類の未来にとっても必要不可欠であり、その保全を図るとともに、利用にあたっては持続可能性を前提にしようという考え方です。

以上を踏まえたうえで、日本におけるヒトとシカとのかかわりの歴史を、ヒトの人口変動と関連づけて簡単に振り返ってみます。近年、過去の人口変動を推測し、その要因を分析する歴史人口学という学問分野が発展しています。その最新の成果によれば、一万年ほど前に始まった縄文時代以降、日本の人口増加には四つの波があったとされています[(3)]（図1）。最初が縄文時代の前半、二番目は弥生時代の始まりから奈良時代にかけた期間、第三は十四・十五世紀に始まり十七世紀に急増して十八世紀前半に至る波、最後が十九世紀半ばに始まり現在終息を迎えている波です。

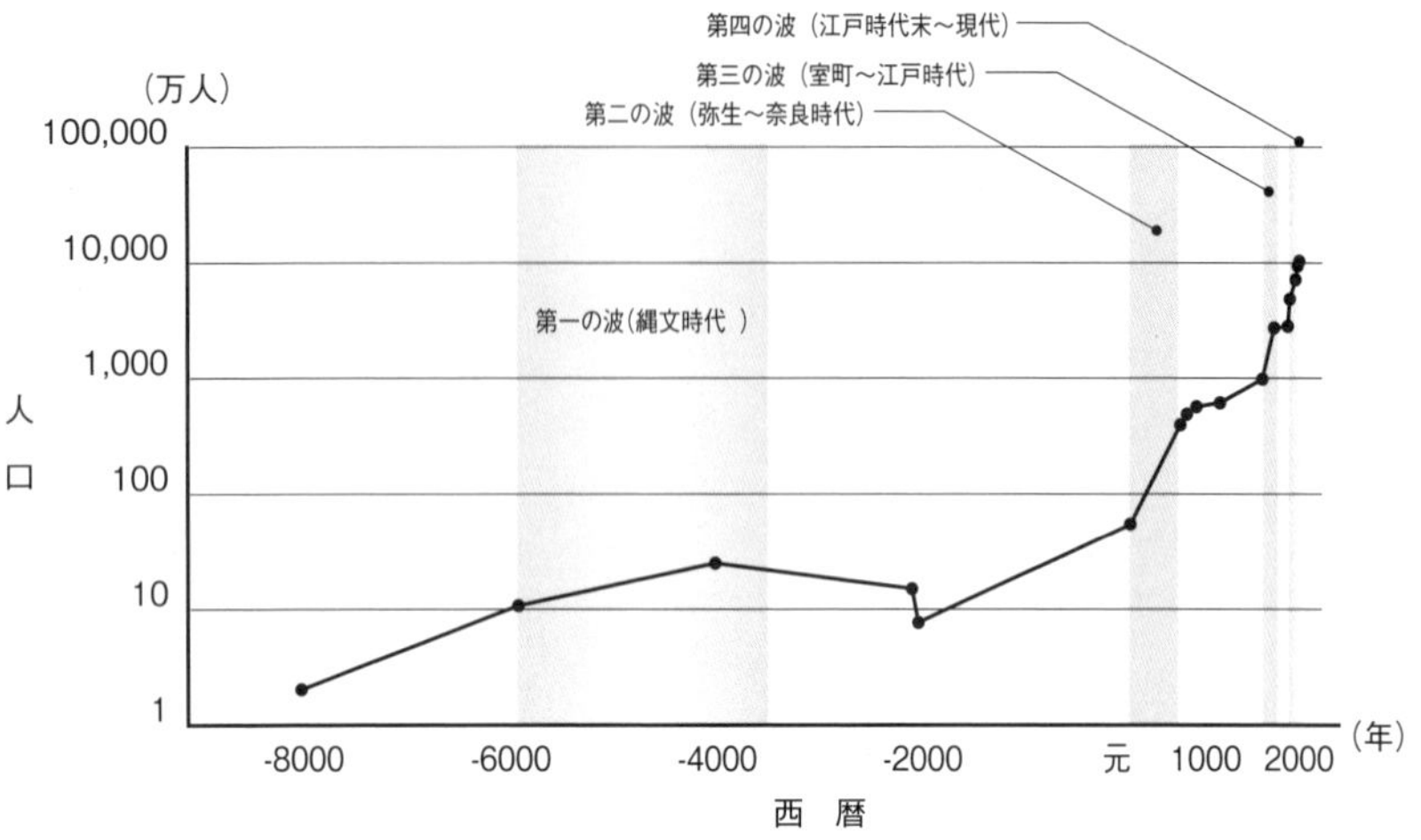

図１　日本の人口変動
縦軸は対数目盛になっているので，グラフの上の方ほどひと目盛りあたりの増加数が大きいことになる。稲作が普及した弥生時代以降，人口が急速に増えていることがわかる（(4)(5)をもとに作図）

縄文時代　二十〜三十万人

縄文時代の人口を推定することは難しいのですが、初期の数万人から中期には二十〜三十万人に達し、その後著しく減少したと推定されています。この変動は縄文文化の発展と気候変動が結びついて引き起こされたようです。この時代は主に狩猟・採取・漁撈に依存する原始社会で、シカは何らかの霊的な存在ではあったかもしれませんが、資源という側面が最も重要だったと言えます。縄文遺跡から出土する中大型の獣骨の中では、イノシシとシカが圧倒的に多いとされています。この時代、日本のほとんどが原生的な自然状態にあったことでしょう。

弥生〜奈良時代　数十〜数百万人

第二の波が、弥生時代の稲作農耕の普及、大陸からの人口流入、およびそれらに伴った社会機構の変化によっていることは明らかでしょう。この時期に人口は数十万から数百万人のレベル（四百万〜七百万人）に増加しました。八世紀以降人口の増加は鈍化し、やがて停滞しますが、その理由として当時の技術体系のもとでの耕地拡大と生産力向上が限界に達したこと、気候の悪化、疫病、土地制度等に関する社会体制の変化などが考えられています。農耕の始まりと共にシカには加害獣という側面が加わりますが、引き続き重要な狩猟資源でもありました。特に毛皮は朝廷や貴族に献上されています。奈良、平安時代になると、各地の盆地や平野部の一部は耕作地に変わりますが、自然に対するヒトの強い影響は、都市や集落の周辺、製鉄や製塩が盛んな地域などに限られていたものと思われます。

図2　兵庫県丹波市氷上地区に残る「しし垣」（撮影／常田邦彦）

室町〜江戸時代　三千万人前後

第三の波は十四・十五世紀に始まったとされますが、顕著な増加は戦国時代の後期から江戸時代の半ばにかけた時期、十六世紀後半から十八世紀初めに起こりました[(4)]。戦国末期から江戸初期の人口は、これまで考えられていたよりも少ない千二百万人前後で、これが十七世紀の急成長により十八世紀前半には三千万人前後に達したと推定されています。この人口増加は、市場経済の浸透と結びついているようです。

ところで、農業が基幹産業であり鎖国をしている社会において、百年ちょっとの間に人口が二倍以上に増加するということは、それだけ国内の農業生産が増えたことを意味しています。それは技術革新による生産性の向上だけではなく、耕作地の拡大によってもたらされたところが大きいものと考えられます。それまで手が付けられなかった沖積平野の湿地帯や海浜の干拓、丘陵地帯の開発が進められた結果、シカをはじめとした野生動物と農業生産との軋轢は極めて厳しいものとなりました。十八世紀には、全国いたるところで「しし垣」と呼ばれる耕作地を守るための防壁が建設されましたが、これは拡大する人間の生活圏と野生動物が衝突する最前線だったのです[5](図2)。

江戸時代の後半に人口は停滞しますが、この時期からシカやイノシシの生息状況は大きく変化します。東京の板橋をはじめ江戸の近郊で将軍が大規模な巻き狩りを行い、数百頭のシカを捕獲した記録がいくつか伝わっていることからもわかるように、江戸時代半ばまで、シカやイノシシは平野部の丘陵地帯にもごく普通に生息する動物でした。それが徐々に分布域を狭め、明治の半ばまでにはほぼ山岳地帯に押し込められる状態となりました。おそらく農業との軋轢が原因でしょう。江戸時代半ばから、農業にとっての加害獣という側面が非常に強くなってきたわけです。皮が武具の材料として大量に利用され、薬食いと呼ばれる肉の利用も広範囲に行われるなど、シカの資源的利用は依然としてありましたが、その相対的な比重は下がったものと思われます。なお中世の武家社会の成立とともに、軍事訓練や権力の示威を目的とした鹿狩りも行われるようになりました。

江戸時代末〜現代　一億二千万人

江戸の末期から現在に至る第四の人口増加が、近代国家の成立と工業化の進展によっていることは明らかでしょう。江戸時代の末に約三千万人だった人口は、現在一億二千万人以上に達し、この百五十年間で四倍に増加しています。ただし現在では、増加から減少に転じつつあります。

この百五十年間における国土の変貌とシカの生息状況の変化は著しいものでした。人間の居住地や耕作地のさらなる拡大と、山岳地の開発に伴う生息環境の縮小と悪化、明治から昭和前半にかけての強力な狩猟圧により、全国的にシカの生息地は分断され、分布面積は縮小し、個体数も著しく減少しました。北海道では明治半ばには絶滅寸前の状況となり、能登半島では大正時代までに地域個体群が絶滅しました。明治から大正期にかけての乱獲は、農業被害に対する防除というよりも、肉や毛皮資源としての利用が大きな動機だったようです。大正七(一九一八)年の狩猟法改正以降、狩猟資源の確保という視点から禁猟措置や猟区制度導入などさまざまな対策が行われましたが、戦争や戦後の混乱期があったこともあり、昭和三十年代まであまり効果は上がらず、密猟も半ば公然と行われていたようです。このようにシカ個体群が著しく衰退した結果、昭和三十年代まではシカによる農林業被害はあまり大きな問題とはならなかったものと考えられます。その後、社会が安定し、経済成長が進み、農林業の衰退と中山間地域の過疎化と老齢化が進む中で、シカ個体群は徐々に回復し、増加に転じました。そして一九八〇年代に入ると、急速な個体数増加とそれに伴う農林業被害の激増が起こり、現在に至っています。また、自然植生への強力な悪影響という、これまでほとんど記録されたことのない問題も拡大しています。

シカとのかかわりの変化

このように見てくると、これまでの一万年にわたるヒトとシカとのかかわりは、各時代の人間社会の状況に規定され、資源と農林業に対する加害獣という二つの側面を軸として展開されてきたと言えるでしょう。現在では生活のための資源という意味合いは薄れ、スポーツハンティングのための資源という色合いが強くなっていますが、加害獣という性格はいまだに主要な部分を占めています。しかし現在はそれだけではありません。一九七〇年代以降、野生動物を益獣か害獣かという人間にとっての直接的利害という尺度だけから見るのではなく、野生動物を含む自然を広い意味での人間の存在基盤として位置づけようとする考え方が日本でも広がり始めました。生態学的な自然認識に立ったこのような認識の浸透は世界的な流れであり、生物多様性の保全は、自然の保護と利用を包括した社会的なテーマとなっています。日本のシカ問題もこのような観点から取り組むことが求められています。

2　近年におけるシカの生息状況と保護管理の動向

シカの全国的な分布については、一九七八年と二〇〇三年に環境省が全国調査を行っています。その結果を図3に示しました。北陸から東北の日本海側地域にシカがほとんど分布しないのは、積雪によって冬季の生息が困難となるためです。東北地方の太平洋側に分布域が少なく、中国地方では細かく分断されているのは、狩猟圧など過去の歴史的経緯によるものです。二十五年を隔てた二つの調査結果を比べてみると、いずれの地域でも分布域が大きく拡大していることがわかりますが、特に北海

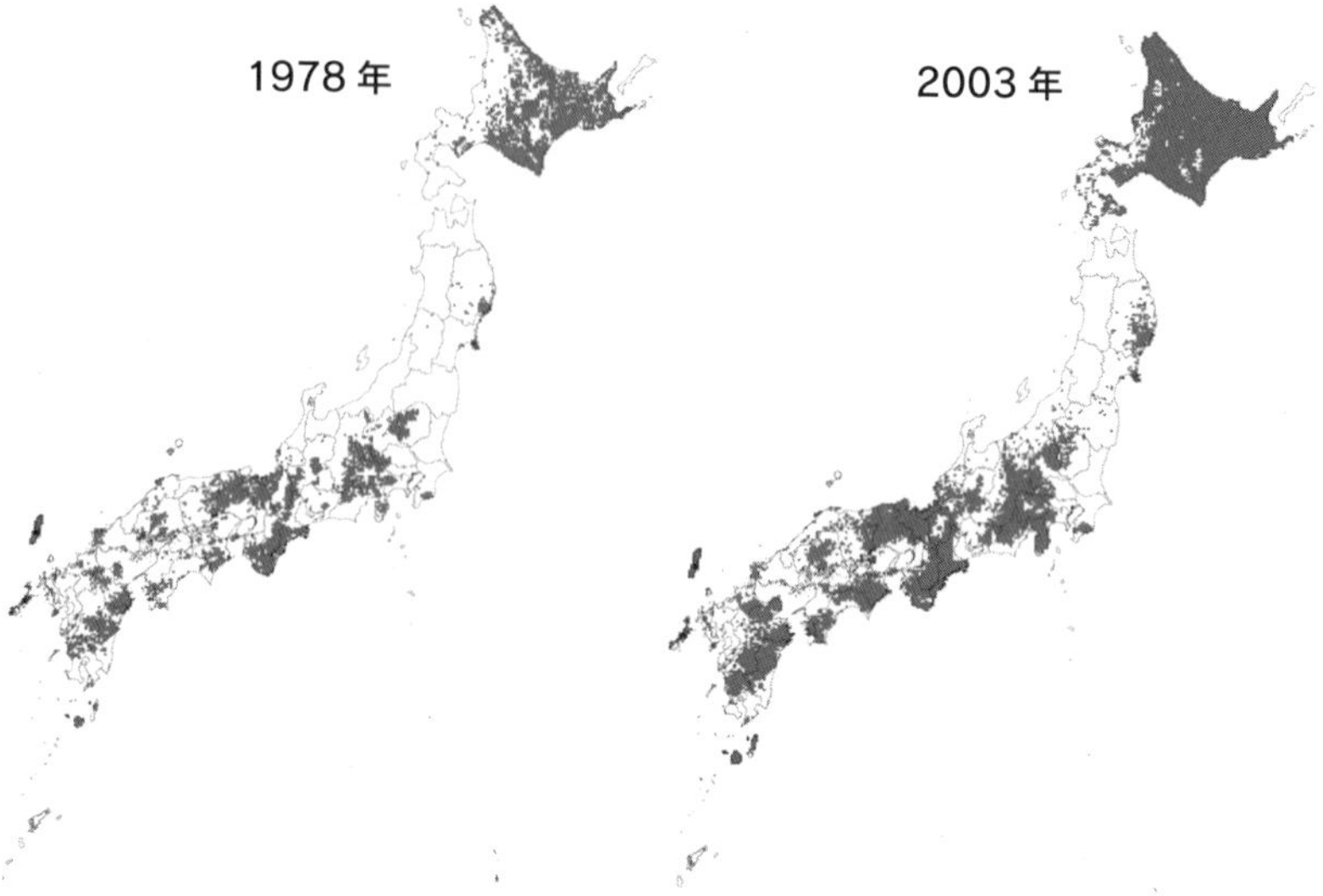

図3　シカの分布変遷図
1978年と2003年を比べたもの。灰色の部分でシカの分布が確認された[6]

道西部、関東甲信越、四国などでの拡大が目立ちます。一辺五キロメートルの区画数で見ると、一九七八年の分布数は四二二〇区画、二〇〇三年は七三四四区画で、この間に分布域が七〇パーセント増えたことになります[6]。

シカの捕獲数も最近は増えています。第二次大戦後徐々に増加してはいるものの、一九七〇年代まではせいぜい三万頭程度でしたが、一九八〇年代に入ると幾何級数的に急増して、二十世紀末には十二〜十四万頭に達し、今もその水準を保っています（図4）。一方ハンター数は、一九五〇年代半ばから一九七〇年にかけて増加して五十万人前後に達した後、一九七〇年代半ばから急激な減少に転じて、現在では二十万人を切るまでになっています。ハンター数が減少する状況下でのシカ捕獲数の増加は、シカ個体数の著しい増加を反映したものだと解釈して良さそうです。各地で行われてきた生息密度調査の結果も、断片的にではありますがシカの急激な増加を示しています。

急激な個体数増加の原因としては、地球温暖化に伴う積雪の減少によって冬季の死亡率が低下したこと、過去の拡大造林政策が餌量の多い環境を大量につくり出して

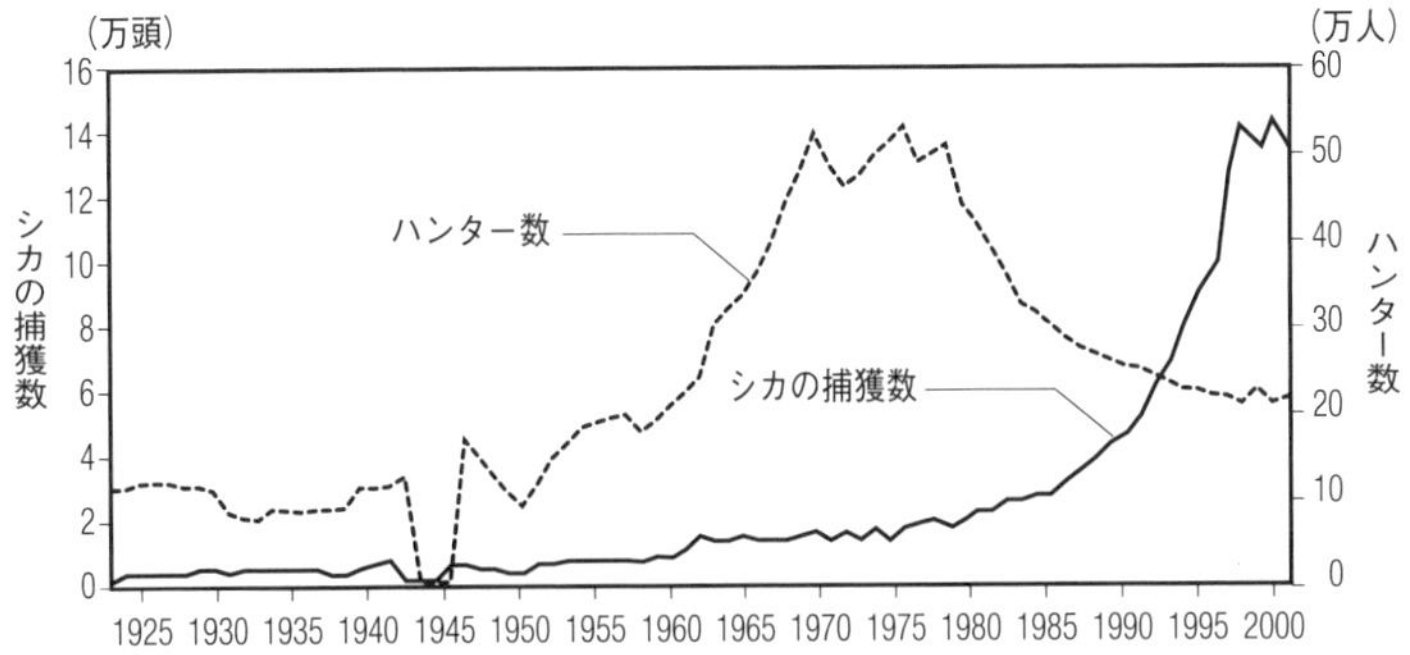

図 4　全国のシカ捕獲数と狩猟免許取得者の変遷
捕獲数には狩猟および駆除を含む（環境省鳥獣関係統計より作成）

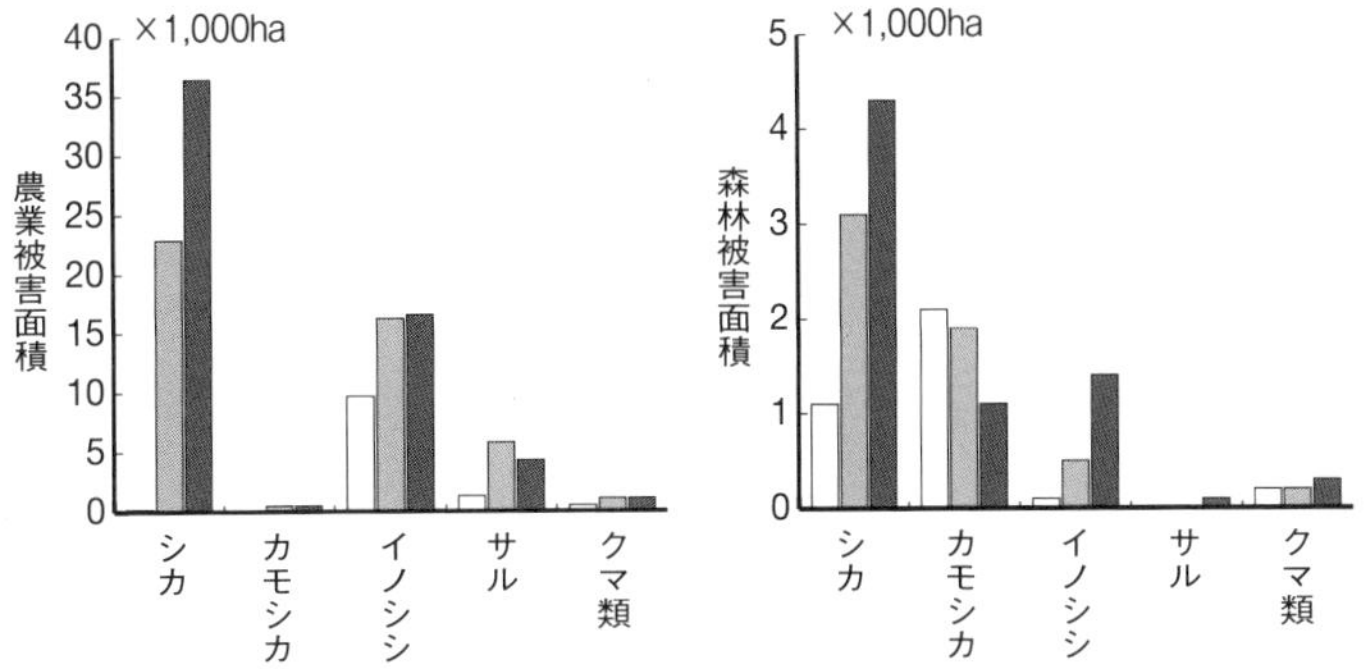

図 5　哺乳類による農業および林業被害
□：1982 年度，▩：1992 年度，■：2002 年度（農林水産省資料より作成）

増加の引き金を引いたこと、個体群の規模に対して密猟を含む狩猟圧が低下したことなどの可能性が指摘されています。

このようなシカの急激な個体数増加を反映して、農林業被害も急増しました（図5）。一九八〇年代のはじめと比べると、農業被害は数十倍、林業被害も三倍ほどに増えています。同じ草食有蹄獣であるカモシカの農業被害はごくわずかで、林業被害は減少していることと対照的です。また、中大型獣による被害の中で、シカの被害が最も多く、農林業にとっていかに重大な問題かがわかります。

農林業被害低減のためには、柵などによる被害防除とともに、シカの密度をある程度の水準まで下げることがどうしても必要であり、鳥獣行政はそのための新たな対応を求められました。従来からシカは狩猟獣でしたが、それは雄に限られていて、雌は非狩猟獣でした。また被害に対しては、一般の狩猟とは別に有害鳥獣駆除(有害鳥獣捕獲)という許可制度に基づくコントロールが行われてきました。この有害鳥獣駆除に関しては、安易に行われているといった批判が強いのですが、シカにおいてはそのような有害鳥獣駆除や従来の狩猟によっても、個体数の増加を抑えることができないという事態が生じたわけです。狩猟では雄だけを獲るという制度は、シカを減らすうえでは役立ちません。それはシカの繁殖システムが一夫多妻制だからです。つまり少数の雄でも多数の雌と交尾し、雌の数に見合った子供が生まれるのです。捕獲によってシカの数を減らすためには、雌の数を減らすことが重要なのです。

そこで環境庁(当時)は、当時の鳥獣保護法の枠組みに制約されていたために、非常に理解しにくいやり方ですが、まず一九九四年に一種の裏技的な措置をとりました。すなわち、雌鹿を狩猟獣という制度上のカテゴリーに加えました。加えたうえで、その捕獲禁止措置をとりました。さらに、調査データに基づいてシカの保護管理計画を作成した都道府県についてのみ、雌鹿捕獲禁止措置を解除し、狩猟での雌捕獲を認めるようにしました。つまり、基本はまだ捕獲禁止なのですが、保護管理計画を作った都道府県だけ狩猟で獲れるようにしたのです。都道府県の措置だけで狩猟可能にするには、狩猟獣に加えなくてはいけませんが、かといって無計画に獲れる状態を避けるためには、捕獲禁止措置が必要だったというわけです。

さらに一九九九年には鳥獣保護法が改正され、特定鳥獣保護管理計画制度が創設されました。この計画は都道府県知事が任意に作成するものですが、法律の裏付けのある制度だという点で重みのあるものです。この制度は野生鳥獣の科学的な保護管理を進めることを目的としており、具体的な調査資料に基づいて計画を策定し、実行した結果をモニタリングして計画を修正しながら目標達成を目指すという、本書で松田裕之さんが紹介されている、順応的管理の考え方が取り入れられています。保護管理の基本的な目標は地域個体群の安定的な維持と農林業被害等の軽減ですが、「安定的な維持」の中には、コントロールを行う際にも地域個体群の維持を前提とすることと、著しく減少したり規模が小さい個体群に関してはその回復をはかるという、両方の目的が含まれています。また農林業被害だけではなく、特定の種による生態系への影響軽減も対象となります。

この目標を達成するための手段として、個体数管理、生息環境管理、被害防除の三つがあげられています。ただし、現実の鳥獣行政は予算や権限の制約から、生息環境管理と被害防除に関する効果的なツールを持ちあわせていません。実際にできる主な施策は、獲るか獲らないか、どのような獲り方をするかといった捕獲のコントロールです。このような限界はありますが、この制度に基づくと、雌鹿を狩猟できるだけではなく、一人一日当たりの捕獲頭数制限（原則は一頭）を緩和したり、シカの狩猟期間を延ばすことが、都道府県知事の権限で可能となります。シカの場合、これはある程度有効なツールだと言えるでしょう。

シカの特定鳥獣保護管理計画は、多くの地域で策定されています。シカの安定的な分布域（定住して繁殖している地域）をもつ都道府県は現在三十六ありますが、二〇〇四年現在、そのうちの二十三道府県で特定鳥獣保護管理計画がつくられました。いずれの道府県も目標の第一は農林業被害の軽減であり、そのために個体数のコントロールを行うことが柱となっていますが、十二県では自然植生へのシカの影響を軽減させることも目標に掲げています。計画のもとになる調査の規模や精度、計画内容の質は道府県による差が大きく、科学的な保護管理の発展に向けて研究を含めた先駆的な取り組みを行っているところがある一方で、形式的でアリバイ的な取り組みに終始しているところがいくつもあります。しかしレベルの差はあっても、このような科学的計画的保護管理という考え方が行政の中に取り入れられ（どれほど理解されているかはまだ心許ないのですが）、実践が始まったことは画期的なことだと評価すべきでしょう。いまのところ計画目標をほぼ完全に達成したとする道府県はありませんし、まだ成果が見られないとするところもあり、試行錯誤が続いていますが、多くの道府県で一定の前進が認められるようになってきました。

3 — 自然公園におけるシカの影響

日本には現在二十八か所の国立公園と五十五か所の国定公園、五つの原生自然環境保全地域があります。自然公園は自然公園法に基づいて設定されており、法の第一

図６　国立・国定公園の位置とシカによる大きな影響が報告されている地域

条に「優れた自然の風景地を保護するとともに、その利用の増進を図り、もって国民の保健、休養及び教化に資する」と規定されているように、元々は景観の保全と保健休養のための利用を目的としたものでした。そこには生物多様性の保全といった目的ははっきりと示されていませんでしたが、二〇〇二年の改正によって、第三条に国・地方公共団体の責務として生物の多様性保全が書き込まれました。一方、原生自然環境保全地域は自然環境保全法に基づいて指定されています。原生自然環境保全地域には自然公園のような利用という概念はなく、いっさい手を付けずに自然の推移に任せるというコンセプトに基づいています。そのため自然公園地域とは重複していません。

　国立公園と国定公園を合わせた八十三か所の自然公園のうち、約三分の二の地域がシカの分布域と重なっています。そして環境省のアンケート調査や私どもが個別に得た情報によれば、そのうちのさらに三分の二の公園から、シカによる自然植生に対する何らかの影響が報告されています。もちろんこれは客観的な基準に基づいて影響を評価したものではありませんが、少なくとも公園の関係者が気付くような影響が、部分的にでも認められている地域が多いことは明らかです。自然公園の位置と植生に対するシカの影響が報告されている主な地域を、図６に示しました。影響が明確に認められる自然公園は、北の知床から南の屋久島まで全国に広がっています。また原生自然環境保全地域については、南硫黄島を除く四地域（知床の遠音別岳、十勝川源流部、大井川源流部、屋久島）がシカの分布域に含まれており、そのうち少なくとも屋久島では林床植生が著しく減少しているという情報が、研究者から寄せられています。

シカの影響・林床植生の貧弱化

シカによる植生への影響はさまざまですが、高山帯の草原植生や尾瀬のような湿原、さらに亜寒帯針葉樹林から常緑広葉樹林まで、極めて多様な植生タイプに影響が出ていることが、まず指摘できます。高山帯あるいは亜高山帯の草原で問題となるのは、高山植物などの稀少草本がシカの摂食により消失することです。日光白根山のシラネアオイ群落は、わずか二〜三年でほとんど消失しました。尾瀬では、春から秋にかけて移動してくるシカが、湿原を踏み荒らすとともに湿原植物を摂食するため、泥の露出した小さなパッチが斑状に分布するという景観が生まれています。このような場所には数年のうちに植生が回復しますが、以前とは異なる植物種に置き換わることが多いようです。森林においては林床植生の種構成が変化し、シカの不嗜好植物やミヤコザサのようにシカの摂食にある程度耐えられる植物が増えたり、林床植物の現存量が著しく減少するといったことが起こります。

図7は、長崎県五島列島日の島の貧弱な常緑広葉樹林の風景です。シカの届く範囲の葉や林床植物は不嗜好植物であるシダの一種以外すべて食べ尽くされ、枝下高のそろったライン（ブラウジングライン）ができています。このような光景は全国各地の様々なタイプの森林で、ごく普通に見られるようになってきました。また、屋久島のように固有種や稀少種の絶滅を懸念しなければならな

図7　ブラウジングラインが形成された長崎県五島列島日の島の常緑広葉樹林

い事態も起こっています。長期間にわたって高いシカの密度が保たれている場合は、せっかく芽生えた後継樹が大きくなる前に食べられてしまうため、森林の更新が進まず、上層木が自然枯死するにしたがって疎林化と草原化が進むといったことも起きています（宮城県金華山）。シカが樹皮剥ぎを行う場合、事態は急速に進行するためさらに深刻です。樹皮剥ぎにより林冠を形成する高木や亜高木が枯死する現象は、知床、阿寒、日光、秩父多摩、大台ヶ原など多くの地域から報告されており、大台ヶ原ではわずか三十年でトウヒ林の多くがササ草原に変わってしまいました。

シカの影響・土壌流出

自然環境に対するシカの影響の中には、さらに深刻な問題があります。土壌流出（エロージョン）です。図8は、やはり五島列島日の島の林床を写したものです。林床植生が消失し、シカが林床の落葉まで食べるようになった結果、土壌流出が起こり、木の根が浮き上がっています。日の島の場合、このような土壌流出が起きている場所は幸いにして極めて狭い範囲に限られていますが、土壌や傾斜、降水量、植生などの条件次第では全国至る所で、もっと大規模に起こる可能性があります。実際、国定公園に指定されている神奈川県丹沢では、県民の生活用水を供給している下流のダムで土砂堆積が加速化しています。秩父・多摩・甲斐国立公園に係る奥多摩の東京都水源林でも、最近同じようなことが心配され始めました。

シカは食性の幅が広く多種多様な植物を食べることが

できるうえ、カモシカに比べて増加率が高く、群れ制であるために高い密度を長期間維持することが可能です。先の日の島は平方キロ当たり百頭を超える密度でしたし、数十頭という密度を示す地域は全国に多数あり、今や珍しくはありません。

シカは日本の森林生態系におけるキーストーン種であり、環境に強い影響を与える強力な生態系エンジニアです。そしてこのインパクトは累積され、時間の経過とともにより深刻になるという可能性を、今のところ否定することはできません(逆に、どこかでバランスがとれるようになるという可能性も否定できませんが)。シカが生息している自然公園では、今やこの動物をどう扱うかが、公園の生態系管理における最も重要なテーマの一つとなっています。

図8　林床が露出したために，土壌流出が起き木の根が浮き上がってしまった長崎県五島列島日の島の常緑広葉樹林

4―自然公園におけるシカ管理

自然公園の生態系に対してシカの影響が出ているという報告は、多くの地域から寄せられていますが、調査に基づく現状把握が行われている地域はまだ限られています。問題の進行に比べて、公園管理者の認識が追いついていないというのが率直な印象ですが、体系的な取り組みがいくつかの地域では始まっています。

世界自然遺産に登録された知床では、自然遺産管理上の一課題としてシカの管理計画を立てるようユネスコから勧告されていて、そのための調査研究と管理計画作成の論議が現在進められています。ここでは、沿岸部にいくつか形成される越冬地の植生が、シカによる激しい摂食圧にさらされています。この越冬地とそこに集まるシカをどう管理するか、単純化して言えば何らかの人為的な介入を行うか、それとも自然の成り行きに任せるかが論議の焦点となっています（もちろん実際には、このように単純な二者択一的論議が行われているわけではありません）。

この論議の背後には、自然公園でのシカ管理に関する二つの異なる基本的な考え方が横たわっています。一つは、知床のシカ個体群（に限らずシカ個体群一般）は、百年二百年の単位で見れば激しい増減を繰り返していたのだから、現在のような状況も生態系プロセスの一断面にすぎない、したがって自然の成り行き（ナチュラルレギュレイション）に任せるべきだ、とするものです。アメリカのイエローストーン国立公園は、長期にわたる科学的研究と激しい論争を経て、現在はこのような考え方を公園管理の基本に据えています[7]。また、日本の自然保護運動の一部にも、観念的にこのような立場をとる人々がいます。もう一つは、人間による土地利用が進み自然環境の分断と細分化が進んだ現在では、生態系プロセスも過去とは異なる可能性がある、シカによる生態系への影響には不可逆的なものもあり、放置した場合重大な結果をもたらす可能性が高い、したがって必要な何らかの人為的な介入を行うべきである、とするものです。

日光と尾瀬

日光と尾瀬は比較的早くから取り組みが行われてきた地域です。栃木県がシカの保護管理計画を作成した当初の動機は、農林業被害はもちろんですが、国立公園内でシラネアオイ群落が消滅するなど自然植生に対する影響への懸念が大きかったと聞きます。ここでは戦場ヶ原やシラネアオイ群落を防護柵で囲うなどの対症療法のほか、シカのコントロールが大規模に実施されてきました。また、日光につながる尾瀬では、十数年前から非積雪期にシカが侵入するようになり、湿原を攪乱するようになりました。これまで行われた学術調査に基づき、尾瀬は少なくとも過去千年にわたってシカによる大きな影響を受けたことのない地域だとされているため、ここからシカの影響を排除することが基本目標となっています。そのため環境省が音頭をとって、関連する栃木、群馬、福島、新潟の各県や国有林などを含めた協議機関が作られ、施策が進められています。当面、尾瀬地域の中でシカをコントロールすることには社会的合意がすぐに得られそうもないので行わず、周辺部での捕獲圧を強化し、施策を進めるための調査研究とモニタリングを継続する方針です。日光と尾瀬を含めて、環境省は調査研究と戦場ヶ原における柵の設置などは行っていますが、シカのコントロールは各県に任された形です。

丹沢

神奈川県の丹沢は、日本で最初にシカ問題がクローズアップされた地域です。ここでは一九六〇年代末に、林業被害を理由としたシカの有害駆除の可否が社会的な大問題となり、当時始まった自然保護運動によって、シカは丹沢における自然保護のシンボルとされました。その後様々な経過を経て、結局造林地は防護柵で囲う、周辺部にシカの猟区を設定し管理された狩猟を行う、自然公園中心部のシカには手を付けないという施策が三十年近くにわたって続けられました。その結果、山塊中腹部の人工林地帯ではシカが柵によって排除されて低密度となる一方、高標高地域と低標高地域では高密度化するというパターンができあがりました。そして、高標高地域を中心に植生の後退と土壌浸食が進行し、治山・治水上の問題も含む生態系の劣化が起きる一方で、山地に接した耕作地では農作物被害が増加しています。この兆候は、一九八〇年代半ばには現れていたのですが、問題の正確な認識と対応は著しく遅れました。その原因はさまざまで、当時の状況から見てやむを得なかったものも、批判されるべきものもあると思います。シカが自然保護のシンボルとなり、コントロールを行うことなどもってのほかだという社会的な雰囲気が続いたことも、対応を遅らせる原因となりました。このような経緯をふまえ、神奈川県は一九九九年になって「丹沢大山保全計画」を策定しました。さらにこれを発展させて、丹沢山地全体の大規模な自然再生事業を構想しています。シカの保護管理計画は、丹沢地域の総合的な保全・再生構想の中に位置づけられており、シカのコントロールや植生の回復を含む事業が進められています。

大台ヶ原

奈良県の大台ヶ原については別の章で詳しく紹介されていますので、特に触れませんが、ここでは森林の再生が究極の目標であり、コントロールを含むシカの管理計画はそのために必要な一課題と位置づけられていることと、環境省直轄地であるため、環境省が直接事業を行っていることが特徴としてあげられます。

シカ管理の本質は「生態系管理」

以上を見ると、シカによる生態系への影響に対する対応は、それぞれの地域で微妙に異なっていると言えます。それは各地域の自然環境や社会環境、公園の位置づけやそこに期待されているものが異なるからです。たとえば知床では自然のプロセスを尊重することを第一義とし、シカもその一要素としてなるべく手を付けないという考え方を支持する意見が一方にあり、論議になっているのですが、尾瀬ではシカの侵入が自然のプロセスであったとしても、尾瀬の価値は現在の湿原とそれを取り巻く森林生態系の姿にあり、それを維持するために原則的にシカを排除するという認識で一致しています。丹沢や大台ヶ原では、自然の再生が根本的な目的であり、シカの管理はそのための一課題と位置付けられています。自然公園におけるシカ問題は、シカ個体群だけの問題ではなく、本質的には生態系管理の問題です。どのような価値観に基づき生態系管理の目標をどこに置くか、そのための方策をどういう考え方で進めるかによって、シカ個体群の取り扱いは変わってきます。目標設定や施策、手段は、それぞれの地域の状況に合わせて、個別具体的に検討される必要があります。その際、科学的なデータの収集と分析、合意形成の努力、論点を整理した論議が求められることは当然ですが、もう一つ重要なことがあります。それは、一定のプロセスを踏まえた後、方針と施策を決断することです。大台ヶ原にしろ丹沢にしろ、決断を躊躇して先延ばししたことが、事態を深刻化させた大きな原因だったと私は考えています。

制度上の問題を解決するために

また、前節ですこし触れましたが、日本の国立公園は伝統的に景観維持を保護施策の中心に据えていて、野生生物や生態系の保護管理という明確な概念は施策の中にほとんどありませんでした。最近の法改正によって生物多様性の保全という考え方が少し取り入れられましたが、そのための施策を進める仕組みの整備が遅れています。このような事情もあって、行政担当者にも切迫した業務上の課題であるという認識が浸透しなかったり、認識はあってもなかなか実行できないという事態が見受けられます。さらに、日本の自然公園システムが、営造物型の北米とは異なり、イギリスなどと同じ地域制であることも、シカ問題への効果的な対処にとって一定の制約になっています。

北米の国立公園は、国立公園局が土地を所有し、すべてを直接管理するシステムですが、日本のシステムは、土地所有に関係なく地域を指定し、そこで行われる様々な行為に一定の制限を加えるということが基本となっています。このシステムの採用は、私的土地所有を含めて様々な土地利用がすでに行われていた歴史のある国では、やむを得ない選択だったでしょう。ただこのシステムでは、自然公園にかかわる関係機関や関係者が多すぎて、それぞれの権限と利害が錯綜し、すっきりと一貫した施策がなかなか展開できないという欠点が指摘されています[(8)]。土地所有に関しては、林野庁の他に多数の地元個人所有者と、かれらを代弁する自治体がかかわっていますし、現場における鳥獣保護管理の実践は都道府県の担当、尾瀬のように天然記念物に指定されていれば文化財行政がかかわるといった具合です。縦割り行政のシステムの中で、協議や合意に手間がかかり、その課程で方針や施策の一貫性が失われてつぎはぎだらけとなるケースがしばしば見られます。シカ問題について言えば、誰が（どの機関が）最終的な責任者なのかという問題が、結局のところ曖昧です。これらは国の基本的なシステムから生じているもので、簡単に変えることはできませんが、制度とその運用を改善する努力が必要です。

さらに、公園の区域はさまざまな制約のもとで人間が定めたものであり、その境界線をシカは自由に行き来します。したがって、公園の外側で行われる施策との連携が、どうしても必要となります。

自然公園における生態系管理の一環としてのシカ管理は、日本では経験したことのない新しいテーマで、情報や経験の蓄積は極めて不足しています。しかし、この問題への果敢な挑戦は、自然公園の位置づけと管理のあり方を問い直し、よりよいものに変えてゆく力となるのではないでしょうか。

第二部　北海道のシカ問題と管理の考え方

第二章　エゾシカの個体数変動と管理

北海道環境科学研究センター●梶　光一

1 エゾシカの生態

ニホンジカは、ベトナム・中国東部・台湾・日本列島・沿海州の亜寒帯から亜熱帯の森林や林縁部に生息し、森林から草原までのあらゆる環境を利用する草食動物です。ニホンジカの分布は、日本では積雪深一メートルまでの地域に制限されていますが、もともとは多雪地を含めて広域に生息し、冬には雪を避けて季節移動を行っていました。多雪地からニホンジカが姿を消した原因は、乱獲だと考えられています。しかし、常田邦彦さんが述べておられているように、近年の暖冬による積雪の減少などによって東日本では多雪地帯への分布拡大が起こっています。

ニホンジカの雌は、満二歳から、六月頃に一頭の子ジカを出産します。妊娠率は極めて高く、一歳で九割、二歳以上で十割近くとなります。子ジカの死亡は厳冬期に起こりますが、おとなの雌の生存率は高く、後述するように非常に高い増加率で増え続けます。ニホンジカはごくわずかな不嗜好性の植物を除いてほぼすべての植物を食べ、群れを成し、過密になると体は小型化しますが、繁殖力はなかなか低下しません。これらの生態的な特性によって、ニホンジカは完全に保護した場合や捕獲圧が不十分だと非常に高密度となって、農林業被害を増加させたり、自然植生への悪影響をもたらしたりします。一方、豪雪で大量死亡し、乱獲によって絶滅寸前となるといった歴史も繰り返してきました。完全に保護すると増えやすい一方、無計画な捕獲によって絶滅も生じやすく、注意深い継続的な監視が必要な野生動物です。

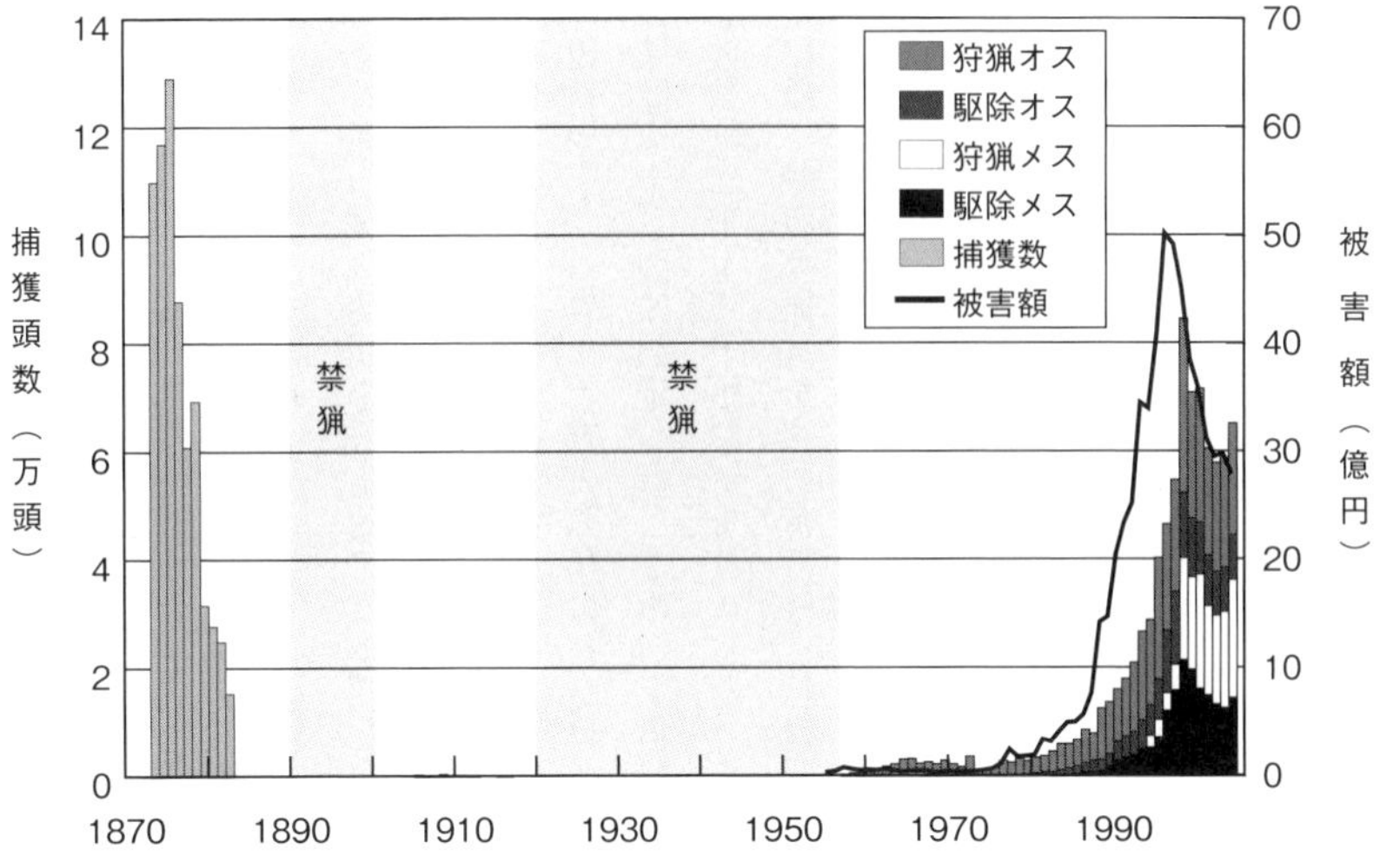

図1　北海道のエゾシカ捕獲頭数（1873 ～ 2004 年）と農林業被害額（1955-2004 年）の年変化(3)

1955 年以降の捕獲頭数は，雌雄別・狩猟と駆除（許可による捕獲）とに分けて示した

2　エゾシカ問題の経緯と取り組み

ニホンジカの亜種であるエゾシカは、後述するように明治期に一度絶滅寸前となるまで激減しているので、長い間保護政策がとられてきました（図1）。農林業被害額は一九五五年度の二千万円台から一九七五年度の五千万円台まで、大きな増減なく推移してきました。ところが、生息域の拡大により一九七六年に一億円を突破して以降はうなぎ上りに上昇し、一九八八年度には十億円、一九九六年度には五十億円を突破し、大きな社会問題となりました。この間、北海道の農家は自衛のために、案山子《かかし》、爆音器、魚網、電気牧柵などさまざまな対策を講じてきましたが、被害を軽減することができませんでした。エゾシカによる農林業被害額は全国のニホンジカによる被害額の七割を占め、牧草・ビート・小麦などの農作物が全体の九割で、林業被害が主な本州以南とは、被害の発生形態が異なっています。

　北海道による当時の被害対策は、被害の増加と地域的拡大に対応して、雄鹿の捕獲地域を拡大させることでした。雄鹿の可猟地域は一九七〇年代末の二七市町村から一九九四〜一九九六年には七〇市町村に増加しました。雌鹿の駆除は一九七八年から開始され、一九九四年度からは七十四年ぶりに雌鹿の狩猟が解禁となりました。しかし雌鹿の狩猟解禁には、個体数の激減や絶滅を危惧する市民や研究者からも反対の声があがったため、雌鹿狩猟の試験期間を暫定的に三年間と定め、地域と可猟期間を限定して、狩猟機会と捕獲数の関係を調べることにしました。農林業被害の顕著な阿寒国立公園周辺の十町村（一九九五〜一九九六年は八町村）を対象に、狩猟期間を十日間に限定したところ、三年間の雌鹿狩猟の捕獲数は二千〜三千頭に留まりました。そこで一九九七年には、雌鹿可猟区を六三市町村、狩猟期間を一か月として、大幅に狩猟機会を拡大しました。試験期間に比較して狩猟機会（可猟地域と可猟期間の積）は約二十倍に増加したのに、雌鹿の捕獲は一・四倍に留まりました。この調査から、一日一頭（雄または雌）という捕獲制限がある場合には、雄を選択する狩猟者が圧倒的に多いことがわかりました。

エゾシカ管理計画

北海道は一九九七年度からエゾシカ対策を重点施策にあげ、副知事をトップとする「エゾシカ対策協議会」を設置して、全庁的な取り組みを開始しました。有効活用、個体数調整、侵入防止柵の設置、造林木への忌避剤散布など、農林業被害防止対策を目的とするエゾシカ総合対策事業を進めることになり、その一環としてエゾシカの管理計画を策定することになりました。

当時、ヘリコプターセンサスにもとづいて道東の生息数推定は行ったものの、その精度は不明であり、しかも多くの地域では調査を開始したばかりで、増減の傾向すらわかりませんでした。雌鹿狩猟に対して強い抵抗感があるなかで、不確実性が高いデータを用いて、どのような管理計画を作ったらよいのか思案に暮れました。当時エゾシカの担当者は私一人であり、期限が差し迫ったなかでの重責に圧倒されそうで、まさに絶体絶命の境地でした。

そのような折、当時九州大学から東大海洋研究所に移られたばかりの松田裕之さん（現・横浜国立大学）を道の国内招へい研究員制度を利用してお招きすることができました。「エゾシカの資源管理学的研究」と名づけた勉強会を一九九六年十二月から翌年三月までに、三回・一一日にわたって開催し、森林総合研究所北海道支所の平川浩文さんと齊藤隆さん（現・北海道大学フィールド科学研究センター）にも加わっていただき、活発な議論によって今日のエゾシカ管理計画の骨格をつくることができました。松田さんはもと東京水産大学（現・東京海洋大学）学長の田中昌一先生がクジラの資源管理に対して開発したフィードバック管理をエゾシカの個体数管理に適用することを提案されました。[16] 一回目の勉強会を終えた一九九六年末に、松田さんの「何とかなるでしょう」ということばを聞いて、どれほど安堵したかわかりません。

この勉強会の内容は、一九九八年の「道東地域エゾシカ保護管理計画」にほとんどすべてが反映されました。北海道はエゾシカの管理にフィードバック管理を採用することによって、モニタリングをもとに個体群管理を実行するという科学的な管理の黎明期を迎えたのです。さらに北海道庁の自然環境課にエゾシカ対策係三名が、また北海道環境科学研究センターの分室として道東地区野生生物室が新設、二名が配属されました。さらには、モニタリングの方法として構想を練っていたライトセンサスの強化、捕獲個体分析、狩猟統計解析のためのシステム開発、テレメトリー調査のすべてに予算が計上され、個体群解析のベースラインが整いました。

フィードバック管理

フィードバック管理とは、一定の方法でモニタリングをしっかり行いながら、増えすぎたら捕獲圧を高め、減りすぎたら捕獲圧を弱めるなど、状況に応じて管理方法を変更する順応的管理（アダプティブ・マネジメント）です。このことばは、いまやニホンジカの特定鳥獣保護管理計画策定のマニュアルにも取り上げられて日本ではすっかり定着し、海外の研究者からも注目されるようになりました。

この管理方針を理解するキーワードとして、「非定常性」、「不確実性」、「合意形成」の三つがあげられます。[15] エゾシカの個体数は、放置しても一定の捕獲圧をかけても大きく変化して、一定に定まることはありません（非定常性）。生息数も不確実なため、事前に失敗する危険性を周知し、管理の原則と方針、意思決定手順について、関係者と十分な合意形成を図る必要があります。道東で用いたフィードバック管理では、エゾシカの個体数を相対的な指数（個体数指数）としてとらえ、ヘリコプターセンサスから得た一九九三年度末の推定生息数を一〇〇として基準化しました。次いで、大発生水準（一九九三年度の五十パーセント）、目標水準（二十五パーセント）、許容下限水準（五パーセント）の三種類の基準を定め、緊急減少措置（五十パーセント）、漸減措置（二十五～五十パーセント）、漸増措置（五～二十五パーセント）、禁猟措置（五パーセント以下）の四段階の捕獲圧を設け、最新の個体数指数に基づいて、どの捕獲圧を採用するかを決めることとしてします（第三章表2を参照）。

このフィードバック管理の詳細は松田さんが第三章で紹介されていますので、ここでは概略を紹介するのにとどめましょう。前置きが長くなりましたが、本章では、保護管理計画の背景となるエゾシカの歴史、管理計画実施七年間の経過、および今後の方向について述べます。

3　エゾシカの歴史的な消長

明治に始まる近代的な開拓以前の北海道は、深い森に覆われており、エゾシカは原生の自然環境のなかで、アイヌの人々やエゾオオカミと共存していました。北海道内の貝塚では、どこからもエゾシカの骨、歯、角などの破片などが発掘されており、先住民族がエゾシカを食料としていたことを物語っています。エゾシカはアイヌ語で「獲物」を意味する一般名称である「ユク」と呼ばれており、必要になったら捕りに行く、ごく日常的な食料となる獲物でした。また衣服の材料としても重要でした。アイヌの人々は必要以上の捕獲もせず、また生息地を奪うこともなく、北海道は文字通りエゾシカの楽園でした。今日でも北海道内にはいたるところにシカに因んだ名前が残されていることからも、往時には相当多数のエゾシカが北海道全体に生息していたことがうかがわれます。

しかし、そのような時代にあっても、エゾシカの生息数は長期的にみると大きく変動していたようです。『北海道の鹿とその興亡』[8]にあらわれる古記録には、次のような記述がみられます。一七一四年の松前藩主から幕府の報告のなかで、近頃エゾシカの数が全道的に減ったこと。一七八四年に著された東遊記録には、近年の大雪でエゾシカが大量死した結果、アイヌの人々が食料を得られずに三百～四百人が餓死したこと。一七九一年に書かれた記録では、道東の白糠のエゾシカが減少したこと。

一八〇〇年の記録では、襟裳でエゾシカが減少したこと。

このように、長期的には大雪などの原因によって、エゾシカの生息数が全道的にも地域的にも大きく変動していたことが推察されます。

近年著しい発展を示している遺伝子解析は、動物地理学における哺乳類相の成立のみならず、歴史的な個体群の構造の変遷を探る役割をも果たしています。最近実施されたミトコンドリアDNAやマイクロサテライトDNAなどの遺伝学的な解析結果は、エゾシカの遺伝的多様性が本州以南のニホンジカと比較して著しく低いことを示しています。[18][19][26]また、アイヌ文化期（十七～十九世紀）の遺跡から出土したエゾシカの骨を用いたミトコンドリアDNAの分析によって、現生のエゾシカには見られなかったタイプ（「ハプロタイプ」といいます）の遺伝子をもつ三つの集団の生息が明らかにされました。[21]遺跡から由来する別の四つのハプロタイプは、現世シカにも見出されていますが、これら遺跡由来のハプロタイプの地理的分布は、現世のシカとも大きく異なっています。これは、個体数が激減して遺伝的多様性が狭まる「ボトルネック効果」によって、地域的な個体群構造が大きく変化したことを示しています。[20]

開拓が進むにつれて、北海道の自然はまたたく間に変貌を遂げ、エゾシカの生息地へも大きな影響を与えました。有名な「銀の滴降る降るまわりに、金の滴降る降るまわり」で始まる『アイヌ神謡集』[27]は、夭折したアイヌの少女知里幸恵が編んだ、アイヌ民族のあいだで口承されてきたユーカラの日本語訳です。彼女が書き遺した『アイヌ神謡集』は、私達に、シマフクロウやヒグマたちの象徴する自然を神として畏れ、自然と共生するアイヌの人々の生き方を語ってくれます。『アイヌ神謡集』の序文は、幸恵の亡くなる一年前の一九二二年に書かれていますが、そこには「……平和の境、それも今は昔、夢は破れて幾十年、この地は急速な変転をなし山野は村に、村は町にと次第に開けて行く。……」と、明治の開拓が始まってからのわずか数十年間の間に、美しかった原生の自然の姿が急速に失われていく様子が描かれています。一九三〇年頃までには平野部の落葉広葉林は、開拓によってほぼ失われていました。もともと平野をすみかとするエゾシカに、森林伐採や道路の開通は大きな影響を与えたと思われます。

4 明治期の乱獲と豪雪

明治になって外国貿易が盛んになると、鹿皮がフランスへ角が中国に輸出されるようになり、明治初期には毎年六万から十三万頭が捕獲されました。乱獲を恐れた北海道開拓史は、アメリカから招聘された北海道開拓使顧問のエドウィン・ダンの助言により、一八七六年に狩猟者数と猟期の制限、毒矢使用禁止などの狩猟の規制を行いました。エドウィン・ダンの故国アメリカ合衆国では、この当時、アメリカバイソンの大虐殺が進行していました。北米の先住民にとって、アメリカバイソンはアイヌ民族にとってのエゾシカと同様に、衣食の源ともいえる大事な生きものでした。しかし、十七世紀以降にヨーロッパから渡ってきた白人によって、十八世紀には六千万頭もいたバイソンが、一九〇〇年代初頭にはわずか二十五頭にまで激減してしまったのです。エゾシカの乱獲はまさに、アメリカ合衆国西部開拓時代のバイソン虐殺に匹敵したといえるでしょう。

ところが、エゾシカの角・皮・肉などの商業的価値が高かったため、生息数が減少しつつあるさなかの一八七八年、北海道開拓使は鹿肉の缶詰工場を千歳の近くの美々に設けました。引き続く乱獲と一八七九年の記録的な豪雪、さらには一八八一年の再度の大雪とそれに付随して生じた虐殺によって、膨大な生息数であったエゾシカは絶滅寸前となるまで激減しました。一八七八年の豪雪では、日高地方にある越冬地で七万五千頭が死亡したといわれています。腐った死体は川を汚染し、下流では水を利用できなかったそうです。

エゾシカの最大の天敵であったエゾオオカミは、激減したエゾシカのかわりに馬を襲うようになったため、これもまた、エドウィン・ダンの助言を入れ、ストリキニーネによる薬殺と捕獲奨励金によって、一八九〇年までには根絶されました(7)。

絶滅寸前となったエゾシカを保護するために、一八九〇年から一九〇〇年の間、エゾシカは禁猟となりました。その後、個体数が回復し農業被害が出ると再び狩猟を解禁しました。一九〇三年にも全道的な大雪あって、各地で身動きとれなかったエゾシカが捕殺されて急激に減少しました(8)。開拓時代のエゾシカの保護管理は、場当たり的な乱獲と禁猟の繰り返しでした。

5 絶滅状況からの回復

北海道は、絶滅に瀕したエゾシカの保護を図るために、一九二〇年から一九五六年にかけて禁猟としました(図1)。戦後、進駐軍の要望もあり、一九五五年と一九五六年にはエゾシカの生息が多かった日高に猟区が設けられ、一九五七年からは雄鹿に限って狩猟が解禁されました。戦時中の完全な保護や、その後も雄鹿のみの捕獲が地域を限定して許可されるなどの数十年にわたる保護措置によって、一九七〇年代半ばにようやく個体数の回復の兆しがみられました。エゾシカの自然増加率は、後に述べるように、年あたり二十パーセント前後と非常に高いのです。それにもかかわらず生息数の回復までに数十年もかかったのは、絶滅寸前となるまで減少したことと、自然保護の思想が行き届かなかった時代に狩猟規則はあまり守られておらず、地域によっては、冬季の貴重な蛋白源としてたくさんのエゾシカが捕獲されていたからだと考えられます。(21)

エゾシカの分布調査は、一九七八年に環境庁(当時)による自然環境保全基礎調査として開始されて以来、北海道によって一九八四年、一九九一年、一九九七年(二〇〇二年に補足調査)と、おおむね六年間隔で実施されてきました。分布調査では、エゾシカの生息の有無のほか、「いつ頃からエゾシカが見られるようになったか」と出現年代を設問にしています。調査のたびにこの質問は繰り返され、最新の出現情報だけを直近の調査で置き換えることによって、歴史的な分布の変遷が明らかになりました(図2)。また、比較的短期間に分布調査を繰り返したことにより、近年の急速な分布拡大の様子もつぶさに明らかになりました。

アンケート調査によって、明治時代以前から生息していたという情報は、阿寒、大雪、日高の山岳地帯で得られました。これらの山岳地帯は針葉樹林で覆われており、明治期の豪雪を防ぐ隠れ場となりました。現生のエゾシカのDNAに刻まれた歴史を解析することによって、阿寒、大雪、日高の山系に生息する集団は遺伝的に区分され、これらの集団は明治時代のボトルネックを生き延びて、戦後の分布拡大の中心的な役割を果たしたことが明らかになりました。(18)

一九七〇年代半ばには積雪が少なく、ミヤコザサやクマイザサなど、良質な餌が得られる北海道の東側半分（道東）に分布は制限されていましたが、[11] 一九八〇年代から一九九〇年代当初にかけて、南部と北西部に分布域を拡大していきました。近年の個体数の増加と継続する暖冬と小雪によって、エゾシカの分布域は多雪地帯にまで拡大し、現在では北海道の八割の地域に生息しています。空間的には満杯状況といえます（図2）。

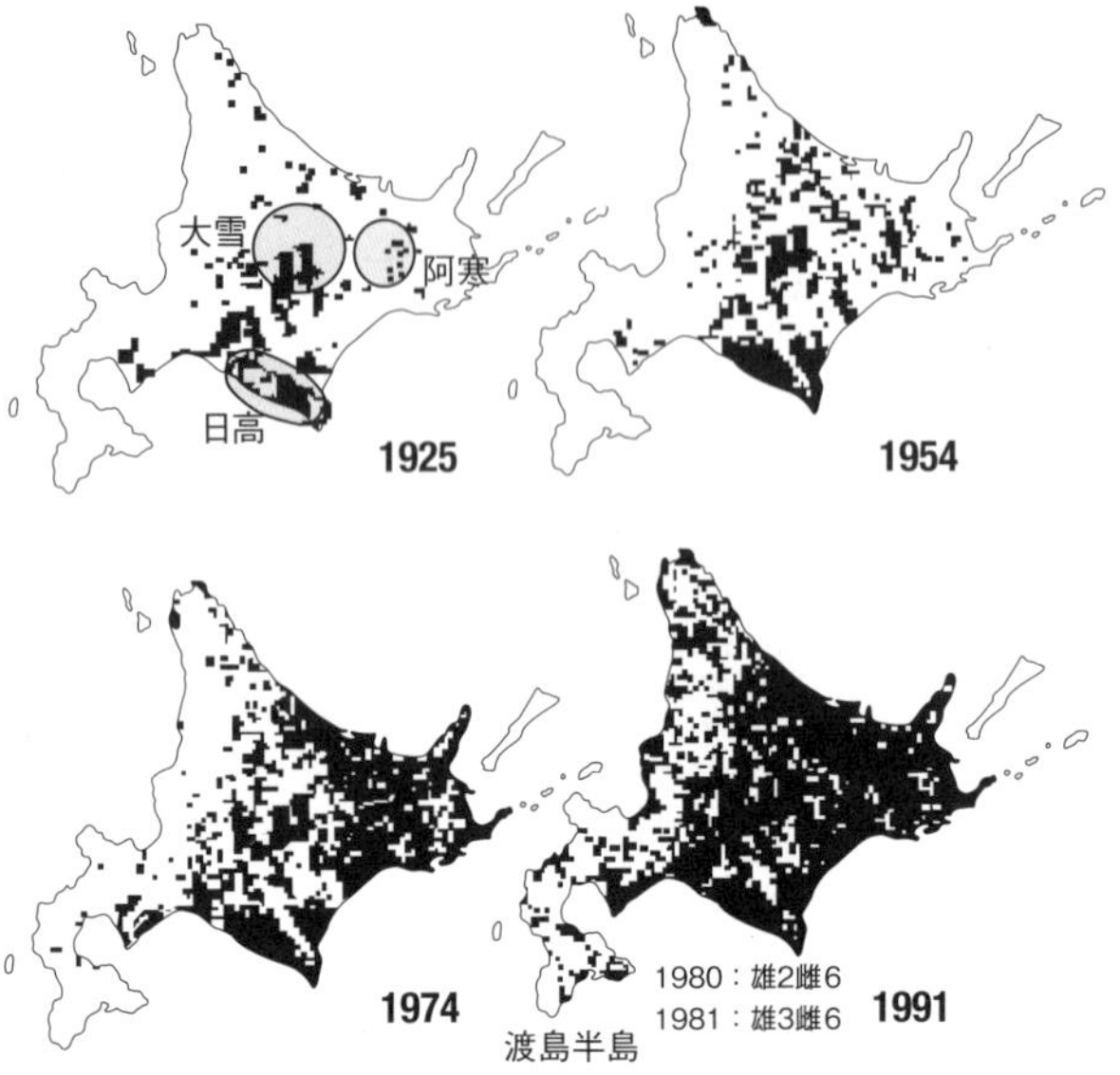

図2　近年のエゾシカの分布の推移

以上から、エゾシカの生息数が原生自然環境のなかでも大きく変動し、豪雪によって激減した歴史をもつこと、先住民族にとって重要な資源であったこと、明治以降の保護管理は、乱獲と禁猟の繰り返しであったこと、などがわかりました。ですから私たちは、新たに保護管理計画を作るにあたっては、資源的な価値を考慮し、個体数が変動する生物を対象に、乱獲と絶滅を防ぐ方法を取り入れる必要がありました。

6 — 爆発的振動モデル

分布の拡大や縮小はエゾシカの個体数の変動と大きくかかわっています。増加期間中には、新たな環境への分散・定着個体が増えるために分布は拡大しますが、大雪で激減すると今度は分布域が縮小します。ここでは、エゾシカの個体数の変動がどのように起こるのか、そのパターンと原因を探ってみましょう。

動物個体群の急激な増加は爆発的増加として知られ、数多くの観察があるにもかかわらず、その原因の始まりと終わりをきちんと抑えた事例は、たいへん限られています。大型草食獣では、典型的な爆発的増加は島に導入された個体群で報告されており、激増の原因は移入先の生息環境の餌が豊富であるなど比較的単純です。しかし、もともとその地域に生息していた自然個体群の爆発的増加の原因解明は、そう簡単ではありません。というのも、爆発的な増加のプロセスが詳細に記録されている事例が非常に限られており、その原因も憶測に過ぎない場合が多いからです。

爆発的増加は、起こったあとにその原因が推測されることが多いため、私達の理解には限度があります。ニホンジカも、北海道のみならず、全国的に増加していますが、低密度から高密度に至るプロセスを詳細に調べ上げられた事例は実はあまりありません。多くの地域では、ニホンジカが高密度となり、社会的な問題となってから調査が行われるのが常だからです。アフリカのセレンゲティ国立公園で大型草食獣を長期間研究しているシンクレアーは、捕食者が存在するにもかかわらず、ワイルドビーストとバッファローの二種が爆発的に増加したことを報告しています[24]。この増加の原因は、ワクチンが家畜に投与されて牛疫が根絶したことでした。疾病の根絶も爆発的な増加を招くのです。

個体数の崩壊をともなう爆発的増加の事例としては、アラスカ沖の無人島（セントポール島）のトナカイ[13]、ベーリング海の無人島（セントマシュー島）のトナカイ[23]などが有名ですが、自然個体群での詳細報告はたいへん少ないのです。

ラーム・コーリーと一緒に野生動物の管理研究で活躍したニュージーランド森林管理局のテイン・ライニーは、大型草食獣の個体数と生息環境の一連の変化を関連付けた爆発的振動モデルを提唱しました[22]。このモデルによると、新天地の好適な環境に放たれた有蹄類は、通常新しい環境に適応する過程で、現存個体数と環境収容力のギャップに反応して、著しく個体数が増加する増加期→ピークに達した後の停滞期→その後の崩壊期→ピークよりも低い密度で安定する相対的安定期という、異なる四つの相を経ます。このライニーの爆発的振動モデル（以下「ライニーモデル」と呼ぶことにします）は、コーリーによってニュージーランドに導入されたカモシカの一種のヒマラヤン・タールの研究で実証されました[1]。

このモデルがニホンジカにも適用できるのであれば、地域個体群の生息数動向と植生の関係および栄養状態などの個体群特性値を調べることによって増加あるいは減少などの個体数変動の相を決定できるので、適正な管理を実施するうえで極めて重要です。そこで、まず、洞爺湖中島に導入されたエゾシカを対象に、個体数の変動を観察してそのプロセス（個体群動態の相）を把握し、ライニーモデルにならい、相（増加期・減少期）ごとに生息環境の一連の変化を生息密度と関連させて、エゾシカの個体群特性値（体の大きさ・発育生長・妊娠率）の検討を行いました。

次いで、半閉鎖的な環境である知床岬に自然定着した個体群、広大な北海道東部の開放系の個体群へと調査対象を広げ、単純な生態系から複雑な生態系における個体数の変動に共通するパターンと個体数変動のメカニズムを探りました。駆け足でエゾシカ個体群研究の四半世紀の歩みを紹介します。

7― 島に導入されたシカの個体数変動と植生変化 ――洞爺湖中島

私がエゾシカの研究を開始した一九八〇年当時、エゾシカの生息数は回復途上にあり、分布域が道東部から道西部へと少しずつ拡大していました。しかし、北海道全体でエゾシカの生息数はまだ少なく、被害問題もほとんどなく、エゾシカが社会的な話題となることはまれでした。一九八〇年の捕獲数は雄鹿四千頭で、一九六〇年の捕獲数と比較しようやく二倍になっていました。

洞爺湖中島（面積五平方キロ）で調査を開始したばかりの一九八〇年、エゾシカの植生への影響は越冬地などで部分的に見られてはいたものの、島全体では顕著ではなく、その後の生息数の増加が予測されました。

個体群の崩壊

洞爺湖中島のエゾシカの祖先は、一九五〇〜一九六〇年代に持ち込まれた三頭（雌二頭、雄一頭）です。これらの三頭から始まって、保護下で二十数年間にわたって年率平均十六パーセントで増え続け、一九八三年秋には、二九九頭（一平方キロあたり五八頭）となって植生を破壊したために、同年から一九八四にかけての冬に、餌不足などにより二十二パーセント（六十七頭）が自然死亡するという、個体群の「崩壊」が起こりました（図3）。[10] また、一九八四年五月までに九十五頭が間引かれ

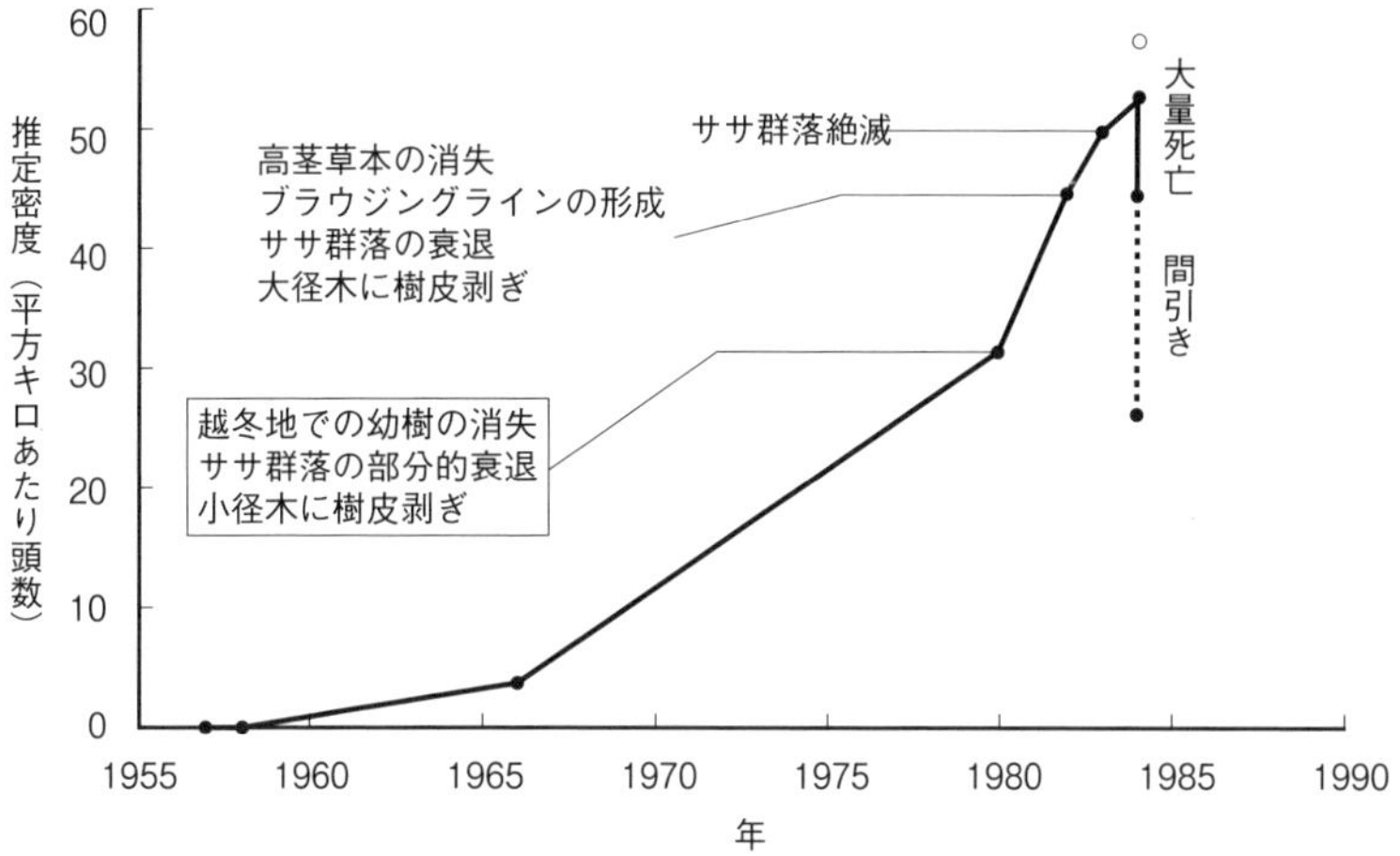

図3　洞爺湖中島のエゾシカの爆発的増加と崩壊，植生変化[9]

た結果、同年出産期直前の推定生息数は百三十七頭（一平方キロあたり二十六頭）とピーク時の半分以下となりました。

中島のシカの場合も、生息密度が高くなるに連れて餌不足となって、初産年齢は通常の満一歳から一九八三年には三歳、崩壊の起こった一九八四年には三〜四歳へと上昇しました。また、雌の子連れ比率の激減、子ジカと老齢個体の死亡率の増加、脂肪蓄積の減少、体格と角の小型化などが進行しました[10]。

植生の変化と個体群の崩壊

この間植生は、シカの生息数の増加にともない大きく変貌を遂げました。調査を開始した一九八〇年の生息密度は一平方キロあたり三十頭でした。このときには、越冬地にシカが集合するために、小さな木は採食によってなくなっていました。また、冬期の重要な餌であるササ群落にも部分的になくなり、細い木（小径木）の樹皮も採食されていました。

中島のほぼ中央には、私たちが「広場」と呼んでいる面積六・八ヘクタールの平坦な草原があります。一九八〇年当時、広場はオオイタドリ、ススキ、セリ科など丈の高い草本、ササ、イネ科草本などにおおわれていました。この草原には採食のためにたくさんのシカが集まり、一九八二年までに、シカが好まないハンゴンソウなどをのぞいて、多くの植物がなくなりました。群れの崩壊から一年たった一九八四年には、広場ではハンゴンソウとイケマが増加を始めました。

中島では、シカが採食可能な約二メートルの高さまで樹木の下枝がすべて食い尽くされ、あたかも公園の木を剪定したかのように一定の高さでそろう「ブラウジングライン」が形成されました。また、ササ群落の衰退が進行するとともに、太い大きな木（大径木）の樹皮も剥がされました。個体数がピークを迎えた一九八三年秋には、ササ群落は消失したまま、シカたちはいつもより積雪期間が長くて寒い冬を迎えました。そして年が明けた一九八四年一月から、エゾシカの自然死亡が始まりました。春までに六十七頭の死体を発見しました。これは、一九八三年秋の推定生息数二百九十九頭の二十二パーセントに相当します。また、同時に森林を守るという名目で九十五頭が間引かれ、生息数は半減しました。島の外に持ち出されたシカの大多数は栄養不良や疾病によって死亡しました。おそらく、間引きを行わずに放置した場合には、もっと大規模な群れの崩壊が生じたと考えられます。

この一九八四年の冬には、全国的に厳しい冬に見舞われ、栃木県日光や宮城県金華山島でも大量死亡が生じています。積雪や寒波などの気象要因は、シカの高密度化によって生息地の質が低下していた場合には、個体数の減少に強く影響しそうですが、記録的な豪雪があった場合には、生息密度にかかわりなく個体数を減らす役割を果たすと考えられます。

モデルの予測を越えた個体群の回復

中島のエゾシカの個体数の変動プロセスをライニーモデルの区分に当てはめると、導入後から崩壊が起こった前年の一九八三年までは第一段階の増加期に相当します。個体数が指数関数的に増加した後に、第二段階の停滞期はなく、一九八四年にはJの字を折り曲げるように個体数の崩壊が起こっており、第三段階の崩壊期と定義することができます。

中島のシカの個体数変動は、初回の爆発的増加と崩壊までは、ほぼライニーモデルから予測される通りですが、崩壊後の挙動はモデルの予測とはまったく異なっていました。群れの崩壊後、初回の爆発的増加の時よりも、はるかに低い増加率でゆっくりと増加を続け、二〇〇〇年秋にはついに、初回のピークである二百九十九頭を上回る四百五十六頭、初回ピーク時の一・五倍まで増加しました。その後、二〇〇一年三月までに、自然死亡四十二頭のほかに、間引きで百六頭が島外に持ち出されたため、個体数は三百四頭まで減少しました。初回の崩壊後には、ゆっくりと増加を続けて初回のピークを超えることができたのです。一見したところ、島にはエゾシカの餌となる植物はなくなったのに、なぜ増え続けることができたのでしょうか？　これは大きな謎でした。

枯れ葉まで餌になる

二〇〇一年に三百四頭まで減少した個体数は、二〇〇四年のセンサスでは個体数は二百九十七頭に回復していました。しかし二〇〇四年までにハイイヌガヤも絶滅し、その前後にこれまでに最大規模である百頭もの大量死亡が生じました。

　高密度となった増加期末期のエゾシカの食性を胃内容物の比率でみると、樹皮・枝→落ち葉→ササの順でしたが、群れの崩壊後には、落ち葉→ハイイヌガヤ→樹皮・枝となり、絶滅したササがメニューから消えるとともに、これまで見向きもされなかったハイイヌガヤが加わり、落ち葉が一年を通じての主要な餌となりました。[17][25] 風などで偶然に落ちた緑の葉がシカの餌として重要だということは認識されていましたが、中島では、秋に落ちる枯れ葉まで利用され続けたのです。

　生息密度の増加とともに餌が乏しくなったため、年々体格が小さくなり、雌の体重は一九八二年に比較して、二〇〇四年には子ジカと一歳雌では三十七〜三十八パーセントほど、二歳で十五パーセント、三歳以上の成獣では二十六パーセントも減少しました。エゾシカでは、体重と性成熟年齢、妊娠が密接な関係があり、妊娠可能となるには一定の体重に達する必要があることがわかりました。洞爺湖中島のエゾシカの場合、春先の体重で約四十キロ以上を維持していれば妊娠しており、これを上回るほど妊娠確率が上昇します。餌不足によって若い雌鹿の体重が減少したことにより、発育成長の遅れとともに性成熟年齢も一歳から三歳へと延びました。しかし、三歳以上の成獣雌の体重の平均値は、この閾値をかろうじて上回っていたために、妊娠率に大きな変化は見られませんでした。二回目の増加がゆっくりだったのは、個体数の最も多い若い個体が妊娠できなかったためだったのです。このようにエゾシカの密度効果は高密度となるまで、なかなか現れません。

第一回目の群れの崩壊後、厳しい餌不足のなかでも中島のエゾシカが増え続けることができたのは、洞爺湖中島の気象が比較的穏やかであったことと、これまでのササや木の枝・樹皮などの限られた良質の餌から、落ち葉のように質は低いが無限にある餌に柔軟に替えることができたからです。日野輝明さんは、大台ケ原のニホンジカは一年を通してミヤコザサに依存しているので、ニホンジカの管理方法として個体数削減とともにササの現存量を減らして、シカの密度を低く維持することを提案されています。しかし中島の事例は、ササがなくても落葉広葉樹の落葉があれば、ニホンジカは高密度状態を維持できることを物語っています。

8 自然定着したシカの個体数変動と植生変化 ——知床岬

私の知床半島の調査は、北海道が一九七九～一九八〇年の二年間で行った知床半島自然総合調査の動物班に加わって、エゾシカの越冬地の状況を調べたのが最初でした。このとき植物班は、知床半島全域を対象に植生調査を実施しましたが、エゾシカの影響についての記述はありませんでした。このことから、一九八〇年当初は、エゾシカの生息密度は知床半島全体でも相当低かったと考えられます。そして一九八六年からは、知床岬のエゾシカの空からのカウントと森林植生の調査がほぼ同時に開始されました。知床岬では、エゾシカの生息密度がたいへん低く、植生への影響がほとんどみられない状態から調査を開始できたために、中島でみられたエゾシカの爆発的増加と森林植生の変化を検証する良い資料を得ることができました。知床岬のエゾシカ個体群は、移出と移入が可能であること、季節移動が可能であること、自然個体群であることの三点で、閉鎖環境に導入された洞爺湖中島のエゾシカ個体群と異なっています。

知床半島の個体数変動

知床半島でも、エゾシカは明治時代の豪雪で一度絶滅したと考えられます。しかし、一九七〇年代初頭に再分布しました。その後、国立公園のなかで保護され

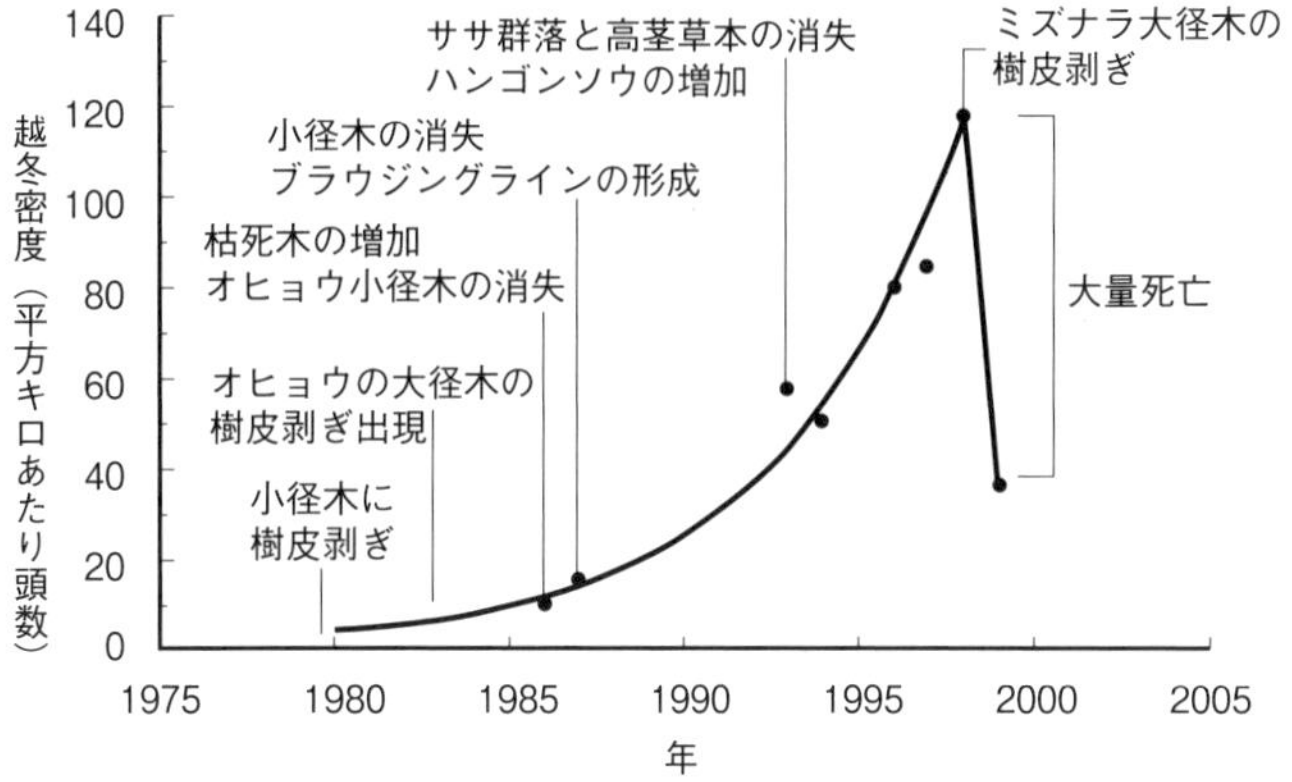

図４　知床岬のエゾシカの爆発的増加と崩壊，植生変化[9]

て、狩猟も間引きも行われずに急増を続けました。知床岬の個体群は、一九八五年の五十四頭（一平方キロあたり十一頭）から一九九八年には五百九十二頭（一平方キロあたり百十八頭）のピークに達し、翌一九九九年冬に群れの崩壊が生じて、百七十七頭（一平方キロあたり三十五頭）にまで減少しました（図４）[12]。知床岬のエゾシカは、一九八六年から一九九八年にかけて、洞爺湖中島の増加率をよりも高い増加率（年率平均二十一パーセント）で増加を続けました。この間、ほとんど死亡はなく、高い生産力と生存率を示しました。

　知床岬では一九八〇年から植生調査を開始しています。個体数の増加パターンからその当時の生息密度を遡って推定し、生息密度と植生の関係を復元しました。その結果、生息密度が平方キロあたり四頭の頃には細い小さな木（小径木）への樹皮剥ぎが見られ、平方キロあたり八頭の頃にはオヒョウの太い木（大径木）への樹皮剥ぎも出現しましたが、まだ森林植生には大きな影響は現れていませんでした。ところが、一九八七年に生息密度が平方キロあたり十五頭に達すると、オヒョウ大径木への樹皮剥ぎが継続することによって枯れる木が増加し、ササ群落の衰退も進行しました。同時に、小径木の消失、ブラウジングラインの形成などが起こり、森林の組成と構造が変化していきます。一九九六年、平方キロあたり八十頭を超えるほどの高密度になると、オヒョウ、シウリザクラ、ササ群落が消失し、ササがなくなって裸地となったところに、シカが食べないハンゴンソウが侵入しはじめました。一九九八年、生息密度が一一八頭とピークに達し、ミズナラの樹皮剥ぎが知床半島で初めてみられました。そして、翌一九九九年の冬、ミズナラの樹皮剥ぎが顕著となり、ついには群れの崩壊が起こりました(図4)。

洞爺湖中島や知床岬のほか大台ケ原でも、ササ群落の衰退はシカが高密度となってから生じています。ですから、ササ群落を個体数管理の指標に用いると高密度となるまで見過ごしてしまう危険があります。ササ群落の衰退に先立って、稚樹が消失したり、ブラウジングラインができたりしますので、こちらをシカの個体数指標に用いる方が適切だと思います。

その後も知床岬の調査は知床財団との協同研究として継続しています。死体を採集し、年齢や栄養状態を調べた結果、自然死亡は子供と雄に圧倒的に偏っており、成獣の雌はほとんど死亡していないことがわかりました。成雄鹿は発情期にエネルギーを使ってしまうので、冬が厳しいと持ちこたえることができません。子ジカは体が小さいので、もともと脂肪蓄積があまりありません。そのため、雄や子ジカは秋までに蓄えた脂肪蓄積を春先に使い果たします。一方、成獣の雌の脂肪蓄積はあまり変化せずに死亡が起こりません。成獣雌の生存率も妊娠率も高いので、群れが崩壊しても個体数がすみやかに回復し、初回の爆発的増加と崩壊のあとは、すみやかな回復と崩壊を繰り返しています。

体の大きな雄は大きな角をもち、角の長さと体重は直線的な関係がみられます。エゾシカは三歳以上になると四尖の立派な枝角をもつようになり、体の大きな成獣雄から落角がはじまります。一九八四年から一九八七年の増加期初期に採取した成獣の四尖の落角を一九九九年の自然死亡個体と比較したところ、角のサイズに差は認められませんでした。[12]次いで、一九七九〜一九八〇年猟期に道東で捕獲された雄鹿成獣の角と比較したところ、知床岬の雄鹿の方が大きい角をもつことが明らかになりました。洞爺湖中島では、高密度化によって、個体数ばかりでなく体の大きさも小さくなりましたが、知床岬では個体数は制限されましたが体の大きさには変化がみられませんでした。このことは、冬の餌が個体数を、夏の餌が体の大きさを制限していることを示唆しています。知床岬の植生は見かけ上大きく変化しましたが、シカにとっての夏の餌の質量は十分確保されていると考えられます。

このように、中島も知床岬の事例も、初回の群れの激増と崩壊は、ライニーモデルに、ほぼあてはまりますが、崩壊後の群れの挙動はまったく異なっていました。これらの事例は、自然現象や人為的要因の如何にかかわらず、新天地や好適な環境では、低密度から出発した場合に爆発的な増加が生じることを示しています。また、エゾシカが高密度となる過程で現れる森林植生の影響も、たいへん似ています。

9 北海道東部のエゾシカの個体数変動

洞爺湖中島や知床岬は、それぞれ閉鎖環境、半閉鎖環境にあります。このように、移出入りが制限されていたために、個体数の増加や崩壊現象が強調された可能性があります。今度は、もっと広大な空間スケールでみましょう。

道東の音別町では、一九八六年から、地元の猟友会、町役場、農協が中心となって、町内の牧草地・放牧地に総延長百二十八キロにも及ぶ固定調査路を設定し、猟期の始まる前の十〜十一月にライトセンサスが行なわれてきました。ライトセンサスとは、夜間に車を走らせながら、強力なライトでエゾシカを照らして、シカの光る目を数える方法です。音別町の牧草地・放牧地は五一・四平方キロ（全町の十三パーセント）を占め、ライトセンサスの調査コースは町内の牧草地の約六割をカバーしています。

音別町では、雄鹿のみの狩猟が一九八八年から解禁されましたが、一九九一年度と一九九二年度の二年間は休猟区が設定され、一九九四〜一九九六年度の三年間は十日間に限って雌鹿の狩猟が解禁となり、一九九七年から猟期を拡大したのちに一九九八年から「道東地域エゾシカ保護管理計画」に基づいて、雌鹿を中心とした強度の捕獲が実施されています。

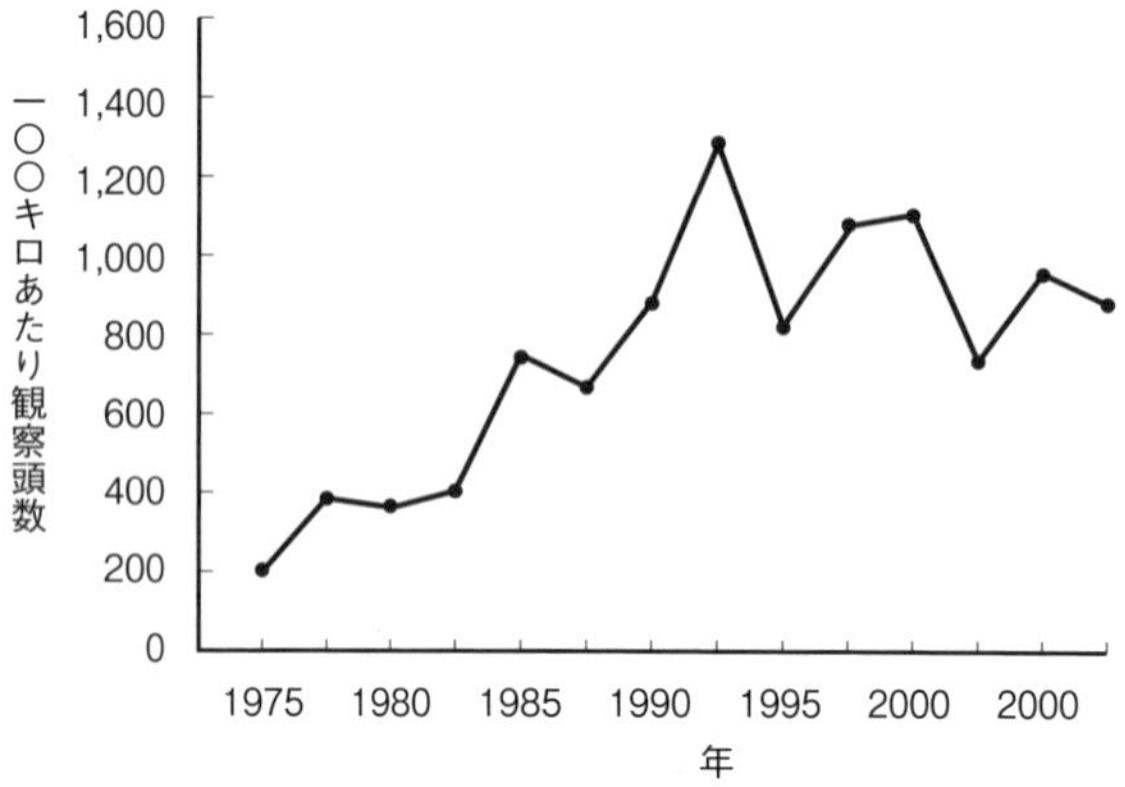

図5　釧路支庁管内音別庁のエゾシカ爆発的増加 ((5)に加筆)

秋季の観察数は、一九八六年の一〇〇キロメートルあたり二一九頭から一九九三年の一〇〇キロメートルあたり一三九四頭へと六倍以上に増加し、一九九三年にピークに達した後に頭打ちとなりました(図5)。音別町での狩猟や駆除の強化は一九九七年以降ですので、増加が止まったのは捕獲が影響していたとは考えにくいのです。音別町での個体数の急増の様子は、洞爺湖中島や知床岬の場合と同様ですが、ピークに達した後に群れの崩壊はみられませんでした。これは、狭い空間に閉じ込められた洞爺湖中島や知床岬のエゾシカと異なって、音別町のエゾシカは自由に移動が可能であったからかもしれません。

調査を開始した一九八六年から個体数がピークに達した一九九三年度までの八年間のうち、四年間は非可猟区ないしは休猟区で狩猟は行われず駆除のみでした。また、年間の狩猟期は雄のみの捕獲に限定され、有害鳥獣駆除でも雌鹿はわずかにしか捕獲されていませんでした。したがって、この期間に雌鹿は駆除でわずかな捕獲圧しかかけられなかったため、保護下にあった洞爺湖中島や知床岬と同様な爆発的な増加が生じたと考えられました。増加期の末期の高密度下では、子連れ率の低下が見られ、これは増加率の低下に寄与したと考えられますが、最大の原因は分散だと思われます。

以上の洞爺湖中島、知床岬、音別町の事例から、島に持ち込まれた場合や自然に定着した場合や、もともとの居着きの個体群であっても、環境収容力と現存個体数とのギャップが生じた場合には、保護下あるいは不十分は捕獲のもとでは、爆発的な増加が起こることが明らかになりました。しかし、開放的な環境で個体数増加による餌不足によって群れの崩壊が生じるかどうかは不明なままです。

北海道では、一九九二年、道東の六四市町村の農耕地に十キロメートルのライトセンサスコースが配置されたのを始めとし、二〇〇二年には道西部も含め北海道全体で一三七市町村にライトセンサスコースが配置されています。道東部では一九九〇年代に入ってから個体数が急増し、一九九〇年代半ばには個体数のピークを迎えていることが明らかになりました。その理由として、長期にわたる保護政策、一九六〇年代から一九七〇年代に行なわれた森林伐採と牧草地の造成による生息地の改変があげられます。管理計画策定以前には、行政は環境庁の通達をもとに、休猟区の面積合計が可猟地域の面積全体の概ね三分の一となるように設定していきました。そのため、道東でもっとも生息数が多かった音別町、阿寒町、白糠町にも、休猟区を機会的に設定することになったのです。

もと私の同僚の金子正美さん（現・酪農学園大学）はGIS（地理情報システム）を用いて北海道東部を対象に開拓以前の植生を復元し、現生の植生と比較しています[14]。それによると、①針葉樹林の分布域ではほとんど変化がなく、②針広混交林分布域では針葉樹植林値とカラマツ林が増加し、③落葉広葉樹林及び湿原分布域では自然植生が大面積で消失し、植林地と農耕地が拡大しました。その結果、森林と草原的環境（湿原・自然草原・農耕地）の比率は、九四対四から四七対二五となり、草原的環境が大幅に増加しました。農耕地の拡大は膨大な夏の餌を提供し、また針葉樹植林地の増加は将来、越冬地の機能を持つことになります。牧草地は北海道東部では一九六〇年から一九八〇年の二十年間で約八倍に増加しています。こうして、越冬環境を損なうことなく夏の餌が増加したところに、保護政策との相乗作用により、道東地域のエゾシカの爆発的な増加が生じたと考えられます。

生息数が増加するにつれ、北海道東部の最大の越冬地である阿寒国立公園では、一九九一年頃からオヒョウやハルニレなどのニレ属の剥皮が集中し[28]、ササ群落の衰退や更新阻が阻害され、シカの採食可能な高さ二メートルまでの多くの植物が消失していきました。ササへ影響は高密度となってから初めてみられ、阿寒などのエゾシカの高密度地帯では、体の小型化が進んでいますが、道東地域一帯には豊富に残っており、餌資源が個体数を制限するまでには至りません。阿寒国立公園では、自然死亡個体の調査が継続されていますが、通常の冬には自然死亡はほとんどみられません。積雪が多い年には大量死亡が生じますが、自然死亡個体の多くは子が占めており、成獣の雌が大量に死亡することはまれです。[29] 北海道ではこの三十年ほど豪雪に見舞われていません。北海道が実施した、述べ五七頭の五年間の追跡を行ったテレメトリー調査でも、雌成獣の自然死亡率はわずか二パーセントであり、交通事故による死亡率と同程度でした。[6]

阿寒国立公園一帯の針広混交林は、周辺が開発されたことによって孤立した大きな島となっており、道東四支庁からエゾシカが冬期に集合しています。このため、道東でのエゾシカの生息数が増加すると、越冬個体も増えて、越冬地の森林植生に大きな影響を与えています。

10 生息数の推定

一九九三年と一九九四年の二～三月にかけて、ヘリコプターセンサスを実施しました。これらのうち五か所（総面積四〇五・六平方キロ）の推定値を用いて、道東四支庁の越冬地に外挿することによって生息数を推定しました。道東の越冬地面積は、植生、積雪、標高などの条件を満たし、かつ一九八四年度と一九九一年度の二回の分布調査によってシカの生息が確認されて分布が安定しているとみなせる地域から求めました。[4] その結果、道東四支庁の推定生息数は約十二万頭となりました。しかし、松田さんも述べられているように、この推定値は実際の生息数を半分程度に過小評価していたことが数理モデルと個体数指数、捕獲数から明らかになりました。エゾシカの管理計画では、最新の情報に基づくことになっているので、現在の推定値も将来的にはより正しい数値に変更される可能性があります。

ここで、何が過小評価をもたらしたのかを振り返ってみましょう。一つは、一九八四年度から一九九一年度にかけて分布域が拡大しているにもかかわらず、安全を見込んで、越冬地を両年度で安定して生息しているとみなした地域に限定したことがあげられます。これは、越冬地面積を少なく評価することにつながります。もっと大きな理由は、ヘリコプターによる見落とし率を軽視していたことです。道東で実施したヘリコプター調査は、アラスカのムースで開発された調査方法に準拠しており、通常の標準調査のほかに、できるだけ見落としがないようにした強度調査を実施して二つの調査を比較し、平均見落とし率を三割と推定しています。しかし、越冬地は針葉樹で覆われているために、どんなに強度調査を行っても全数を観察することはできません。その地域の環境に応じた、固有の見落とし率があり、その値で補正しなければなりません。道東では、このような調査は行っておらず、当然、過小評価となるのです。落葉広葉樹の疎林で覆われた洞爺湖中島では、多数のエゾシカに空から見ても目立つ首輪をつけて放し、直後にヘリコプターセンサスを実施して、標識個体の見落とし率を求めました。その結果、道東以上の強度調査を行ってもおよそ四割の見落としがあることがわかりました。知床財団の山中正実さんによると、最近、知床半島で実施したヘリコプターと地上追い出しカウントの比較調査でも、ヘリコプターセンサスでは地上追い出し調査の三分の一ほどしか数えられていないことがわかったそうです。個体数推定は個体群を管理するうえでとても重要ですが、調査の初期段階では情報が乏しいために、過小評価を招きがちとなります。生息数推定は管理実行の第一歩ですが、管理が進めば進むほど実態が明らかとなるようなモニタリングの仕組みを作り、あとから修正できるようにしておくことが肝心だと思います。

11 有害獣管理から資源管理へ

フィードバック管理元年の一九九八年には、雌鹿四万頭を含め八万四〇〇〇頭のエゾシカが捕獲され、農林業被害額も一九九六年の五十億円余りから二〇〇三年には二十九億円へと減少してきました(図1参照)。一九九八〜二〇〇三年度までに四十万五千頭が捕獲され、一九九五〜二〇〇三年度までに総延長三〇一〇キロのネットフェンスが設置されました。二〇〇二年度末の道東の個体群では、個体数指数が七〇±二〇と下がり、大発生水準である五十も視野に入ってきましたが、その後下げ止まっています。最も捕獲努力を傾けた阿寒個体群ですら大発生水準を上回っており、さらには隣接する道西部でも個体数増加が加速しています。おおむね三年とされた緊急減少措置は、その倍の六年も継続していま す。大量捕獲を継続したことにより、エゾシカが狩猟についいて学習し捕獲しずらくなったこと、ワシ類の鉛中毒死の問題、大量の残滓処理問題が浮上してきました。また、狩猟者の高齢化と減少の問題があります。害獣管理としての個体数管理には限界が見えてきました。

エゾシカはもともと資源価値が高く、そのために明治初期に乱獲が生じています。道東のエゾシカの管理は、「道民共有の貴重な自然資産として適正な保護管理を図り、エゾシカの絶滅を回避しながら将来にわたって安定的な生息水準を確保するような適正な個体数管理を行なう」とあります。つまり、管理の終着点は、資源的な価値を考慮しながら、農林業の激害をもたらす大発生と絶滅を回避するために、大発生水準と許容下限水準の間の目標水準に長期的に安定した個体数を誘導していくことにあります。大発生水準や目標水準は過去の被害レベルとの関係で決まり、シカの資源的価値が高まることによって、状況に応じて改めることも可能です。もちろん管理計画の改訂になるので、合意形成が必要です。乱獲と禁猟を避け、雌雄をとりわけながら一定量を収穫していく仕組みがフィードバック管理のなかには含まれています。年間六万頭を捕獲しても減らないのですから、これを上回る収穫を持続していくことが可能です。エゾシカという未利用資源の有効活用は、「災い転じて福をなす」の典型だと思います。

コーリーは、ニュージーランドで一九六〇年代に実施されたアカシカの駆除対策について、林野の重要な構成員であるシカをことさら除外して、多年駆除を強行し、多額の国費を浪費しただけでなく、養鹿生産によって得られたはずの多額の利益を失ったことを批判していま す。[(2)] さらに、このような愚行の原因は鹿が林野の生産にとって有害無益の存在でしかないという多年の偏見、思い込みの結果である、と酷評しています。エゾシカはニュージーランドのアカシカのような外来種ではなく、もともと北海道に住んでいる野生動物です。品種改良も必要なく、地産地消の食材として新しい食文化の担い手としてはうってつけでしょう。北海道では、害獣管理から資源管理へと変換する節目を迎え、エゾシカの有効活用に向け大きく舵がきられました。

12 自然保護区のシカ管理

世界で最初に設定されてイエローストン国立公園では、その昔はヒグマやオオカミなどの捕食者の駆除やエルクの個体数管理を行なっていました。しかし、一九六八年から自然調節(natural regulation)を有蹄類管理の指針とし、駆除などの人為的な介在を排除してきました。その後、エルクとバイソンの個体数が激増し、エルクが植生に与える影響が顕著となって、激増の原因が人為活動によるものか、生態的プロセス内の変異なのかについての論争が起こっています。同様な議論が知床国立公園のエゾシカ管理でも始まったばかりです。

知床国立公園では、一九九〇年代に入るとエゾシカの個体数の増加にともない、冬季の樹皮剥ぎによる天然林の枯死、森林再生運動地における植林地への被害、草本群落や希少植物への悪影響が顕在化してきました。知床岬はシカの影響が最も強く現れた地域です(図4)。最近では国立公園に隣接する地域においても、庭木への採食や交通事故の増加が問題となっています。知床国立公園は、世界自然遺産候補地に推薦され、二〇〇五年七月に採択が決定されました。このような背景から、環境省は二〇〇四年に知床国立区公園を科学的に管理するための科学委員会を設置し、その下にエゾシカワーキンググループを立ち上げ、二〇〇四年から二〇〇六年の三年間でシカの管理計画を作ることになりました。

北海道のエゾシカ管理計画のなかでも、「森林生態系への悪影響の軽減」と生態系について言及してはいますが、管理計画の大きな目的は「個体数の大幅削減による人間活動との軋轢の緊急的軽減および絶滅を回避しながら安定的水準を維持する個体数管理の実行」で、管理の主たる対象地域は人間の生活の場であり、管理目標の設定は比較的単純明快です。それに対し、国立公園などの生物多様性の保全を重んじる自然保護区の管理目標は、生態的プロセスそのものの保全を目的としているので、多くの議論を生みます。増加したエゾシカが生態系に不可逆的な影響を与えるか否かが重要な論点となっています。知床岬のエゾシカは、餌資源制限と冬期の気象条件の組み合わせによって個体数が調節されていることが示唆されていますが、平常年の冬には雌鹿成獣はほとんど死亡せずに、[12]最近の三十年間ほどは大雪もなく高密度が維持されています。現在、花粉分析やシカの嗜好性の高かったニレ属の樹齢解析などから、長期的なエゾシカの影響を把握する試みが開始されたばかりです。

イエローストン国立公園では、山火事を放置するか否かで一〇〇年間の論争が続けられ、エルクの管理方針については四十年間にわたる調査と論争があります。この長期にわたるイエローストンの先行研究と実践から学びつつ、保護区のシカ管理計画を策定しているところです。

第三章　シカはどう増える、なぜ増える

横浜国立大学●松田裕之

現在、全国いたるところでニホンジカが増えています。北海道にいるニホンジカはエゾシカという亜種ですが、このエゾシカも増えています。第二章の図1は、北海道におけるエゾシカの捕獲頭数と最近の被害額の年変動示しています。この図から、一九五〇年代なかばから、エゾシカは急激に、いわゆるねずみ算式に増えていることがわかります。

明治時代から戦前にかけて、減るときも劇的でした。一八八五年からの三年間は十万頭ほど捕り、鹿肉を缶詰にして輸出することを考えていたそうですが、すぐに捕れなくなって破綻しました。以後、豪雪による大量死も重なり、一八八四年から禁猟になりました。

戦後は、一転して増え続けました。まず、雄鹿（牡鹿）の狩猟を一九五七年に解禁し、雌鹿（牝鹿）の駆除（許可捕獲）を一九八〇年から、雌鹿の狩猟を一九九四年から解禁しますが、捕獲数はその後もうなぎのぼりに増え続けています。

第二章図2のエゾシカが発見された場所の年次変化からは、一九二五年には限られた地域にしかいなかったエゾシカが、一九九一年には渡島半島を含めて全道に広がっていることがわかります。

1 シカ・クイズ

ここで、簡単にシカについての基礎知識を復習しましょう。

表1に七つの設問を用意しました。以下に読み進む前に、答えを考えてみてください。

シカは草食動物です。ウシと同じ偶蹄類で、食べたものを反芻します。エゾシカは体重が雄成獣で約百キロ以上になるにもかかわらず、大半の雌は一歳半で成熟し、満二歳から出産します。そして、毎年一頭ずつ生み、双子はまれです。一夫多妻でハレムをつくりますから、雄が減っても、雌は子どもを生むことができます。年齢は捕獲したシカの歯をみて年齢を推定しますが、二十歳くらいまでは生きています。生きていれば、生涯に産む子どもの数は優に十頭を超えるでしょう。シカの出生性比は一対一なので、子どもの半分は雌ですから、一頭の雌から五頭以上の娘が生まれることになります。驚異的な増加率です。ただし、奈良公園のシカは三歳または四歳で初産を迎えるといいますから、もう少し、増加率は低いはずです。

表1　シカ・クイズ
1. 何を食べる？
① 肉　② 虫　③ 草
2. 何歳から子を産む？
① 2 歳　② 4 歳　③ 6 歳
3. 何年に一度出産する？
① 毎年　② 隔年
4. 婚姻制度は？
① 一夫一妻　② 多妻
5. シカの寿命は？
① 5 年　② 10 年
6. シカの個体数増加率は？
① 年あたり 5%　② 年あたり 20%
7. シカは何頭まで増える？
① 10 頭 /km²　② 100 頭 /km²
8. 道東エゾシカは最近で最も多かった十年前に何万頭いた？
① 10 万頭　② 20 万頭　③ 40 万頭

エゾシカの雌成獣の自然死亡率はかなり低く、年間一割も死なないでしょう。だとすれば、成熟してからの平均余命は十年以上あると考えられます。梶光一さんが紹介されているように、洞爺湖中島や知床半島先端の知床岬で観察したところ、個体数の増加率は、年間十五パーセントから二十パーセントと推定されています。(1) 消費者金融の利率よりは低いですが、かなりの高利です。

十五年ほど前に米国に留学していたころ、州立公園にハイキングに行くと、一日に一回シカに巡り合ったら満足したものでした。日本でも似たようなものだったと思います。一平方キロあたりの密度が一頭程度なら、林床の植物も十分にあるでしょう。密度が一平方キロあたり数頭くらいになると、林床の植物がシカに食われて、影響が目立ってきます。けれども、シカはそれ以上増えないというものではありません。一平方キロあたり百頭を超えることもあります。そうなると、植物には壊滅的な影響が出てきます。

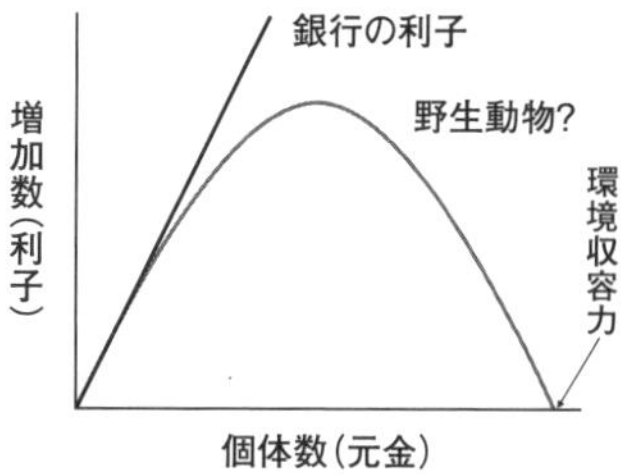

図２　銀行の利子と野生生物の増え方の関係

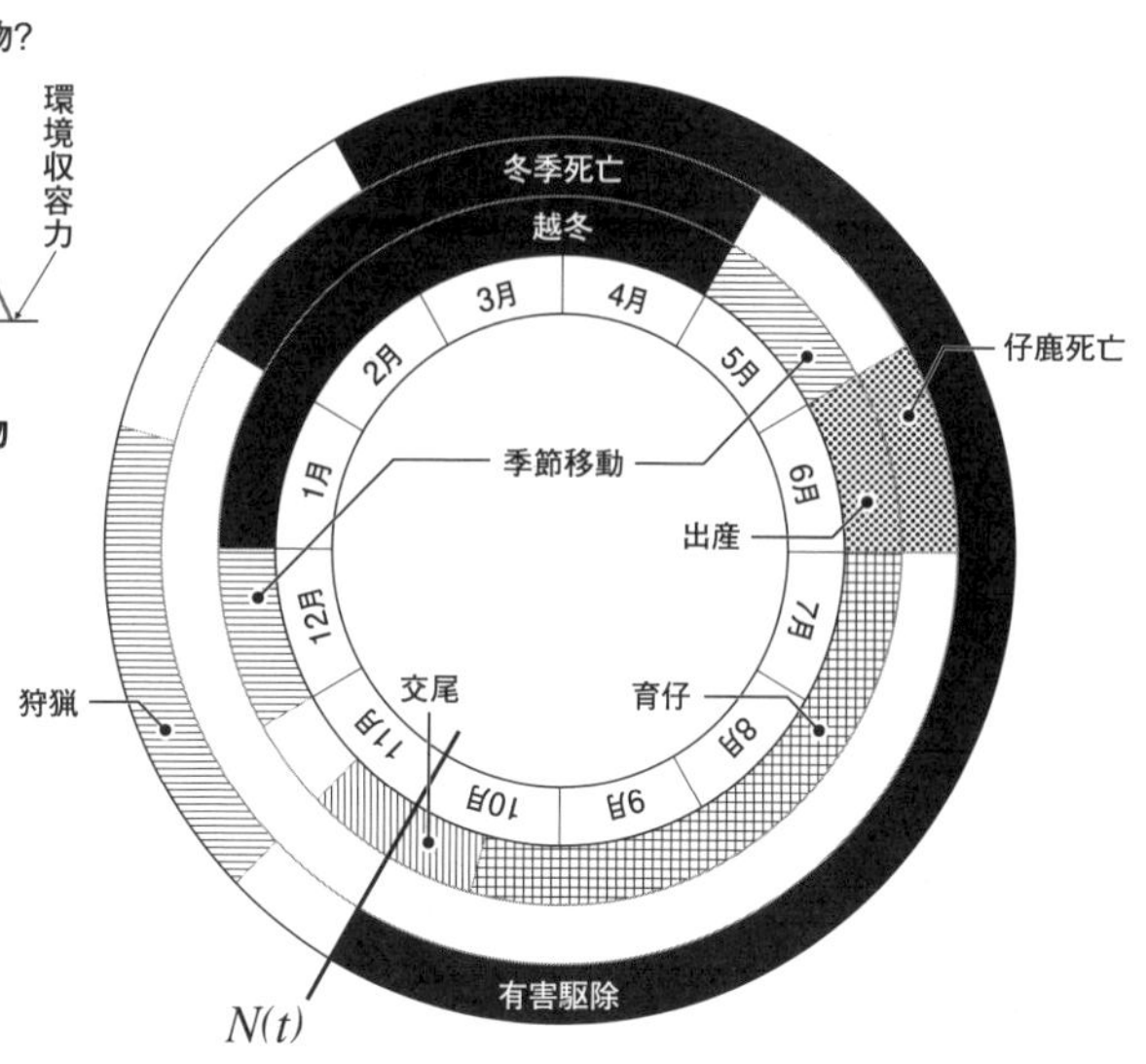

図１　エゾシカの１年と生活史

　では、北海道の東半分、つまり道東に、シカは何頭いるのでしょうか？　梶光一さんが紹介されているように、北海道では絶対頭数がよくわからないことを踏まえて、一九九三年度（平成五年度）を基準年とし、そのときの個体数を百とした相対値を数値目標を設定しています[2]。そのうえで、基準年の個体数を、以前は十二万頭と推定していました。けれども、エゾシカ保護管理計画で継続監視を続けているうちに、もっとずっと多いことがわかってきました。二〇〇〇年の北海道エゾシカ保護管理検討会の報告書では、一九九三年におよそ二十万頭いたと推定されています[3]。一九九八年から緊急減少措置を続けていますが、二〇〇三年現在でも、十万頭以上いると見られます。

　図１にエゾシカの一年を示しました。エゾシカは六月に出産し、十一月ころまで雌鹿は子育てをします。その後交尾期を迎えます。十二月から五月までは越冬地で生活し、再び出産します。これを毎年繰り返します。一方、狩猟は十、十一月から一、二月まで行い、許可捕獲は一年中行われています。

2 シカをどう減らす

個体数の増加率が高利貸しの利率なみに高いシカの大発生を防ぐにはどうすればよいでしょうか。人間が誕生するずっと前から自然は存在し続けていたのですから、放っておいてもどこかでバランスはとれると考えられます。それなのに、シカはなぜこんなに増え、また増え続けるのでしょうか。この疑問についてはあとで議論するとして、「捕って減らす」にはどうすればよいかを考えてみます。

捕って減らすには、増えた分より多くのシカを捕る必要があります。これは、借金を返すのと同じことです。借金は複利で増えます。図2に示したように、利子は元金と利率の積です。元金が増えても、利率が変わることはありません。野生生物の場合は、個体数が増えると、増加率が鈍り、やがて増えなくなります。生態学では、これを「密度効果」といいます。また、放置しても増えなくなったときの個体数を、「環境収容力」といいます。

密度効果が生じるのは、良質の餌や生息場所が減るためだと考えられています。ところが、エゾシカでははっきりとした密度効果があらわれていません。ニホンジカはさまざまな植物を食べます。ふだん食べていた草がなくなると、以前は見向きもしなかった草が食い尽くされていたということもあります。これは、言い換えれば、「良質な餌」がなかなかなくならないということです。ですから、少なくともエゾシカでは、密度効果による自然調節を期待する前に、畑が荒らされ、樹木の皮が剥がされてしまうのです。密度効果がなかなかあらわれないために、エゾシカは借金と同じく、一定の率で増え続けるというわけです。過密になると、体重や角が小型化することがありますが、個体数に関しては、顕著な影響は現れません。これは、宮城県の金華山など、東北地方のホンシュウジカにも当てはまるようです。

このように、シカの数を減らすのは、消費者金融への多額の借金を返済する以上にたいへんです。利率が高く、しかも借金の総額がわからない状態と同じなのです。けれども、ものは考えようです。もしもシカの肉を食べ、シカを資源として有効利用しようと考えるならば、シカは非常に利回りの良い投資先になるのです。北海道のエゾシカ保護管理計画では、エゾシカを持続的に利用しようと考えています。資源と見るか害獣と見るかで、シカと人の関係はがらりと変わるといってもよいでしょう。

問題は、シカの個体数がよくわからないことです。つまり、元金がわからない借金を背負っているようなものです。不良債権問題に似ています。バブル景気の崩壊後、不良債権がどれだけあるかわからず、政府は公的資金を次々に注入していきました。結果として、不良債権がいつまでもなくならない事態が続いたのです。元金を多めに、悲観的に見積もり、なお元金が減るように、思い切った金額を返済しないと、借金は減りません。ニホンジカもそれと同じです。個体数を過小評価していては、捕って減らすことはできません。したがって、個体数の推定がシカ管理の鍵となるのです。

エゾシカの場合、先ほど十二万頭という推定値を述べましたが、これを信じていたら、今頃管理は失敗していたことでしょう。当時も、不確実性を考えて、真の生息頭数は八万頭から十六万頭の間にあると推定していました。数を減らすうえで悲観的に見て、十六万頭という多めの推定値で考えます。この十六万頭が年二割で増え続けると、三万二千頭増えることになります。

ところで、野生鳥獣を減らすには、雌を捕らなくてはいけません。雌がいれば子どもが生まれるからです。雄を捕っても、次世代の個体数を減らすことはできないのです。ことにシカは一夫多妻で、雌よりも雄のほうが死亡率が高く、成獣では雌のほうがたくさんいます。全体の半分が雌、残りが雄と子どもだとすれば、雌鹿を毎年一万六千頭くらい捕れば、エゾシカ道東個体群を減らすことができたはずです。けれども実際には、一九九八年には三万七千頭、それから毎年二万頭以上捕り続けています。十二万頭という推定値では、今でもシカがいることが説明できません。

不良債権問題の元金と同じく、シカの個体数を過小評価すると、問題を解決することができません。それでは、多めに推定していれば間違いがないかといえば、これまた批判を浴びます。捕りすぎたら、明治時代と同じく乱獲になり、シカの数が激減してしまうかもしれません。今のところその心配はほとんどありませんが、絶滅という不可逆的な事態に対しては、科学的実証が不十分でも、それを避けるという予防原則があります。クジラを捕るときにも、乱獲による絶滅リスクが極めて低くても、なお、絶対数がわからないことを理由に、捕鯨に反対する人々が、世界中にたくさんいます。

たとえば、道東地区のエゾシカが十二万頭から三十万頭くらいいるとします。まったく捕らないときの増加率を年あたり二割とすれば、三十万頭なら毎年六万頭捕らないといけません。もし十二万頭しかいなければ、二割増えても一四万四千頭で、そこから六万頭捕ると翌年は八・四万頭に減ります。そこから二割増えて六万頭捕ることを毎年繰り返すと、十二万頭なら三年で絶滅してしまいます（詳しい説明はＢＯＸ１を見て下さい）。つまり、絶対数がわ

BOX 1

シカの個体数変動の思考実験

年齢構成や雌雄の区別、自然死亡などは無視した最も単純なもの。t 年の繁殖期前の個体数を $N(t)$、自然増加率を R、捕獲数を C とすると、下記の表のように、捕獲後の個体数は $N(t) \times (1+R) - C$ と表される。これが翌年の個体数 $N(t+1)$ であるとする。これは、下記の表のように表される。

年	繁殖前個体数	繁殖後個体数	捕獲数	捕獲後個体数
t	$N(t)$	$N(t) \times (1+R)$	C	$N(t+1)=N(t)\times(1+R)-C$

最初の個体数 $N(0)$ が 30 万頭、自然増加率 R が 20% なら、下の表のように、毎年の捕獲数 C を 6 万頭以上にしないと、個体数は増え続ける。

年	繁殖前個体数	繁殖後個体数	捕獲数	捕獲後個体数
1	300000	360000	60000	300000
2	300000	360000	60000	300000

ところが、$N(0)$=12 万頭、R=20% なら、下の表のように、毎年の捕獲数 C を 6 万頭にすると、3 年で個体数はマイナス、つまりすべてを捕り尽くしてしまう。

年	繁殖前個体数	繁殖後個体数	捕獲数	捕獲後個体数
1	120000	144000	60000	84000
2	84000	100800	60000	40800
3	40800	48960	60000	-11040

この思考実験から、絶対数がよくわからないと、大発生か激減か、どちらかを招いてしまうことがわかる。その解決策は、本文に示す。

表2　エゾシカ保護管理計画におけるフィードバック管理の考え方

個体数指数	方策
50（大発生水準）以上	緊急減少措置（3年を限度）
25（目標水準）以上 50 未満	漸減措置（雌中心の捕獲）
5（許容下限水準）以上 25 未満	漸増措置（雄中心の捕獲）
5 未満または豪雪の翌年	禁猟措置

からないと、個体数を適度に維持することはおぼつかないことがわかります。実際には自然増加率のほうにも推定誤差があるでしょう。たとえば自然増加率が年あたり一割から二割の間とします。三十万頭いて年二割ずつ増えるなら、毎年六万頭捕る必要がありますが、十二万頭いて年一割ずつ増えるなら、捕獲数は一・二万頭でも減らすことができるのです。

では、どうすればよいでしょうか。一つは、絶対数と自然増加率の推定誤差を減らすことです。十二万頭か三十万頭という推定幅は、二倍半の開きがあります。せめて十六万頭から三十万頭と、二倍未満の推定幅なら、六万頭ずつ捕ったとしても、絶滅するまで五年かかります。絶滅するまでに少し時間の猶予があり、その間に過ちに気づき、方針を変えることができるかもしれません。

もう一つは、様子を見ながら方針を変えるということです。つまり、個体数が減ったなら捕獲数を減らし、増えたら捕獲数を増やせばよいのです。個体数の増減にかかわらず一定数を捕り続けるより、個体数の増減を継続監視し、増減に応じて捕獲数を変えるほうが、増えすぎたり、減りすぎたりして管理に失敗するリスクを大きく減らすことができるのです。このように、状態変化に応じて方策を変えることを「フィードバック制御」と呼び、フィードバック制御を取り入れた管理を、「順応的管理（アダプティブ・マネジメント）」といいます。

北海道では、道東地区で一九九八年から道東地区エゾシカ保護管理計画を実施しています。先に述べたように、絶対数がよくわからないことを考慮し、一九九三年の個体数を百とした相対値を推定し、とりあえず五十、つまり半分に減らすことを数値目標に掲げました。表2のように、個体数指数に応じて異なる措置をとることをあらかじめ明記しています(4)。エゾシカ保護管理計画は、日本における順応的管理の最初の実行例と呼んでよいでしょう。順応的管理を一言でいえば、「なすことによって学ぶ」というやり方です。ちなみに、北海道の標語は、「試される大地」です。北海道のホームページを開くと、初めにこのロゴが出てきます。順応的管理のためにあるような標語です。

　方策自体は個体数の相対値で決めますが、この管理が成功するかどうかは、やはり絶対数が鍵になりま

BOX 2　エゾシカ保護管理計画で用いた個体数変動モデル

$$\begin{pmatrix} N_e\ (t+1) \\ N_f\ (t+1) \\ N_m(t+1) \end{pmatrix} = \begin{pmatrix} 0 & 2r(t)L_{ff}(t) & 0 \\ L_{fc}(t)/2 & L_{ff}(t) & 0 \\ L_{mc}(t)/2 & 0 & L_{mm}(t) \end{pmatrix} \begin{pmatrix} N_e(t) \\ N_f(t) \\ N_m(t) \end{pmatrix}$$

$N_c(t)$、$N_f(t)$、$N_m(t)$ はそれぞれ t 年における幼獣、雌成獣、雄成獣の個体数で、秋（交尾期）に計測する。$2r$ は母１個体あたりの年繁殖率、$L_{fc}(t)$、$L_{mc}(t)$、$L_{ff}(t)$、$L_{mm}(t)$ はそれぞれ雌幼獣、雄幼獣、雌成獣、雄成獣の年生存率を表す。幼獣の性比は１：１と仮定した。母親が死ぬと子供も死ぬため、１個体の親が残す子供の数は $2rL_{ff}$ となる。これらの係数はいずれも年変動すると仮定し、豪雪年には大量死すること、管理方針による捕獲率の変動も考慮している。本文参照。

もしも、２歳から毎年１頭ずつ子供を生み、その半数が雌であり、子供も成獣も死亡率が０だとすると、以下のような行列になる。

$$\begin{pmatrix} N_e\ (t+1) \\ N_f\ (t+1) \end{pmatrix} = \begin{pmatrix} 0 & 1 \\ 0.5 & 1 \end{pmatrix} \begin{pmatrix} N_e(t) \\ N_f(t) \end{pmatrix}$$

ただし、雄は無視した。この行列の固有値は二次方程式 $x^2 - x - 0.5 = 0$ の 解より $(1 \pm \sqrt{3})/2$ すなわち 1.366 および -0.366 である。これは、年36.6% で増えることを意味する。これが２歳で出産し、毎年１頭ずつ産む生物の自然増加率の原理的な上限である。

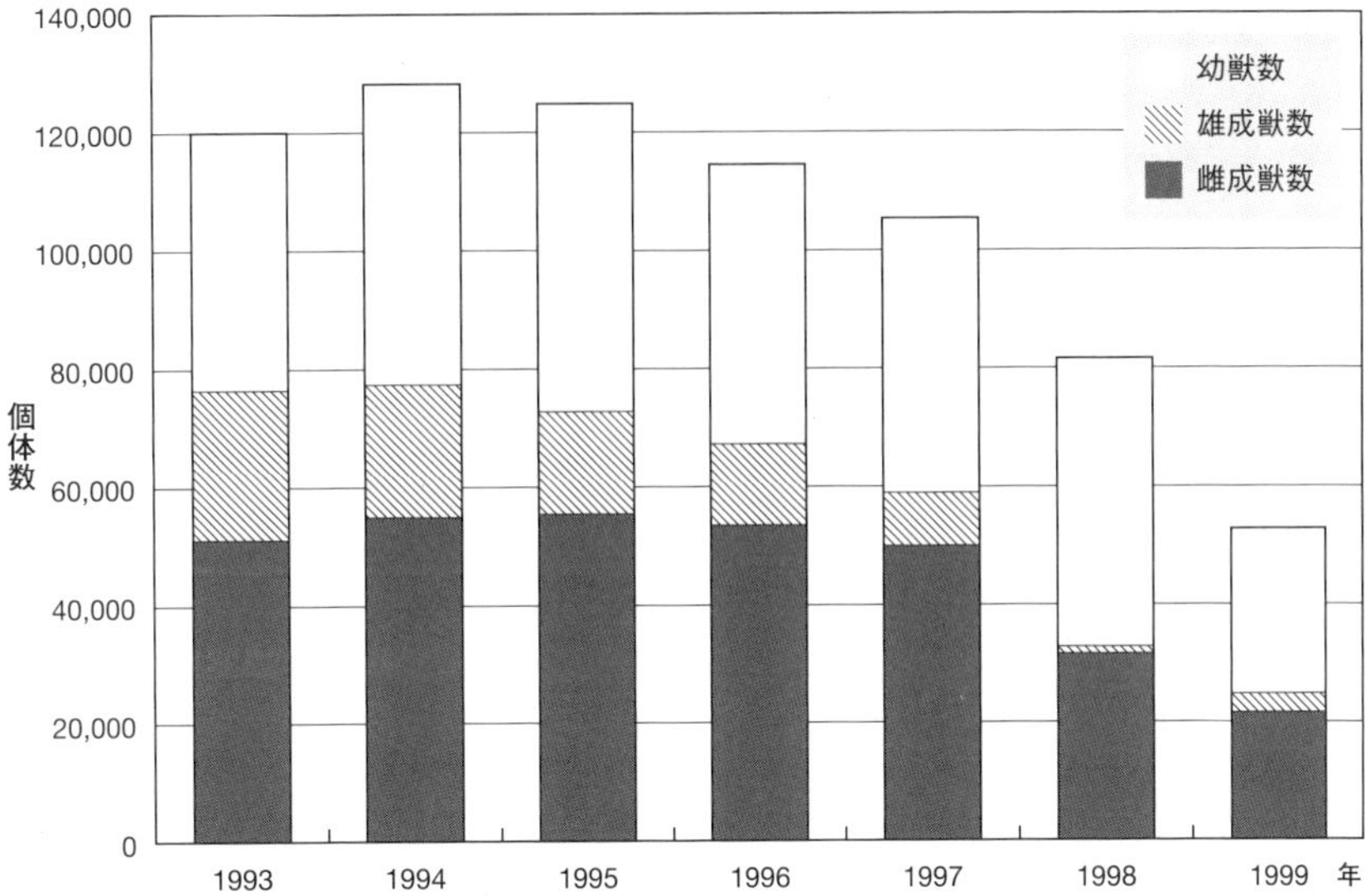

図３　雌雄別の個体数変動の計算機実験の一例。
12万頭から始めると、雄鹿がいなくなるか、非常に減ってしまう。これは現実とは異なり、12万頭という前提が間違っていることが示唆される。

す。それは、先ほど述べたとおり、借金の返済と同じことです。我々は、一九九三年度に行ったヘリコプター調査から、道東地区のエゾシカをおよそ十二万頭と推定していましたが、ＢＯＸ２に示した個体数変動の数理モデルを用いて計算機実験を行うと、雄鹿がいなくなってしまいます（図３）。十二万頭だとすると、一夫多妻で雄の死亡率は雌より高く、雄は三万頭もいないことになるでしょう。毎年二万頭以上捕り続けていますから、いなくなるのは、数値計算するまでもなく、理解することができると思います。

ＢＯＸ２に示した数理モデルは、生存率の不確実性と環境変動を考慮しています。また、表２のような個体数指数別の措置を採るにあたり、個体数指数の推定誤差も考慮しています。そして、捕獲頭数とその後の個体数指数の変化から、絶対頭数の見直しも可能になりました。もしも三十万頭以上いたとすれば、雌鹿を三万頭捕ったくらいでは減らすことはできなかったでしょう。しかし、現実には、図４に示したように、道東地区では一九九八年から二〇〇〇年にかけてはっきり減っています。個体群動態を考慮し、個体数指数に最も整合性のある初期個

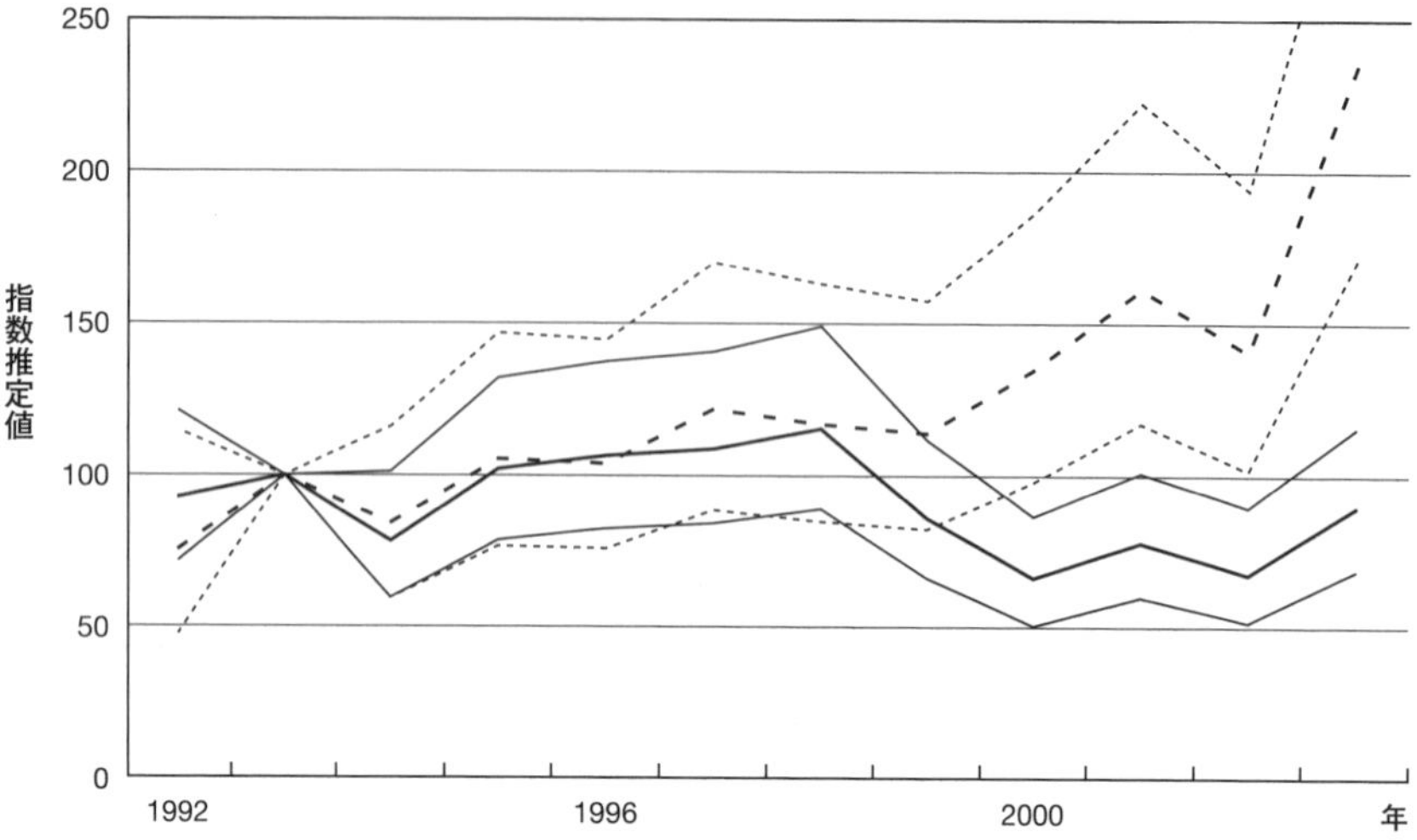

図 4　エゾシカの個体数指数の年次変化[7]

実線と点線はそれぞれ道東と道央の個体数指数。太線と細線はそれぞれ点推定値と 95% 信頼区間。どちらも 1993 年を 100 とした相対値だが、道東のほうが個体数密度が高い。1998 年まではどちらも漸増傾向だが、道東では緊急減少措置により 2000 年まで減少した。道央では急増傾向が見られている。本文参照。

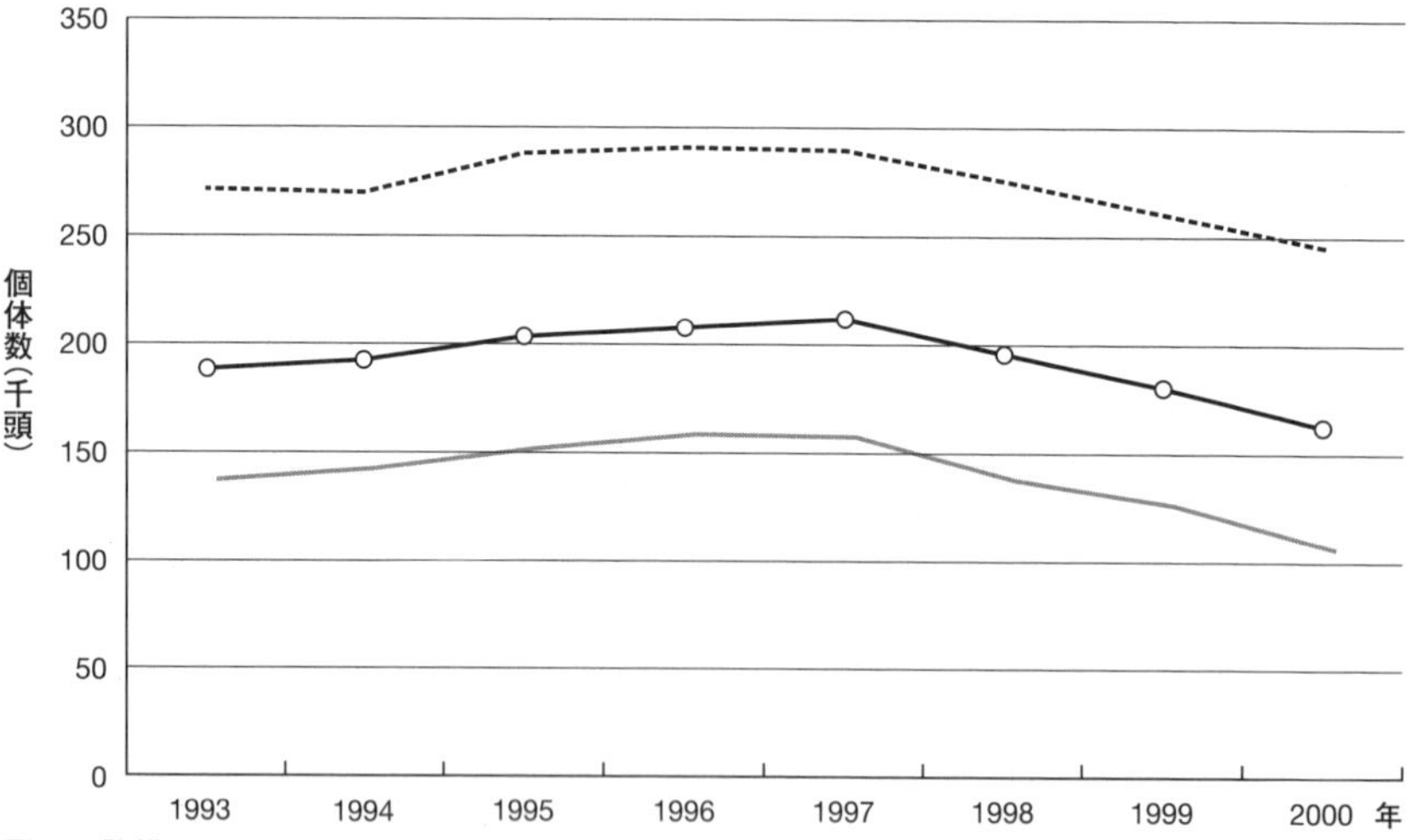

図 5　雌雄別の個体数変動の計算機実験の一例。

12 万頭から始めると、雄鹿がいなくなるか、非常に減ってしまう。これは現実とは異なり、12 万頭という前提が間違っていることが示唆される（(3)より）。

体数は、図5のように十四万頭から二十七万頭程度であったと考えられています。それ以下ならば雄鹿はいなくなっていたはずであり、それ以上ならばエゾシカは減らなかったことでしょう。そして、一九九八年には二十二万頭程度まで増え、その後ようやく減らすことができたと考えられます。ただし、図4を見る限り、最近は減少傾向が継続せず、増えている可能性さえあります。これについては第二章を読んでください。

いずれにしても、増え続けたエゾシカを減らすことができたのは、たいへん大きな成果です。それには、個体数推定値の不確実性を考慮し、過小評価している可能性を見越して、思い切った捕獲を実行したことが奏功しました。問題は、今後です。

3 シカが「無限」に増えるわけ

それにしても、シカはどうしてこんなに増えるのでしょうか?　その理由は、まだよくわかっていません。いくつかの要因が複合的に作用しているのかもしれません。そして、エゾシカが増える原因と、屋久島のヤクシカが増える原因が完全に同じとは限りません。

一つだけはっきりしていることは、野生生物は放置しても一定の状態には落ち着かず、変動し続けるのが、むしろ普通のことだということです。図6は日本の主なプランクトンを食べる浮魚類の全国漁獲量の年変化を示したものです。マイワシは一九三〇年代と八〇年代、マサバは一九七〇年代、カタクチイワシ、サンマおよびマアジは一九六〇年ころと一九九〇年代に高水準だったことが示唆されます。最も変動幅が大きいのはマイワシで、四百五十万トンから一万トンまで、約五百倍も変動します。漁業は資源が増えても減っても一定量だけ捕る傾向があるので、実際の資源量はもっと変動していたはずです。マイワシの変動は有史以前からあったと考えられています。その原因は定かではありませんが、エルニーニョなどの海洋環境の変化と関係があるのではないかといわれています。あるいはマイワシとカタクチイワシが交互に増えているように見えることから、小型浮魚類どうしの競争関係によるという仮説もあります。

エゾシカも昔から一定の状態にはなく、変動し続けていたと考えられます。シカの数が増えると餌不足から樹皮剥ぎが生じますが、知床半島では、明治時代半ばの樹

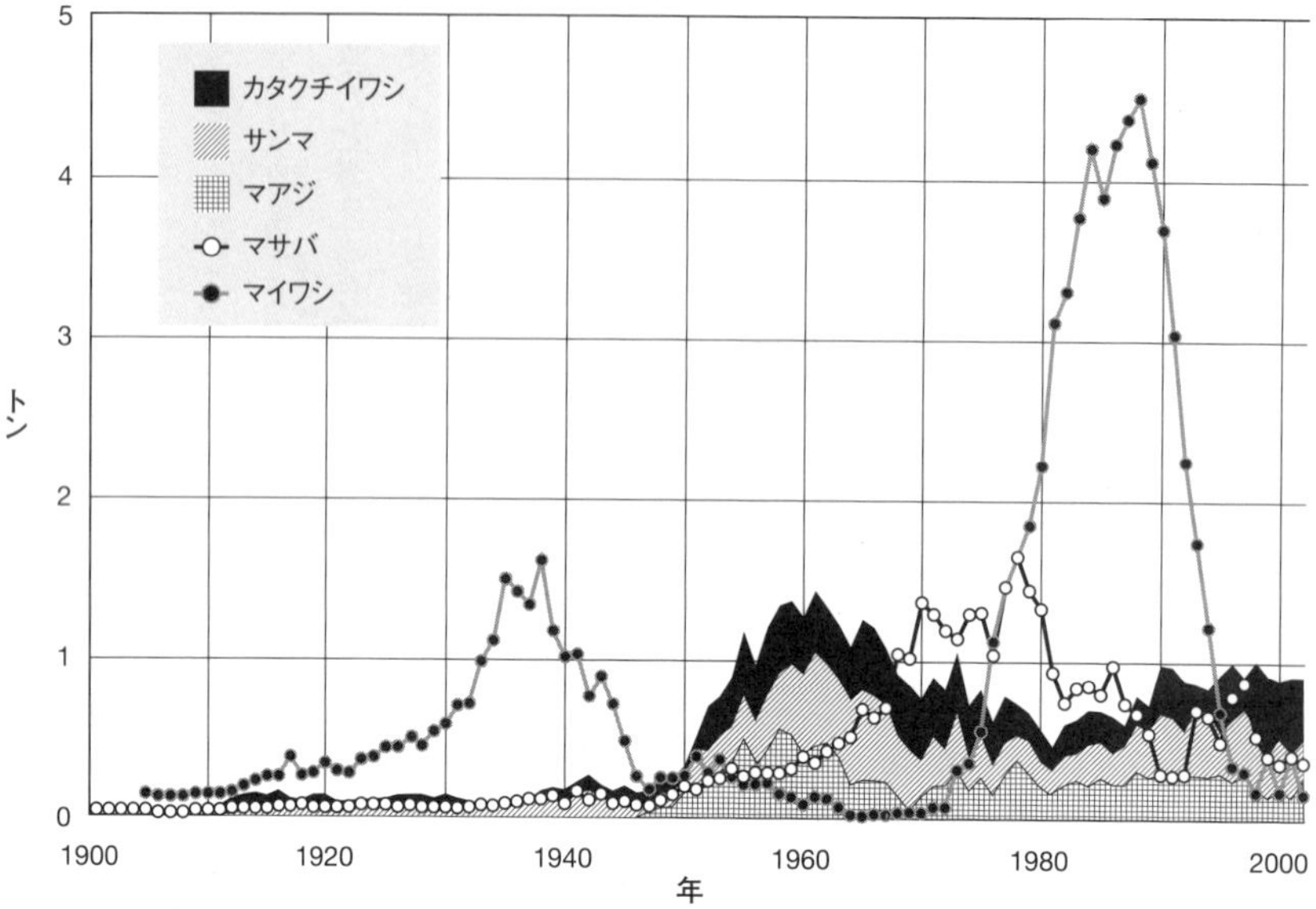

図6　小型浮魚類の全国漁獲量の年変動（(2)および漁業白書、農林水産統計などのデータより）。

木にも樹皮剥ぎの跡がいくつか見られているそうです。

先ほど述べたように、シカのメニューは豊富です。さまざまな植物を食べます。好き嫌いはありますが、嫌いなものでも食べますから、本当に植物がなくなるまで密度効果は働かず、好物となる植物が食い尽くされても、なお増え続けることができます。その意味では、密度効果が自然増加を抑えるまで待っていると、生態系の釣り合いが維持されるよりもはるかに高密度になるまで増え続けます。過密になると、たしかに小型化しますが、繁殖はします。その結果、本書第五章で横田岳人さんが紹介するように、大台ケ原の林床から草がなくなるまでシカが増え続けています。菅沼孝之さんが撮った写真のとおりです。本書で手塚賢至さんが紹介するように、屋久島でも北部と西部を中心に、極端な食害が発生しています。

4― 不可逆的な影響を避ける

日本生態学会の生態系管理専門委員会では、「自然再生事業指針」を公表しています。[5] その中で、自然再生事業を進めるに当たっては、以下のように基本認識を明確にするように求めています。すなわち、「生物相と生態系の現状を科学的に把握し、事業の必要性を検討する」こと、「放置したときの将来を予測し、手を加えるとすればその理由を明らかにする」こと、そして「時間的・空間的広がりを考慮して、再生すべき生態系の姿を明らかにする」こと。これは、エゾシカの保護管理を考えるうえでも共通した指針です。シカの数が変動すること自体は、今に始まったことではなく、以前から変動していたものであり、一定の個体数に維持するほうが望ましいとは限りません。明治時代所期まではニホンオオカミが日本にもいましたが、捕食者がいても、シカの数は一定に保たれていたわけではなかったでしょう。

ただし、奈良公園のニホンジカは、過密になると成熟年齢が遅れるなど、顕著な密度効果があるようです。ヤクシカも同様でしょう。これらのニホンジカについては、自然変動はそれほど大きくなかったかもしれません。古文書や伝承の調査、樹皮剥ぎの痕跡調査など、今後の実証研究に期待します。このように、同種または近縁種が、高緯度地方では個体数が大きく自然変動し、低緯度地方では比較的安定しているという現象は、さまざまな動物で報告されています。

昔から増減を繰り返していたとすれば、シカを増えるに任せていてもよいと思われるかもしれません。しかし、南日本のニホンジカもエゾシカと同様、急激に増加し続けており、南日本の自然植生に壊滅的な影響を与えています。本書で矢原徹一さんが指摘するように、シカに食べられてあっという間に絶滅したか、深刻な危機に陥った植物がたくさんあります。日本植物分類学会が緊急声明を出しているほどです。ニホンジカの今回のような増加が昔から繰り返されていたものだとすれば、これらの植物はとっくにいなくなっていたはずです。こうしたことから、今回の増加は、北日本においても、昔からの繰り返しとは何かが違うと私は考えます。

他の著者も指摘していることですが、今回の増加の特殊性を説明する候補がいくつか考えられています。その第一は、林道の整備です。昔ならシカが増えてもすべて食い尽くされることはなく、どこかに生き延びていただろう植物が、今はどこにも逃げ場がないのかもしれません。今、いわゆる日本の中山間地域には、現在はほとんど使われていない林道が張り巡らされています。これはシカにとっては絶好の通り道になっています。林道がなければ容易に移動できなかったような場所に、シカはすみやかに移動することができるようになりました。

第二の候補は、自然林の伐採し、針葉樹を植林したことです。植林は、少なくとも北海道のエゾシカにとっては格好の越冬地を与えました。もはや、豪雪がエゾシカの大量死をもたらすことはないかもしれません。現に、二〇〇三年冬の道東地区の大雪による積雪は、エゾシカの大量死には結びつきませんでした。

第三に、牧草地や農地、ゴルフ場が増えたことです。これは要するに森林を切り開いて草地を増やしたことで、草を食べるシカは餌に困らなくなりました。

第四に、シカを追う猟師や捕食者がいなくなったことです。かつては、林道は人が頻繁に利用していました。少なくとも昼間は、シカは中山間地域を我が物顔で徘徊することはできなかったでしょう。また、多くの山村では、イヌは放し飼いにされていました。シカにとっては、夜も安全とはいえませんでした。これは、オオカミがいても同じことがいえるでしょう。オオカミやイヌは、シカの増加を止めることはできなくても、その変動幅を今より抑え、シカが増えたときにも結果として植物が食い尽くされることのないよう、シカの分布拡大に歯止めをかけていたのかもしれません。

この十年ほどのシカの増加によって多くの植物が絶滅の危機に瀕しているという基本認識を説明するには、何か理由が必要です。これら四点は、推測の域を出ませんが、その理由となる仮説です。ただし、もう少し具体的な事実を踏まえて、吟味する必要があるでしょう。

狩猟という文化が今ほど衰退した時期は、少なくとも縄文時代以降にはなかったといえるでしょう。これは、実は世界的な傾向です。そして、本書で湯本貴和さんが紹介しているように、世界中で偶蹄類が増えているといわれています。そして、狩猟をやめたことにより、シカは人を恐れなくなり、そばに寄っても逃げなくなりました。また、イヌを放し飼いにしてはいけないことになっています。市街地で放し飼いにするのがいけないのはわかるとしても、はたして市街地と中山間地域で同じ規則にしなければいけないのでしょうか。野生のクマとの共存を目指す時代に、中山間地域でのイヌの放し飼いを禁止するのは、意味がないと思います。それよりは、飼いイヌが人をかまないようにしっかり調教することを義務付けるべきでしょう。それは、技術的に可能なことだと思います。

上記の四つの基本認識が正しいとすれば、中山間地域に人が住み、イヌを放ち、シカを捕獲すれば、シカの増加自身は抑えることができなくても、植物の絶滅という不可逆的な影響を避けることができると期待されます。それは、かつて存在していた人と自然のかかわりを復元することです。現在、北海道を含む日本各地でのシカの個体数調整は、中山間地の利用とは切り離し、捕獲数だけが目標設定されています。これでは、シカを増やしつつ、絶滅危惧植物を守るという芸当はできないでしょう。

さらに、可猟区でシカを捕ることにより、シカは国有林や鳥獣保護区に逃げ込んでいます。そのため、国有林や鳥獣保護区の植生は壊滅的な被害を受けています。その半面、可猟区の植生はある程度守られるかもしれません。また、北海道では農地を「万里の長城」にも喩えられる柵で囲っています。ですから、農地近くの植物は守られるかもしれません。

「自然再生事業指針」は、過去と同じ状態に復元することだけを推奨するものではありません。自然再生とは過去の復元することではなく、「後世の人間が持続的に生態系の恵みを受け続けるために、持続可能性の確保という目標に向けて積極的に生態系を管理する行為」と位置づけています。「その方途を探る上では、かつて持続的に保たれてきた人と自然の関係から学ぶべきことは多いだろう」とは書いていますが、かつての関係に戻すことだけを推奨するものではありません。

少なくとも、中山間地の人口密度を、三十年前程度に上げたほうが良いかどうかは、総合的に判断すべき問題です。人がすまなければ自然を守ることができないというのは逆説的で面白い着想ですが、必ずしも普遍的な真理とは限らないでしょう。

二十世紀になって、「動物の権利」という価値観が生まれました。極論すれば、動物に人間と同じ権利を与えようというものです。北米諸国では、特に環境系の大学院生の間で、菜食主義者が増えています。研究室の半分が菜食主義者という例もあるようです。なぜ家畜を食べても良くて、野生鳥獣を食べてはいけないのか、私にはよくわからなかったのですが、野生鳥獣だけでなく家畜も食べないというのは、彼らの動物倫理の一つの論理的帰結かもしれません。北米でも、彼らの教授たちの世代には、菜食主義者は稀です。学生たちも、子どもの頃は肉を食べていたことでしょう。菜食主義が日本の生態学関係の大学院生にも流行するのか、米国の菜食主義の流行がいつまで続くのか、私は大いに興味があります。

いずれにしても、動物の権利を主張するのは、昔ながらの人と自然の関係に変えることではなく、新たな関係を築くことといってよいでしょう。だからといって、生態学がその価値観を否定することはできません。生態学者としていえることは、もし狩猟をやめるなら、それはかつて存在していた人と自然の関係によって保たれていた生態系の状態を変える可能性があり、特に多くの植物を絶滅させる恐れがあるということです。狩猟に代わる、何か別の方法を考えてもよいのです。それがないとはいえません。また、さらにいえば、動物の権利よりも絶滅危惧種のほうが大切ともいえません。自然保護は人間の一つの価値観であり、絶対的なものではありません。

梶光一さんが紹介されるように、北海道では、シカを資源とみなし、その有効利用を図ることを保護管理計画で明記しています。ほとんどの県の管理計画では、シカの有効利用を明記していませんから、これは大きな考え方の違いです。

5 おもな論点

こうしてみると、シカが森の「悪者」のように思われるかもしれません。生態学では、ある一種の生物が生態系の状態を一変させる場合、その生物を「生態系技師（エコシステム・エンジニア）」と呼びます。シカは典型的な「生態系技師」です。だからといって、「悪者」という言い方には、生態学者としては抵抗があります。かつてはシカを資源として利用し、人とシカと森はうまい関係を築き上げてきたのですから。変わったのは、人と森の関係であり、人とシカの関係です。そのために、シカが森の「悪者」に化けてしまった。

私はここまで、シカを捕ることによって減らすには、どれくらい捕ればよいかを議論してきました。これは数学的に明快な解析であり、価値観を超えたものです。捕るべきかどうかというおおもとの議論は避けてきました。その結果、シカを捕って減らすのは、思った以上にたいへんであることもわかりました。大台ケ原で年間数十頭の捕獲で、減らすことができるでしょうか。大台ケ原が閉じた空間なら、その程度でもよいかもしれません。しかし、大台ケ原は奈良県と三重県の広大なシカ個体群の生息地のごく一部です。個体群全体を減らすには、数十頭では全く不十分です。捕るという倫理的に重大な決断を下したにもかかわらず、その政策は、少なくとも今のところは、目標を達成するには程遠いと思います。

「自然再生事業指針」には、実現可能性を吟味することが科学者の役割であると明記されています。捕獲によって個体数を減らすことに成功したのは、北海道東部や岩手県など、ごく一部の個体群に過ぎません。推定された個体数の二割以上を捕らないと減らすことはできません。そして、個体数推定値は、上記のエゾシカの例だけでなく、多くの事例で過小評価されています。

ニホンジカは増えていますが、狩猟者は絶滅の危機にあります。捕るべきかどうかという議論をする以前に、捕って減らすことができない地方がほとんどなのです。

では、絶滅危惧植物を柵で囲うのはどうでしょうか。守るべきは絶滅危惧種の個体ではなく個体群です。個体群を守るうえで、柵が有効かどうかを検討すべきです。柵の中で維持される個体数にもよりますが、仮に数十個体が生き延びたとしても、そこから生育地が拡大し、回復するとは限りません。将来、絶滅危惧種を保全するうえで必要な柵の面積と数が満たされるようにすべきでしょう。シカの食害により激減している植物の多くは、十年前には絶滅危惧種に該当しなかったものです。そのような植物を絶滅寸前の状態にまで減らすこと自身、上策とはいえません。あくまで、他に手段がないときの「緊急避難的な措置」と考えるべきでしょう。

いずれにしても、草本植物を含めた植生調査が必要です。食害にあって減っているといっても、もともと何が生えていたのかがわからなければ、守るべきものがわかりません。

まだ、シカの保護管理はこうすればよいという決定版はありません。本当は、「シカはなぜ増える」という設問より、「昔の南日本のシカはなぜ増えすぎなかったのか、北日本のシカはなぜ減ったのか」という設問のほうが重要なのです。ただし、このように南北のニホンジカの個体群動態を分けて考えてよいかということ自身、これから実証的に検討すべきことです。もしこの基本認識が正しいとしても、以前は密度効果により増え過ぎなかったなら、今回はなぜこんなに南日本で増えてしまったのかを理解しなければ、管理することはできません。また、北日本で常に変動を繰り返していたなら、いつ、どのようにして減るのかを理解しなければ、増やしながら管理することができません。エゾシカの場合は豪雪、宮城県金華山のニホンジカの場合は過密状態から大量死が起きることが知られています。

単に捕って減らすだけでもなく、増えるに任せるのでもない、より合理的な保護管理計画を考えることが必要とされるなら、我々生態学者は、それが実際に可能かを科学的に検討すべきです。それが生態学者に課せられた緊急の課題なのです。単に捕って減らすだけではなく、以前の個体群動態についての理解を深め、現在のような大発生に至らなかった理由を明らかにし、この従来備えていた回復力を活用しながら管理する方法を考える必要があるでしょう。ここでいう「従来」とは、人間がいないときとは限りません。先ほど述べたように、少なくとも数千年間は、狩猟し続けていた状態が「従来」の状態かもしれません。

第三部　大台ヶ原の現状から「森と人のつながり」を考える

第四章　大台大峯の山麓から

岩本泉治

森とシカのシンポジウムに、大峯の奥山からおじさんがやって来て、一体何を話すのだろう？　それに、このおじさん、森や鹿とどんな関係あるの？　私自身も、このようなアカデミックな雰囲気の中で、少し戸惑っています。私は大峯山系の山懐に生まれ、そこで中学まですごし、再び山里に帰ってきて、現在は大台ケ原が職場です。人生の大半を山に暮らしていることになります。最近、いろいろな方に頼まれて良く昔話をします。多分に、珍しがられている、というのが本当のところでしょう。

さて、最近は環境系、自然に関係のある皆さんの口から、よく里山という言葉が聞かれます。そればかりか、写真雑誌でも、画題として良く取り上げられています。田んぼがあって、こんもりした明るい裏山があって、そこにトンボでも飛んでいたら、すっかり里山のイメージどおりの風景が思い浮かびますね。それに、なんとなくこの言葉は格好いいのです。誰でも「里山」と言葉にすれば、あれ、この人、結構自然のことわかっているじゃない、と思ってくれます。そんなわけで、いまや里山、という言葉は全国的に蔓延しているかもしれません。里山、という言葉はまるで国民的アイドル、という感じでしょうか。では、里山ではなく、山里はどうですか？　皆さん、山里、という言葉から何かイメージできますでしょうか？　皆さんに、今日は山里のお話をしようと思っています。それも、今から半世紀も前の昭和三十年代の山里のお話です。とかく、子供の頃の想い出、記憶、というのはデフォルメされていたり思い違いがあったりするものですから、正確に伝わらないかもしれません。それで、ここでお話をさせていただくことが決まってから、お年寄りや近所の先輩たちにいろいろヒアリングをして、それなりに曖昧さを取り除いているつもりでおり

天ケ瀬

ます。ほのぼのとした記憶の大半が、かなり正確だったこと、反面、たぶん思い違いかな、と思っていたことが、やっぱり思い違いで少々がっかりしたこと等々、自分の生きてきた時代を振り返る時間がもてました。とにかく、このヒアリングという作業はとても楽しいものでした。これからのお話が森やシカと、なんか関係あるの？　という疑問にきちんと答えられるかどうかわかりません。でも、あとは皆さんの豊かな想像力にお任せしたいと思います。

1―昭和三十年代の山里の風景

最初に、私が生まれた場所と時代のお話をしておきます。平成十六年に高野山や大峯奥駈道などの参詣道が世界遺産に登録されました。大峯奥駈道は、北は吉野山の金峯山蔵王堂から南は和歌山県の本宮大社まで続く修行の道で、山々の稜線を通っています。有名なのは大峯山ですが正式には山上ヶ岳といいます。この山上ヶ岳から少し南に下ると、大普賢岳という山があります。上北山村では最も北に位置する山です。私はこの大普賢岳の山懐にある天ヶ瀬、という南に開けたとても明るい集落に生まれました。

ここで少し天ヶ瀬の風景についてお話しします。時代は、昭和三十年代です。この集落には八軒の家があり、少し離れた日浦という集落には四軒の家がありました。どのおうちにも、畑があり、柿の木がありました。家の前にはたいていの家には鶏が飼われていました。そして「スベキ」という十五畳ほどの板敷きの広場がありました。家の前の道からその先に植えられている木に板が差し掛けられているものです。ここは子供たちが遊んだり、作物や衣服などを干すために使われました。そしてどの家も畑も石垣で囲まれていました。

私が今お話をしているのは、奥深い大峰山系の集落、天ヶ瀬のことです。山里は、周りの環境ごとに風景が違いますから、標準的な山里の風景というのはないのかもしれません。シイ・カシ林に囲まれた山里もあれば、岩崖に囲まれた里もあるでしょう。そこでは、崖にミツバツツジ類やシャクナゲ類などのツツジ科の植物のほかに、マツとヒノキがわずかに生えているだけの風景かもしれません。段々畑に黒々とした杜叢を持つ里であるかもしれません。上北山村天ヶ瀬は吉野地域です。吉野という言葉の響きから、スギの美林を思ってくれる人は多いと思いますが、植林は室町時代から始まったのだそうです。天ヶ瀬の周辺にはごく若い植林地もあれば四百年以上の年輪を持つスギやヒノキの森もありました。通学路の大半も大きなスギやヒノキの森の中を通っていました。家から十分ほど歩いたところにあるお宮さんも、大きなスギとヒノキの杜の中にありました。しかし、集落から上は、ほとんどが広葉樹の森でした。お宮さんまでの道筋にはウバメガシ、ウラジロガシなどの常緑樹の森がありましたが、中にはケヤキやミズメなどの落葉樹も生えていました。北側の森には、大きなトチノキやツガ、クルミの森があり、さらに上るとブナやミズナラの大木がそびえていました。普段の私たちの遊び場は、だいたいこのあたりの標高まででしたが、時には大冒険をして、奥駈道まで足をのばしました。標高は千七百メートルから千八百メートルくらいです。途中にはグラと呼ばれる大きな崖が屏風のように立ちふさがっています。ホンシャクナゲやゴヨウツツジに混じってイワカガミやイワナンテンなどが岩場にこびりつくように生えています。この岩場を越えるとやがてトウヒやウラジロモミなどの

大峯遠望

針葉樹が出てきます。うららかな、山里の風景とは打って変わって、昼なお暗い鬱蒼とした森に細い修行の道が続いている、というような感じです。

2　山里の暮らし

ここまでの説明で、なんとなく天ヶ瀬の風景がそれとなく見えてきましたでしょうか？　標高六百メートルくらいにある、石垣に囲まれた家や畑、いろいろな様子の周囲の森に、あとは子供たちのシルエットでも加えていただいたら、今から半世紀ほど前の天ヶ瀬の風景になります。私は昭和三十年の一月にこの集落で生まれました。大戦後、まだ十年も経っていなかったのです。記憶は三才くらいからのものになりますが、少し暮らしの様子もお話しします。まだ一般家庭にはそれほどテレビが普及していない頃です。ラジオからは、引揚者の情報が流れていました。抑留されていた人々がやっと日本に帰れる、そんな時代でもありました。今の若い人には、到底考えられないような時代です。セルロイドの起き上がりこぼし、ダッコチャン、というお人形がはやっていました。家の中には大きなクドさん（かまど、ヘッツイさん）があり、食事はすべて薪で煮炊きしていました。お風呂も薪です。お風呂はどの家にもあったのですが、しばしば共同風呂に早代わりしました。早くからお風呂をたいて、つぎつぎとご近所の人が来て入っていくのです。電話も共同でした。家と家の間隔が遠いので、呼びに行くのがたいへんです。それで、昔の方法で知らせます。鉄の板でできた物があって、それが軒に吊るされています。なんというものだったか、残念ながら忘れてしまいました。電話当番の家は、電話がかかってくると、この鉄でできたものを半鐘のように叩くことになっていました。カーンカーン、カンカーン、カンカンカン、という具合です。たたき方によってどの家かわかるのです。鐘が鳴ると、電話当番のおうちに馳せ参じる、ということになっていました。天ヶ瀬では、大昔からこの方法で情報を伝えたり急を知らせていたそうです。

先ほど述べた石垣に囲まれた畑の作物は、ナスやキュウリ、大豆、落花生、大根、サツマイモなどなど、様々でした。子供たちが一番好きだったのは、イチゴとトウモロコシでした。当時、ダナーというイチゴがあり、家や畑を囲んでいた石垣に植え付けられていました。最初は黄緑色で、だんだん白くなり、そのうち陽の当たる部分から赤くなっていきます。待ちかねて採ったものです。トウモロコシは、トウキビとかナンバ、といっていました。南蛮渡来、の意味でしょうか。小豆やトマトと違って、ずいぶん背の高い作物です。かくれんぼができました。熟れてくると、ヤマガラやカケスがついばみにきます。やきもきして収穫を待ったものです。

畑の作物以外は、たとえばお米や魚などは麓の雑貨屋さんから運びあげていましたが、他に月に二回ほど一トントラックの移動販売がやってきました。余談ですが、山村とはいえ、意外に海（熊野や尾鷲）が近く魚は新鮮でした。当時はちょうど猛烈な経済成長が始まる頃でした。昨日より今日、今日よりも明日が、必ず豊かになる、そんな雰囲気が世の中に満ちていました。子供ながらに、生き生きとしたエネルギーを感じていました。食事、衣服など、今考えるとあまり贅沢なものではなかったのですが、そういう時代に育ったせいなのか、皆の表情が明るい時代だったように思います。

子供の頃の想い出は、皆さんもそうでしょうか？明るいこと、楽しいことしか残っていません。台風もよく襲来しました。伊勢湾台風、第二室戸台風とも記憶に残っています。都市ではたいへんな水害がありましたし、隣村の川上村でも土石流などで多くの方がなくなりました。でも天ヶ瀬では山の上ですから水害はなく、その代わり、強風が吹き荒れました。スベキに掛けてある、厚さ十センチもある板がほとんど飛んでしまったほどでした。そして、三十年代は寒い時代でした。部屋の中でも、深夜、氷点下十二度になったことがあります。頭が冷えて、ついに痛くなって目が覚めてしまいました。暖房といっても、掘り炬燵と、火鉢の時代ですから無理もありません。雪もよく降りました。一晩に一メートル近く積もったこともあります。しかし、世相が明るかったし、勉強に追われることもなく毎日遊んでばかりいたせいでしょうか、とにかく、思い出すと、それだけで楽しくなってしまいます。

3 子供たちの日常

さて、子供たちはどんな遊びをしていたのか、というと、まず木登り、チャンバラごっこ、でした。おもちゃは手作りです。ですから男の子はみんな小さい頃から刃物を使います。パチンコ、鉄砲、刀、手裏剣、みんな手作りです。かわいそうに、電信柱は手裏剣で傷だらけになっていました。陣地作りも楽しい遊びでした。板や木を組み合わせて、今でいうツリーハウスを作るのです。とにかく、よく木に登りました。メジロやヤマガラを捕るのも手作りの鳥もちです。ヤマグルマの新芽を摘み取ってきて発酵させると、上等ではないけど、立派な鳥もちができます。竹トンボ、凧、弓、吹き矢などは竹で作ります。山の子はみんな武器を作るのが好きでした。

学校までは四キロの道のりです。いろいろな山のものを食べながら通った想い出があります。山桜の実や桑の実を食べると口の周りが紫色に染まります。木イチゴ摘みは前の日に竹を伐ってくるところから始まります。近所の年上のお兄ちゃんたちが竹筒にひもを通した、即席の水筒を作ってくれます。翌日、木イチゴを摘み摘み登校です。木イチゴは竹のへらで潰しながら歩きます。こうして甘酸っぱい木イチゴジュースができ上がります。ヤマツツジの花やイタドリを食べながら歩きます。道草を食う、というでしょう?私たちは本当に道草を食いながら通いました。秋は、アケビ採りで忙しかった。登下校時も、日曜日もアケビ狩りをしていたような想い出がいっぱいです。ずいぶん遠くまでいきました。こんな風でしたから、決して遠い道のりではなかったのです。

ここまでのお話は、今とは違っていました、こんな風でした、ということが少しくらい伝わるかな、と思いつつお話ししました。でも、まだまだ足りません。というより、これからの方が大切かもしれません。今から、狩猟のことを述べてみます。もう昔のことですから、それはちょっと法律的に問題があるかな、と思っても、許してください。

4―当時の狩猟について

私は小さい頃からよく猟にくっついていきました。山里の男の子は、みんなそうでした。

そして、ほぼ一年中猟をしていました。周辺の獲物はムササビやヤマドリが主でした。両方とも、香ばしくてとてもおいしい獲物です。今でも時々食べたくなります。ずいぶんたくさん獲りましたが、何ヶ月かするとまた同じところにムササビやヤマドリがいました。よほど環境がよかったのでしょうか。子供心に、なぜこんなに沢山いるの、どこからか湧いて出てくるのかしらと不思議に思っていました。それから、鶏の天敵、テンやイタチはトラバサミやワイヤーで作った罠でしとめました。イタチは自分の足を喰いきって逃げていくのが多かったし、生きたまま仕留めても、人間に食いかかってきて、とても怖い思いをしました。

里の近くには大物はいません。里に現れた獣は基本的にすべて撃ち取る、というのが当たり前の時代でした。それでも、我が家の畑のサツマイモがやられたことがありました。イノシシが大挙押し寄せてきたのです。クマは蜂蜜や柿を始終狙っています。秋祭りの餅つきをしていると、柿の木がバキバキ折れる音がします。大きなクマでした。奴らは、イヌよりはるかに夜目がききます。イノシシもクマの襲来もいずれも、夜でした。トウモロコシはサルに見つかったらたいへんです。早く仕留めないと、人間がひもじい思いをしなくてはなりません。何度かやって来ましたが、イヌのおかげでほとんど被害はありませんでした。当時の山里にはイヌがいたのです。「狩猟は、イヌ次第」というところがあります。そのため、こんな田のない里で、食糧難の戦時中もイヌは大切に飼われていたそうです。放し飼いでした。ペットという扱いではありません。同居人というか、パートナーというか、そんな感じでした。農村でいえば、ウマやウシと同じです。狩猟は基本的に人とイヌの共同作業です。むしろ、「良きイヌは良き鉄砲に勝る」のです。ですから猟師は皆、イヌ自慢をします。手練れたイヌがいるだけで、猟はほぼ成功したようなものです。ところで、狩猟は、それぞれの地域で違った手法があり、大げさにいえば文化ともいえます。

一風景を語ります。夜、男たちが次の日の狩の相談をします。勢子役と待ち役を決めます。勢子役はイヌと共に獲物を追い出す役、待ち役はそれを撃ち取る役です。人員の配置が決まると、鉄砲の弾作りが始まります。当時は、弾も手作りでした。薬莢に火薬を入れ、フェルトで押さえて、鉛の弾を入れ、蝋紙で蓋をします。最後に雷管を取り付けてでき上がるのですが、実は鉛弾も鉛を溶かして、用途に応じた大きさのものを作るのです。細かい弾は鳥撃ち用、中くらいのはシカ撃ち用、イノシシやクマ用は大きな弾、という具合です。出発時間を決めます。当時はトランシーバーなどありません、イヌを掛ける(放す)時間を決めておかないといけません。翌日の早朝、勢子役はイヌを決められた時間、決められた場所に掛けます。待ち役は落ち場(追われた獲物がイヌに留められる場所)に先回りします。このような、大物を仕留める猟は里からかなり離れた場所です。里の付近には大物はいませんでした。やがてイヌが獲物を追いかける声が山々に響きます。獲物がシカか、あるいはイノシシか、ほえる声で分かります。シカ鳴きをすれば、落ちてくる場所や方向が決まります。イノシシ鳴きなら、イヌの善し悪しで押さえる場所(イノシシにかみついて押さえる)が違ってきます。待ち役は素早く落ち場に移動するのです。しっかり計画されていれば、まず空振り、というのはありません。

ヤマドリ猟は、これも猟犬次第です。猟場はスギやヒノキの林が主でした。フユイチゴが実る頃になると、ヤマドリのおなかの中は、真っ赤になるほどイチゴでいっぱいで、この頃が一番おいしい時季です。猟に出かけると、トリイヌ(ヤマドリ専門のイヌ)は決して吠えません。忍び足で進んでいくと、猟犬が突然ぴたり、と動かなくなり、片足を少しあげて小さく動かします。ヤマドリの匂いがするのです。振り返って、主人の顔を見上げ、「もう準備はできた?」というような顔をします。銃の安全ノブを解除すると、一目散に獲物に向かって走ります。猟師は、イヌの走る方向に銃を向けているだけでいいのです。前方でいきなりイヌが吠えると、ヤマドリが飛び立ちます。ドーン、撃たれたヤマドリは猟犬がちゃんとくわえて主人のもとに運んできます。

ムササビ猟の話もしておきます。里の近くにはたくさんムササビのすんでいる穴がありました。たいていはスギの木でした。穴のある木の幹を枝でカサカサとこすります。そうすると、ムササビが驚いて(?)穴から顔を出します。でも、まだ撃ってはいけません。ここで撃つと、穴の中に落ちてしまうからです。そうなるとたいへんです。それで、顔を出したら、次に幹を思いっきり叩きます。ムササビはあわてて飛び出します。そこを撃つのです。ここまでは人の役目ですが、拾ってくるのはやはりイヌの仕事です。でも幹をこすったり叩いたりしたのは、私たち、子供の役割でした。ちなみに、吉野ではムササビのことを、バンドリ(晩の鳥?)と呼んでいました。

5　子供と動物

動物を、獲ってばかりいた、食べてばかりいたというわけではありません。野生動物は子供たちのペットにもなりました。メジロ、ヤマガラなどは皆さんにも想像できるペットだと思いますが、天ヶ瀬ではカケスが大流行しました。カラスの仲間だそうです。賢い鳥で、人のまねができるのです。一番下の妹は、中学生のころ毎朝カケスに起こされていました。母が六時になると「リッコさん、起きなさい。」と毎朝いいます。そのうち、カケスがそれを覚えて、しかも不思議なことにちゃんと六時になると「リッコさん、起きなさい。」とやります。時計が読めるのでしょうか?不思議に思いました。先ほど、アケビ採りのお話をしましたが、じつは、秋になるとアケビ採りとともに、ヤマネ採りも年中行事でした。みんなヤマネを飼っていました。沢山取れるので、小学校の近所の子供たちにも、何度か分けてあげました。都会から赴任してこられた先生が、「ヤマネはテンネンキネンブツだ。数が少なくて貴重な動物だから採らないように。」とおっしゃったのですが、最初、違う動物の話だと思っていました。なにしろ、通学路でも見られるくらい沢山いたので、数が少ない、とはとても思えませんでした。でも、私たちが飼っているヤマネは、本当の天然記念物のヤマネでした。ある日、新聞社の方が我が家で飼っているヤマネを新聞に載せてしまったのです。このヤマネは、職人さんが山から連れてきたものでした。登山者が捨てたコーラの空き缶の中で冬眠中に「保護」されて、我が家に来たのでした。新聞に載ってしまって、取り上げられるかな、と思っていましたが、文化庁の温情で、飼育許可書を頂くことになって、晴れて、正式に「飼育」しました。このヤマネはその後飼育箱から脱走しました。でも、冬に押入れの中で、どこからか連れてきたらしい彼女とつがいになって、二人で楽しそうに冬眠しているのを私に見つかってしまいました。その後は、もう箱に入れられることもなく自由に我が家のどこかで暮らしていました。

ムササビは、私が四歳くらいまで家の中に住んでいました。私が生まれる前に、叔父が連れてきたもので、夜になると動き回ってよく顔にウンコが落ちてきました。モモンガやイノシシや、シカ、それからツキノワグマも一時期我が家の住民だったことがあります。オオコノハズクは五羽もいました。雛から育てて、大きくなったころに放鳥したのですが、このうちの一羽だけは何年も家の前の松の木に戻ってきて楽しませてくれました。

虫の思い出、といえば男の子ならクワガタムシやカブトムシ、ということになりそうですが、私の場合はなんといっても蛍です。怖いほどの数のホタル、想像できますか？　近くの神社の森に行くと、ほのかにいくつかホタルの光が見えます。そのうちに、だんだんその数が増え、ついには森全体がリズムを持って光り始めます。本当に、恐ろしいほどの数でした。森まで行かなくても、家の縁側に座ったままでも、ホタルを呼ぶことができました。懐中電灯を点滅させると、それこそいくらでもやって来ました。空色の大きなガラスビンに露のついた草を入れて、電気を全部消して、たくさんのホタルが光るのを飽きずに見たものです。生き物の話は本題からそれますので、これくらいにしますが、ここまでお話をして、想像力豊かな皆さんはきっと山里の雰囲気と周辺の森やそこに住んでいる動物、それに洟垂れ小僧たちのイメージができたと思います。

6 文化はジジババから孫へ

お年寄りのお話もします。天ヶ瀬では、「年寄りの仕事は火の用心と孫の世話」、それに「朝寝こきの宵っ張り」といわれていました。老人は夜遅くまで起きて火の番をし、朝はゆっくり起きてくる、あとは孫の教育だけすればよい、ということだそうです。当時は、ご近所や小学校のある集落に明治生まれの人たちがいました。皆、今生きていたら優に百歳を超えていることになります。少し歴史的ないい方をすれば、明治維新後、二十年から三十年後に生まれた人たちです。どの人も、不思議に明るかったように思います。進歩的、という感じでもありました。明治維新が徳川時代を歴史のかなたに葬って、新しい時代がやってきた、閉塞感から開放され、新しい社会が構築された、そういう時代に生まれた人達でした。多分その時代に成長した事が開明的な気分をもつ人間を作ったのだと思います。さて、私が小さかった頃は、今のような、核家族の暮らしではありませんでした。どの家でも、ジーチャン、バーチャンと両親、そして子供たちが一緒に住んでいました。小学校にあがるまでの教育は、必然的にこの明治生まれのジジババの役割でした。私も、昔風にいえば読み書きそろばんを明治生まれの祖父母に習いました。

修行姿

子供たちは皆、山里の暮らしの中でいろいろな植物や動物に関する知識と知恵を学びます。私もごく自然に覚えました。ただ、教師が祖父でしたからほかの子供と、少し違った教育を受けました。我が家は山伏の家系でし

古文書類

たので、この集落の薬屋さんの役割を担っていた、という理由があります。山伏を、宗教的な存在として捉える向きがありますが、少し正しく、少し間違っています。確かに、山々に点在する靡き《なび》（聖なる場所）を巡り宇宙と一体になる、という様は宗教的ではあります。しかし一方で、山伏は薬師《くすし》であり、植物や動物、暮らしの文化などに精通している人、それが実像というべきです。そんなわけで、私は山伏から教育を受けたことになります。初めて行場に連れて行かれたのは四歳の春でした。岩場の岸壁にイワカガミが咲いていました。イワナンテン、オオタニワタリ、ゴヨウツツジ、ホンシャクナゲ、オオヤマレンゲなどなど。里にいても次々植物について教わりましたが、これらはただの知識です。大切なのは知恵を伝えることです。この植物はどうやって食べるか、どのキノコが食べられるか、動物はどうやって捕まえるか、というような食に関することが中心でした。それから、木の種類ごとに用途が違うこと、火打ち石の使い方、アケビ蔓を使った篭の編み方、みんな山伏伝授の技です。もちろん、薬草に関することも折に触れて教えられます。有名なのは陀羅尼助《だらにすけ》という腹薬ですが、これはキハダと

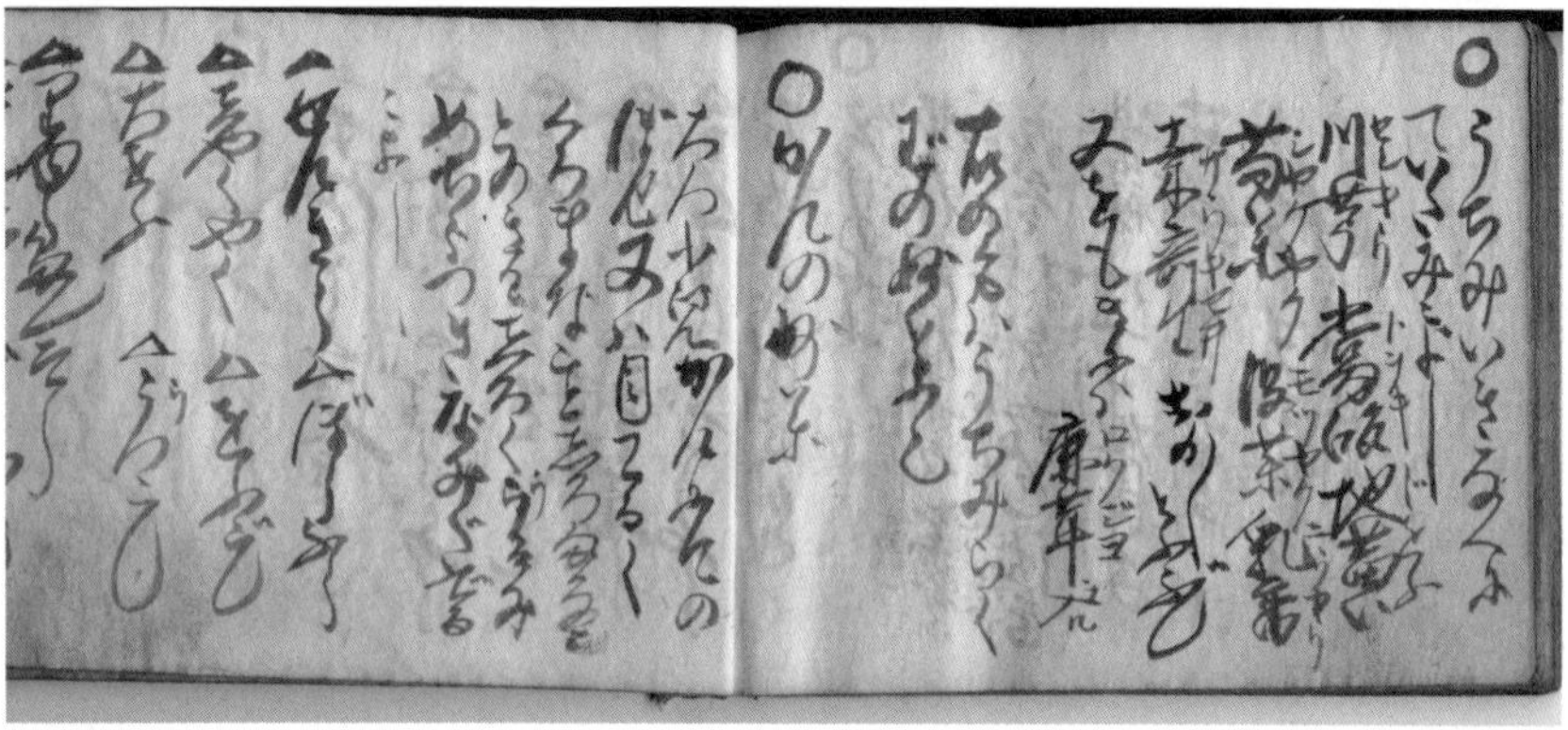

打ち身，眼疾のための薬草などの使い方が述べられている。
○打ち身いきなえにていたみによし　川芎《センキュウ》（ヤナギ科の薬草）　當帰《トウキ》（セリ科の薬草）　地黄《ジオウ》（ゴマノハグサ科の薬草）　芍薬《シヤクヤク》（ツツジ科の薬草）　没薬《モツヤク》（植物樹脂からつくられる漢方薬）　乳薬《ニユウヤク》（植物樹脂からつくられる漢方薬）　末寄生《サラギセイ》　各々当分　また重いには鹿茸《ロクジョウ》（シカの角を用いた漢方薬）（を）入れる　右の方（処方）は，打ち身，落馬の妙薬なり
○かんの妙薬　　大人小児　疳にてのぼせ，または目つづりて　黒目と白目との際白くうるみ　めじ寄りつき　涙出るによし
△せんきう（センキュウ）　△ぼうふう（防風，セリ科の薬草）　△しゃくやく　△おうごん（黄菩，シソ科の薬草）　△じおう　△うっこん（鬱金，ショウガ科の薬草）［注作成：編集部］

いう木の内皮を煮詰めた物で天ヶ瀬でもよく作られていました。ヤマザクラの内皮は魚介類の食あたり、カワヤナギは打ち身、四十肩に効く。虫歯になったら松ヤニとサンショウの実をすりつぶした物に飯粒を加えて詰めると痛みが止まる。他にはゲンノショウコやユキノシタ、ドクダミ等々いろいろな物が使われていました。これらはいわゆる植物由来の薬です。動物由来の物もたくさんあります。ヨーロッパの魔法使いなら、イモリの黒焼きやコウモリなどを大釜でグツグツ煮るのでしょうが、残念ながら私はそういうのは習っていません。でも、お猿さんの頭蓋骨や、腸は薬にしていました。偏頭痛になると頭蓋骨の黒焼きを削って飲む、下痢をしたらエンコの腸(サルの腸を塩漬けにしたもの)を飲むなど、とにかく、とてもよく効きました。イノシシやクマの胆嚢はそれぞれシシのイ、クマのイと呼ばれてよく知られている万能薬です。その他には、ムササビのイは婦人病に、マムシの皮は吹き出物の吸い出しに、という具合です。きのこの中毒には、カモシカの角がよく効きます。こんな具合に、私の子供の頃は、置き薬よりこのような伝来の民間薬がよく使われていました。ところで、最近、オオカミ

の黒焼き、という粉々になった炭を見せていただきました。いったい何に効いたのでしょう。とにかく、現在のようにお医者さんが近くにいたり、薬屋さんが近くにあったりしたわけではありません。たぶん日本中の山里では同じようなことだったろうと思います。このような民間薬の作り方は、基本的には山伏が代々、口伝していたようですが、徳川時代からは、私のようなあまり物覚えのよくない子孫のために、でしょうか、書かれたものが残されています。

7—変化する森林環境

少しばかり、皆さんのイメージに肉付けができたでしょうか？　私がここまでで伝えたかったことは、奥山にあった里の風景と暮らしのほんの一部、という訳ではありません。森が、今のように大きく変化する前の時代、まだ森が豊かだった時代に、森に人々が寄り添って生きていたということを伝えたかったのです。そしてわざわざ、遠まわしに昔話から始めなければいけないのは、その後の森の荒廃が、いかにも急であったことを知って欲しいからです。

そもそも私たちの年代が経験した時代というのは、とにかく急激な経済発展とそれに伴う生活形態の急激な変化でした。都会では、すべての物のデザインや質が変化し、そして増えていきました。視覚的な情報からだけでも、昨日より今日、今日より明日が豊かになることを実感できる時代でした。奥山では広大な面積の森が切り開かれ、伐採された木はパルプ原料として出荷され、伐採地は次々植林されていきました。ここでは、緑の質と量が日々変化していたことになります。日本中の誰もが浮かれ気分の中にいたような気がします。誰も、自然環境がどうのこうのと考えていなかった時代です。でも、山里では少しずつ変化が始まっていました。子供たちがアケビ採りをしていた森が植林されたとか、徒歩通学から自転車通学に変わったとか、そんなことではありません。今思うと、小さな変化は獲物、というか動物との関係から始まったように思います。そしてこのことは、最近回りの人と当時のお話をすると共通の思いを持っていることに気づきました。昭和四〇年ころから、獲物が増え始めます。決して銃の性能がよくなったとか、遺伝子操作されたイヌが開発されたとか、そんなことはなかったのに、です。猟師は皆、腕がよくなったのだ、と思っていたのに違いありません。何頭も獲れて、持ち帰れないために翌日もまた獲物を担ぎに山に行く、ということが起きてきました。獲物、特にシカが増えてきていたのです。農林省（当時）の役人が、シカ害の調査にやってきたのもこのころです。そのうち（記憶によると昭和四十五年ころ）、都会の猟師が、というよりハンターが、道路から向山の獲物に向かって発砲する、という乱暴な、かつては考えられなかったような事態になってしまいました。道路からでも、植林されたばかりの山にいるシカが、肉眼で見つけられるほどになっていたのです。この騒ぎは、主に上北山村の南部で起こっていました。

8 植林が育たない

そしてこのころから、植えても植えても一向に山にならない、つまり木が育たなくなってしまいました。昭和五十年になると、村の最北部にあたる大普賢岳の中腹部や大台ケ原ドライブウェイの南斜面でも新たな植林は難しくなりました。当時の植林担当者が古老に叱られていたのを今でも覚えています。「いったいいつになったら山になるのか、どれだけ苗を補充しているのか、わかっているのか、なぜあんなに苗が枯れてしまうのか、云々」。担当者はいいます。「いくら植えても翌朝にはシカに喰われてなくなってしまう」。それが現実でした。昭和三十二年に祖父がスギとヒノキの植林をした山は、立派に育っています。そのころの植林地は、どこでも食害に悩まされる、という事はありませんでした。

私が初めて植林の手伝いをしたのは昭和四十二年、先ほど述べた、大普賢岳の麓の山でした。そこは、現在は国道が通っていて通勤の行き帰りに見ることができます。四十年近くも経って、立派な森になっています。とにかく植えたら山になる、という時代でした。ところが、たった十数年の後、昭和五十五年ごろ、奥吉野ではかつてのような植林は不可能になってしまいました。植えても植えても山にならず、補植（枯れたところに翌年再び植えること）の繰り返しになってしまい、運良く育っても、苗の天辺が食べられて、盆栽みたいなスギやヒノキが生えている、そんなことになってしまいました。

しかし、ほとんどの林業家は食害にあまり危機感を持っていませんでした。まず、四十年代にあったような植林熱が冷めてしまっていたこと、それと林業そのものの将来に期待が持てなくなっていたことが理由だと思います。最近の木材価格をご存知でしょうか？　昭和三十年代と同じくらいになっています。ほかの物価上昇率を考えれば、とても将来を望むのは無理な話です。さらに、山の職人さんが高齢化し、またこの頃から不足し始めました。都市近郊の山林は早くから放置されていましたが、林業の本場でも放置される山林が出てきました。

9　急速に進んだ大台ケ原の荒廃

大台ケ原で鹿害が問題になり始めたのも昭和五十五年ごろでした。ただし、トウヒ林はまだ暗く、ましてやシカの姿を見る、という事はまずありませんでした。それが、六十年頃になると時々シカが目撃されることが多くなり、食害を受けたトウヒがめっきり増えてきました。大台ケ原で最初に柵が設置されたのもこの頃です。とりあえず囲っておこう、という雰囲気で、たいした緊張感はありませんでした。当時、テレビ局が取材に来ると、正木峠を案内するのが定番でしたが、林床は苔に覆われ山頂付近はまだ黒々とした森でした。誰も、ここが白骨樹林になってしまうとは、想像していませんでした。しかし、一部の研究者はその頃から「このまま放置すると危ない」と環境庁（当時）に対して警告はしていましたし、自らも手探りながら調査を始めていました。その頃イギリスからきた研究者に大台ケ原のシカの密度について、どのくらいのレベルか、と質問したところ、「オーマイゴッドのレベル」と答えました。すでにレッドゾーンを越えていたのでした。

その後は地滑り的、というのか、森の荒廃は本当に坂道を転げ落ちるように進んでしまいました。環境庁も柵の設置や金網を巻きつける、など手を打ったのですが、時すでに遅し、の感は否めません。今にして思うと、トウヒの食害ばかりに気を取られていたような気がします。トウヒに対する食害を防げば何とかなるのではないか、皆がそのように思っていた節があります。もう少しほかのこと、たとえば、スズタケが衰退していったことなどにも、気をつけるべきだったと思います。それを思うと、今とても気になっているのは、西大台のスズタケがすっかり枯れてしまったことです。森の荒廃は、まもなく西大台にも及んでいくことは間違いありません。気づいたときに、遅滞なくなにか手を打つ、という事が大切です。環境省は今年度から、西大台にも柵を設置する、という事になったそうです。その意味では少し安心ですが、六百ヘクタールもある森を、本当に守れるのか、ちょっと不安でもあります。

10― 大峯山系の食害

シカによる食害は関西では特に大台ケ原がよく取り上げられています。しかし、深刻なのは大峯山系も同じことです。昔は、山頂付近でシカに出会うという記憶はありません。大峯山系の稜線は直ぐ下に崖やガレ場が控えていて、どちらかというと、シカにとっては近寄りにくい地形のはずです。しかし今は奥駈道にも足跡があるくらいです。先ほどもいったように、天ヶ瀬の子供は時に奥駈道まで遊びに行きました。その頃、行者還や一ノタワなどでは、一度道からそれると戻るのにたいへんなほどのスズタケのブッシュで、夏でも長袖の服を着ていくようにいわれたものでした。袖をまくっていようものなら、腕は傷だらけになりました。ところが、最近の大峯山系では昔のような背丈を越えるスズタケのブッシュはほとんど見当たらなくなってしまい、半袖半ズボンでも歩けるくらいです。

このような大峯山系の異変は、十年程前にすでに始まっていました。たとえば、歩くのに邪魔になるほど繁茂していた八経ヶ岳周辺のオオヤマレンゲが絶滅状態になりました。八年前は行者還トンネルから弥山へ上る途中の、ちょうど奥駈道と出会うあたりはたいへんなブッシュでしたが、今はまったくありません。スズタケどころか、林床にはほとんど植物が見られません。七年前、狼平のコシアブラは、たった二週間で、目につくものはすべて樹皮剥ぎ被害を受け、今は一本も見られません。六年前に久しぶりに南奥駈道(前鬼～平治の宿)を歩きましたが、ここも同じで山頂付近からスズタケが姿を消しシカの糞だらけになっていました。

大峯山系は、大台ヶ原から少し遅れて、同じような荒廃の道をたどっています。針葉樹が被害を受け、一部の広葉樹が樹皮剥ぎで枯れ始め、スズタケが消え、替わってミヤコザサが侵入してくる、というのも同じです。大台ケ原の轍を踏まないように、ということだったのでしょうか、八経ヶ岳周辺のオオヤマレンゲに関しては県も環境省も意外に早く動き、実験的に防鹿柵を設置したいへんな効果をあげています。もう少し広域的に、かつ素早く施工できれば、一時的にしろ貴重な植物群を守ることはできるのかもしれません。

さて、長々と昔話をしてしまいました。私が小さい頃過ごしたのは、かろうじて森と人と動物が危うい関係の中でバランスが取られていた時代であり環境であったのです。シカと森の関係は様々な調査や研究が進んでいるようで、今回も先生方から調査、研究の成果やデータが示されることと思います。問題があれば、それを科学的に調査し、研究し解決への方法を導き出す、それが大切です。それは先生方にお任せすることにして、私がここですべき事は、山里のおじさんの立場で、こんな方法や考え方はどうですか？　と皆さんに問いかけることだと思います。

11 狩猟制度の見直し

昔は人と野生動物の間には距離と緊張感がありました。里に出て行くと、鉄砲で撃たれたりイヌに追いかけられたりする、だから里には近づかない、そういう緊張感が動物側にありました。こういうのを「狩猟圧」というそうです。ただ、狩猟に関する法律は私が生まれるずっと前からあり（最近知りました）、山里で行われていたこと、たとえば猟期以外にも狩をするとか、イヌを放し飼いする、などは明らかな法律違反だということになります。法治国家では許されざることです。そこで、専任の猟師を国家や地方行政が雇う制度を作ってはどうか、と思うのです。立派な人格を持ち、しっかり教育された猟師さんに十分な権限を与え、通年雇用する。そうすれば、昔のような人と動物の関係が再びできるのではないか、と思います。

もう一つ、狩猟で得られた獲物を積極的に流通に乗せたらどうでしょうか。現在も、合法か、それとも非合法なのか私にはわかりませんが、細々と流通しています。法を整備して、正々堂々とシカやイノシシの肉が販売できるようになれば、多少は猟師さんも頑張ってくれるのではないでしょうか。それから、些細なことですが、イヌの飼い方も見直すべきだと思います。私は地元で、夜間にイヌを放し飼いできる条例を作ったらどうか、といっています。私たちが小さい頃、ほとんどの猟犬は放し飼いされていました。それが、ときどきバーチャン達が大切にしている畑をほじくり返します。小さな畑の収穫を楽しみにしているお年よりたちの逆鱗に触れ、最近はつないで飼うようになりました。

ところが、イヌをつなぐようになってから、たしかに畑をほじくり返すものはいなくなったものの、シカやサルやイノシシがやってきて、根こそぎ食べられてしまうようになりました。全国的によくある光景ですが、私の村でも、お年よりは柵の中で耕作しています。それで、当番を決めて、今夜は横田家のイヌを、明日の夜は谷口家のイヌを放しておく、そうすれば、里に動物が現れることもないでしょうし、確実に動物たちにプレッシャーを与えることができると思います。里でのプレッシャーはきっと奥山まで影響すると思いますが、これについては先生方にお聞きしたほうがよいかもしれません。

12―自然保護を思想から行動へ

次に、効果があるとわかっていることを、取りあえずやってみませんか？　ということです。貴重な植生を、とりあえず守る方法はすでにわかっています。全国的に、柵を設置することでたいへんな効果をあげています。しかし、どういう訳か、なかなか前に進みません。予算がなくてできない、というのは少し理解できます。しかし、とにかく調査が必要だ、何頭いて、どの植物が絶滅に向かっているか、その調査がとにかく先だ、とか、シカが増えて森が荒廃するのも自然の摂理だ、放っておこう、等等。どう考えても、柵を設置することを遅らせようとしているか、臆病になっているとしか思えません。

どこからかやってくる批判に怯えている時間はありません。溺れかけている子供（植生）をとにかく救う（柵を設置する）ことは当たり前の行為です。この三十年ほど、自然保護という言葉は誰の口から発せられたにしても、とかく格好のよいものだったようです。なにしろ、これさえいっていれば、進歩的正義の味方でいられたようです。まるで何かのお題目のように、シゼンホゴ、シゼンホゴといっていればよかったのです。しかし今は、お題目を唱えているだけでは自然は守れないことも分っています。行動こそ求められているのです。

13 山村にもう一度元気を

ところで、国内で消費される木材の内、国産材はたった二十%だそうです。こんなにたくさん木が生えている国なのに、不思議です。林業の低迷は競争経済の中ではどうしようもないことかもしれませんが、そのことによる影響は深刻です。木材価格の低迷で林業就労者が減少し、山村の生活は過疎化とともにますます困難になってきました。人が減る一方で、放置される森林はどんどん増えています。この傾向が進めば、いったい誰が森を見るのでしょう? 森で大きな変化が起きても、誰も気づかない、ということにならなければよいのですが。

自然は、いつもそれを見ている人がいて、初めて変化に気づくものです。山里は、森と間近に接しています。森の変化はただちに山里に影響してきます。私は山里から人がいなくなることをたいへん恐れています。土建業界や都会の人々やが国産材をたくさん使えるような制度を作って、何とか、もう一度林業が元気を取り戻し、山村に子供たちの声が聞こえる時代がこないでしょうか。最近は多様性を守らなければならない、などとよくいわれます。多様性とは、何も植物や動物のことだけではありません、人の営みの形態も多様であり、それも守らなければいけないと思いますが、どうでしょうか。山里の細々しい文化は周辺に豊かな森があってこそ、継承できるものです。

14 語り継がれる森、かかわり続ける森

森が、今はたいへんな勢いで荒廃への道をたどっています。一刻も早く手を打つことが必要です。これは何も山村だけの問題ではありません。たとえば、かつて森は災害を防いでくれる、と思われていましたし、実際そのような機能を本来は持っていると思います。しかし、最近の災害を見ると、一概にそうとはいえなくなってきました。むしろ、ササや下草のない森や、手入れのできていない森林が災害の原発地になっているようです。もはや、森林の荒廃は、上流側(山村)と下流側(都市部)双方にかかわる問題だと考えるべきです。お互いに、共通の認識を持つためにも、このようなシンポジウムが活発に催されることを期待します。

私の話に、まとめのようなものはありません。ただ、

昔は森と人と動物の関係がそれなりにバランスが取られていた、ということ、そしてその中で山里の文化が継承されていたことを知って欲しいと思います。石垣に囲まれた家、畑、狩に係わるイヌと人の関係、子供たちの遊び、薪による煮炊き、そして伝えられてきた知恵、みんな周辺の豊かな森がもたらしたものでした。私はこうして、当時の森とそこに住む人々の暮らしを語ることはできます。語り継ぐことが大切だと思っています。語り続けることで、かつて多様性に富んだ森があったことを後世に伝えなければならないと思っています。しかし、森と人、そして動物との安定した関係はあれよあれよという間に失われてしまいました。このままあと五十年経ったら、「百年程前、日本には森がありました。」という昔話をすることになるでしょう。今なら、まだ間に合うかもしれません。議論を繰り返している場合ではありません。森は危機的状況にあります。自然保護思想を自然保護活動へ、行動へと移すべきだと思います。そのためにも、多くの人々に現状を知ってもらうことが大切です。そして、多くの人々が森に係わり続けてほしいと思っています。

第五章　林床からササが消える　稚樹が消える

龍谷大学●横田岳人

はじめに

最近、テレビや新聞のニュース等で、ニホンジカやイノシシやツキノワグマなどの野生動物が人間の住む場所に出現し、人間生活との軋轢が表面化してきたことが報道され、一般の人にも野生動物の問題について情報が入るようになってきました。異常気象による奥山での食糧不足や里山の荒廃など様々な原因が取りざたされていますが、ここではその原因を扱うことはしません。ただ、これらの軋轢は人の目の行き届きやすい場所で起こっている事柄であり、人の目に触れやすいからこそニュースとして報道されています。この小稿で述べる事柄は、従来から野生動物の住処であり、人の生活域と区別されてきた「自然林」での話になります。人の生活域ではないために関心は低く、人の目につきにくく、ニュースにはなりにくい奥山の自然林での出来事を、ここでは取り上げていきます。

図1は大台ヶ原の西大台地区の風景で、すっきりとした林床が広がっています。歩き回るのに好都合な林床です。秋の落葉後の写真なので、林床の草本植物は見られず、すっきりした印象を受けるかもしれませんが、この場所は十年ほど前まではスズタケと呼ばれるササで覆われていた場所です。それが数年前からこのようなすっきりした林床になってしまいました。こんなすっきりとした林床の森林が、山奥の自然林では増えてきています。林床からササが消え、稚樹が消えているのです。この小稿では、そのような森林の問題を扱っていきたいと思います。

私はここ数年は奈良県内の自然植生を見る機会が多かったので、奈良県内各地、特に吉野地方の自然植生の荒廃状況をまずお示しします。次に荒廃プロセスを考えながら、林床からササが消え、稚樹が消える理由を考えます。そして、林床植生の荒廃がもたらす結果について考えてみたいと思います。

1 奥山の自然植生の現状

奈良県内各地を中心に、自然植生の荒廃の現状をまず見ていきましょう。奈良県南部の大台ヶ原は、吉野熊野国立公園に指定されている名勝地で、トウヒを中心とする常緑針葉樹林が覆う東大台地区と、ブナ・ミズナラを中心とする落葉広葉樹林が広く分布する西大台地区とに分けられます。図2に東大台地区と西大台地区の森林の相観を示します。これらの写真では豊かな自然を感じさせてくれそうですが、これらの森林は、森林としての存続が危ぶまれる危機的な状況にあります。森林の外観ではなく、森林内部にその危機的な状況が見られます。

西大台地区のブナ林は太平洋側のブナ林としては西日本最大の規模です。今から二十年以上前の西大台地区のブナ林は、ブナ・ミズナラをはじめとした落葉広葉樹にウラジロモミが混在する豊かな相観を持ち、森林の下層を二メートルを超える高さのスズタケが覆い、登山道がわからない状態の深い森でした[6]。迷い込んだら抜け出せないササ藪が多く、発見されていない遭難者の話も聞きます。

それが、約二十年間で大きく様変わりしました。図3上に二〇〇二年の西大台地区の林床の写真を示します。かつて二メートルはどの高さになったスズタケの稈は、元気なく縮れて高さ一メートル程度まで低くなり、葉の緑色も薄れて枯れる直前の様相です。実際にこの場所のスズタケは二〇〇三年には枯れてしまいした。スズタケが枯れてしばらくは枯稈が残りますが、枯稈もなくなってしまった場所は、植被のない状態におかれたり、枯れたスズタケの代わりにミヤマシキミが林床を覆っている場所も少なくありません(図3下)。

写真には示しませんが、他にも林床にスズタケの枯れた稈が残ったり、まったく植被がなくなっていたり、二メートル以下の低木が消え去っていたり、といろいろな林分が広がっています。どの林分もスッキリして歩きやすく、鬱蒼と繁って登山者を迷わせたかつての面影はありません。私は一九九七年に初めて大台ヶ原にニホンジカの密度調査のお手伝いで入ったのですが、その時はス

図1　大台ヶ原（西大台地区）の林床（2000年11月）

図2　東大台地区（上）と西大台地区（下）の風景
上は01年7月、下は02年10月撮影.

図3　西大台地区の林床の様子
上：林床はスズタケに覆われているが、矮化して葉が縮れている。02年11月撮影。下：林床のスズタケは消失して、枯稈が残る（写真奥）。スズタケの代わりに有害のミヤマシキミが林床を覆っている。01年9月撮影

ズタケの枯稈が残る林分とスズタケが鬱蒼と繁る林分とがありました。その調査時に、鬱蒼と繁るスズタケのササ藪に迷い込み遭難しそうになった経験があります。そのササ藪も二〇〇〇年に調査した時にはすっかり枯れて、見る影もありませんでした。スズタケの消失は、十年ほど前から短期間に起こっている現象です。

スズタケの消失も重要なことですが、それ以上に重要なことは、森林内を歩き回っても後継樹、すなわち現在林冠を構成している樹種の幼稚樹に、ほとんど出会わないことです。相観上では森林に見えていますが、次世代が育っていない状態、森林の更新が危惧される状態なのです。

このような「ササ類が枯れ、下層植生に乏しい」森林や、地表付近の植被が失われ後継樹も見あたらない森林は、大

図4　自然林の林床の様子
左上：大杉谷（三重県）、01 年 9 月撮影。右上：明神平、02 年 7 月撮影。左下：伯母峰、スズタケの枯稈が目立つ。03 年 5 月撮影。右下：大普賢岳。03 年 8 月撮影。

台ヶ原に限らず、奈良県内各地に広がっています。図4にいくつか例を示しますが、大台ヶ原に隣接する大杉谷や台高山系の明神平では、すっきりとした見通しの良い林床が広がり、林冠木の実生や後継樹がなくなっていることがわかります（図4左上、右上）。まるできれいに刈り払われたかのようです。大峯山系でも伯母峰周辺で枯れたスズタケの稈が目立ちますし、枝先が食い荒らされた樹木が見られ、林床付近で遠くが見渡せるような景観が広がっています（図4左下、右下）。写真には示しませんが、奈良教育大学奥吉野実習林のある伯母子山系でも、林床を覆っていたスズタケが枯死・消失しています。奈良県南部の山間部を構成する台高山系、大峯山系、伯母子山系のいずれでも、ササ類が枯れ下層植生に乏しい森林や、地表付近の植被が失われて後継樹が見あたらない森林になっています。このような森林が広がるのは奈良県だけの問題ではなく、滋賀県高島市朽木や京都市左京区久多、左京区京北、そして京都府美山町の京都大学芦生演習林にかけての森林でも、神奈川県丹沢地方でも、奥日光地域でも、日本全国各地で見られるようになっています[(7)ほか]。

2 林床からササや稚樹が消えるわけ

このように林床からササ類や樹木の稚樹が消えていったのはなぜでしょうか。結論を先にいうと、ニホンジカの食害が大きな原因となっています。これら林床からササ類や樹木稚樹が消えてしまった森林では、周辺植物に植食性動物の食痕や周辺樹木への剥皮痕があり、糞塊がみられ、毒性があって草食動物が食べない植物の割合が増加し、防鹿柵設置後に植生回復がみられる、といった共通した特徴が見られます。その点を、少し詳しく見てみましょう。

林床からササや稚樹が消えた森林では、いたるところでニホンジカの糞が見られます。その場所にニホンジカがいた証拠です。そして同様にいたるところで食痕を見ることができます。シダ植物や草本類、広葉樹だけでなく、針葉樹も、若いシュートや樹皮を食べられていることが多く、執拗な食害がもとで枯死する場合もあります。林床付近の植物が食害を受ける結果、それらの植物が見られなくなることもあります。

表1は、大台ヶ原で一九七二年に井手・亀山が調査した結果[4]と二〇〇一年に中村・横田が調査[5]した出現植物を、分類群と生育型で分けて比較したものです。調査地点の数は二〇〇一年のほうが二倍程度あり、念入りに調査したことがわかりますが、出現種数の合計は一九七二年調査が百六十八種だったのに対し二〇〇一年調査は百二十九種と、減少しています。なかでも、双子葉植物合弁花類と単子葉植物の草本性の種数の減少が著しく、半分に減少したり、四分の一以下に低下したりしています。低木性の種数もやや大きく減少しており、約三十年の間に草本や低木の種構成が大きく変化したことがわかります。種数の減少は、森林生態系を構成する要素が消失したことを意味し、種組成の単純化を招いています。また、草本層や低木層で種数の減少が著しいことから、草本や低木が激しい食害にさらされていたことがわかります。

このような食害の一方で、毒を持っていたり矮化したりすることで、食害に対する耐性が高い種類は、食害をまぬかれて生き残り、他の種に優占して生育地を覆うようになります。無差別に食害されているわけではなく、特定の植物が食べられ、毒を持った植物は食べ残されて

表１　大台ヶ原山上域の出現植物種数の変化

（2002 年度大台ヶ原自然再生推進計画調査森林再生手法検討部会資料を一部改変）

1972 年調査時（井手・亀山）の出現植物数（分類群別・生育型別）

分類区分				針葉樹	広葉樹	低木種	つる	草本種	種数計
シダ植物				−	−	−	−	−	8
種子植物	裸子植物			8					8
	被子植物	双子葉植物	離弁花類		31	19	5	22	77
			合弁花類		6	23		20	49
		単子葉植物						26	26
合　計				8	37	42	5	68	168

調査地点数：100

2001 年調査時（中村・横田）の出現植物数（分類群別・生育型別）

分類区分				針葉樹	広葉樹	低木種	つる	草本種	種数計
シダ植物				−	−	−	−	−	5
種子植物	裸子植物			8					8
	被子植物	双子葉植物	離弁花類		37	16	7	16	76
			合弁花類		6	15		11	32
		単子葉植物						8	8
合　計				8	43	31	7	35	129

調査地点数：197

います。これらの事実は、林床植生の単純化と植被の消失が、生物的な動物の食害という出来事の結果であることを示しています。

動物の食害が積み重なった結果、図5のようにブラウジングライン（通称ディアライン）と呼ばれる様相を呈し、地表から特定の高さまでの樹木葉が失われて樹冠の下部が一定の高さで揃うように見える様相を示します。ニホンジカの口が届く高さの葉は食べられ、枯れた枝はニホンジカがぶつかるなどして自然に落下し、ニホンジカの首が届かない高さまでの緑が失われて線のように見えるのです。奈良県の大台ヶ原や大峯山系では地上一・六メートル前後にブラウジングラインが見られます。

奈良県の大台ヶ原や春日山などニホンジカが高密度で生息することがわかっている地域では、樹木の樹皮が食べられる被害も見られます。いわゆる樹皮剥ぎ（図6）です。針葉樹類は材と樹皮との間に形成層という部分があり、ここに維管束が並んでいます。維管束は水分や同化産物を体内に送る通路で、この部分が樹皮剥ぎされると、この部分での水分通導や同化産物転流ができなくなります。樹皮を一周環状に剥皮されると、樹木は蒸散で

図 5　ブラウジングラインの様子（明神平、02 年 7 月）

図 6　樹皮剥ぎの様子
左）キハダ（大台ヶ原西大台地区、02 年 10 月）.（右）シラビソ（大峯山系弥山、04 年 9 月）

失われた水分を根から供給することができず、枯死に至ります。広葉樹は種類によって維管束が材内部にも散在しているために影響を受けにくいものや、環状に維管束が並んでいてもきれいに樹皮剥ぎされにくく影響を受けにくいものなどがあり、樹皮剥ぎで通水が完全に止められることは少なく、樹皮剥ぎの直接的な被害で枯死する種類は多くはありません。広葉樹で枯死する場合は、樹皮剥ぎ跡から菌類などが入り込み枯れる場合が多いです。

樹皮剥ぎはこのように樹木単木の生死に大きな影響を与えますが、樹木集団にも大きな影響が出てきます。大台ヶ原で研究した明石・中静のデータ[(1)]では、ニホンジカの影響で小径木の剥皮や枯死の割合が大きく、林分構造が変化している様子が報告されています。端的にいえば、林冠を構成する高木性の樹種の稚樹が剥皮害により枯死することが多く、森林の次世代を担う後継樹が消失しているのです。

野生動物であるニホンジカが、本当にこんなにすべてを食べ尽くすほど自然の生態系を撹乱してしまうのでしょうか？　北海道洞爺湖中島の事例では、ニホンジカが口の届く範囲の植物を食べ尽くしてしまい、落ち葉を競って食べるようになり、ついには餓死する個体が続出して個体群が崩壊したことが報告されています。奈良県で見られるこうした植生景観も、極端な場合は中島のように推移していくかもしれません。もっとも島とは異なって食物が不足すれば別の場所へ移動できますから、すべてを食べ尽くすようにはならないかもしれません。

これまで見てきたような植生景観は、本当にニホンジカが原因となってつくられたものなのか、考えてみたいと思います。ニホンジカを排除する目的の防鹿柵が、奈良県内でも各地に設置され、柵の内外で生育する植物がどのように異なるのかが調べられています。大峯山系の弥山と八経ヶ岳の間には、天然記念物オオヤマレンゲを保護するための防鹿柵が設けられています（図7）。以前は弥山周辺には普通に存在したオオヤマレンゲですが、今ではほとんどが柵内でしか見ることができなくなりました。また柵内では、ミヤマモミジイチゴやサラシナショウマといった草本植物を見ることができますが、柵外ではほとんど見ることはできません。

吉野郡川上村三之公地区で防鹿柵内外に設置した方形

図７　弥山山頂の防鹿柵

図８　崩壊地形での防鹿柵の効果
左：柵未設置で放置、右：柵設置１年後（吉野郡川上村三之公地区）。04 年９月撮影

表２　防鹿柵内外の方形区の出現植物種数

（吉野郡川上村三之公地区 2004 年 9 月調査）

	柵内	柵外
ブナ帯針葉樹林	30	16
ブナ林（尾根部）	22	7
落葉広葉樹林（谷部）	26	13
崩壊地形	49	25
常緑広葉樹林	12	5

横田ほか（未発表）

区(面積四〇〇平方メートル)の出現種数を調べた例では、柵内では柵外の二倍以上の出現種数が得られています(表2)。林床被度は、柵が設置された森林の状態(林冠閉鎖状況や周囲の明るさ等)で柵設置の効果が明確になっていない場合もありますが、少なくとも出現種数に大きな差が見られることから、物理的にニホンジカを排除することで、植生が受けるダメージが減じたり植生が保護されることがわかります。また図8からわかるように、隣接した場所で柵内外の差を見ると、林床を覆う植被の状況が一目瞭然です。

以上のことから、奈良県各地の自然林で下層植生が大きく変貌してきた原因は、ニホンジカの食害が主たるものである、と推定しています。変貌のプロセスを簡単にまとめてみます。ニホンジカが林床の植物を繰り返し食べることで、被食に弱い植物は減少し始めます。ニホンジカが繰り返し同じ場所を利用すれば、糞塊も多く見られるようになり、食痕や周辺樹木への剥皮痕も多く見られるようになります。場所によってはブラウジングラインも見られるようになるでしょう。被食が繰り返されることで、毒を持つなどの忌避植物以外は消失し、相対的に忌避植物が広く優占するようになります。こうして、現在見られるような林床植生景観が形作られてきたと推測されるのです。

3　ササ類の役割

ところで、大台ヶ原東大台地区のトウヒ林が広がる林地では、下層植生が貧弱になっているものの、林床はミヤコザサで覆われ、下層植生が消失しているわけではありません。一方、西日本最大規模の太平洋型ブナ林がある西大台地区は、かつてはスズタケが林床を覆っていたものの、現在はそのスズタケは消失し、さらに下層植生そのものが消失しているような状況にあります。ミヤコザサとスズタケは太平洋側の森林林床を覆うササ類です。ミヤコザサは尾根部の風当たりの強い立地に生え、冬季の厳しい条件でも翌年の葉芽が死なないよう、風当たりを避けた地表付近に冬芽をつくります。毎年地表付近から新稈を伸ばすので、植物体の高さはそれほど高くなりません。それに対し、スズタケは風当たりを避ける立地に生育しています。前年枝に冬芽を付けて翌年新しいシュートを展開するので、翌年はより高い位置に葉を薄暗い林床で光をめぐる競争に有利なな性質を持っています。二メートルを超える高さになることもあることも珍しくありません。ミヤコザサとスズタケが持っているこのような性質の違いが、実はニホンジカの被食耐性に大きく影響します。[7] ミヤコザサはニホンジカの被食によって地上部が失われ、矮小化することが知られていますが、[9] 枯死することはありません。地上部が失われても、地表付近に形成した芽から地上部を再生することができますし、地表付近の芽は、ニホンジカに食べられることは少なく(ネズミ類には食べられていますが)、葉も芽も失うことはありません。それに対しスズタケは、地上稈に冬芽が付きますから、ニホンジカは地上稈を食べることで、葉も芽も食べることになります。芽が失われれば新しい芽を作るのに新しいコストがかかるため、スズタケにとって被食されることはダメージが大きいのです。またスズタケは、冬季の雪に完全に埋もれることは少なく、冬場のニホンジカの餌資源になり得ます。ミヤコザサとスズタケのこんな違いが、ミヤコザサ林床ではミヤコザサの矮小化と植生の単純化、スズタケ林床では林床植生の消失、といった変化にあらわれてくるのです。

各地でスズタケ等のササ類が枯死して林床植生が消失しています。これらすべてがニホンジカの食害が原因と断言できるだけの因果関係は明らかになっていません。しかし、ニホンジカが近づけない急傾斜地や猟犬の見回り頻度が高い森林ではスズタケ林床が残っていることや、糞粒等から推定されるニホンジカの密度が高い場所ほどスズタケが枯死しているケースが多いことなどから、スズタケの消失にはニホンジカの食害が大きな影響を与えていると推察されます。

林床のササ類は、ササ藪を住みかとする動物類の生育環境そのものであるだけでなく、小動物や樹木実生・稚樹の隠れ家として重要です。稚樹の上に覆い被さるササ類はしばしば森林更新を阻害する要因ですが、ササ類に覆われることで植食性動物から見つかりにくく被食を免れ、生き残る側面もあります。この他ササ類は、土壌表面にびっしりと根茎を張り巡らして、土壌表面をしっかりと保持する役目を持っています。ササ類の消失は、単なる下層植生の問題だけでなく、動物相を含めた生態系全体へ影響をおよぼす事柄なのです。

4―下層植生の消失がもたらすもの

1　後継樹の消失

下層植生がなくなっても、相観上は森林植生が広がっており、ごく普通の自然林と違いなく見えます。下層植生がなくなってしまっても、それが自然のものならそれでよいのではないか、といった意見もあるでしょう。しかし、自然林内で下層植生が消えてしまっていることは、その森林の次世代を担うべき後継樹が育っていないことを意味します。原因はいろいろあるでしょうが林冠を構成する上層木が枯れてしまった時に、その林冠を補填する樹木が育っていないという状態です。林冠を構成する樹木が補填できずに上層木が次々に枯れてしまえば、その場所は森林ではなくなってしまいます。大台ヶ原の正木峠周辺は、ミヤコザサ草原が広がっています。草原化の原因はニホンジカの被食だけに限定できませんが、後継樹が育たないままに上層木の枯死が進み、ミヤコザサ草原が徐々に広がっているのが現状です。(8)

2　野生動物の生活場所の減少あるいは消失

森林が草原になっていくほど極端に植生が変化しなくても、下層植生が失われただけで、森林で生活する動植物や森林の提供する環境に様々な影響が出てきます。ウグイスやヤブサメといった藪を利用する鳥たちは、下層植生が失われれば生活の場を失うことになります。ツキノワグマなどの大型哺乳類は警戒心が強く、移動する時は他の動物に目視されにくいようにササ藪の中を隠れて移動します。ササ藪がなくなれば移動ルートも変わりますし、ツキノワグマにとって利用しやすい森林内の場所も変化することでしょう。他の小動物にしても、下層植生が失われることで餌が減少したり、発見される確率が高まるなど、ニホンジカと植生の問題だけにとどまらない、広範囲の影響が予想されます。また、林床植生の質が大きく変化することで、土壌表面の落葉落枝の質も変化し、当然それらが分解してできる土壌の性質も変化していきます。そこに棲む土壌動物も影響を受け、出現する種類にも変化が生じてきます。

3　森林被害拡大の可能性

森林では林冠に降り注いだ太陽エネルギーを、まず高木層で受け止め、次に亜高木層で、そして低木層で、さらに草本層で受け止めて、効率よく生態系の生産に必要なエネルギーを確保しています。ただし、そのエネルギーの大部分は林冠部で吸収され、林床付近の下層植生に到達する光エネルギーはそれほど多くなく、下層植生の生産性もそれほど高くはなりません。下層植生の現存量は、森林の地上部現存量の五〜二〇％程度でしかなく、受け取る光エネルギーも相対光量子密度にして一〜五％程度であることが多いのです。したがって、林床付近の生産性はそれほど高くはありません。植食性動物は、この林床付近の生産性に依存して生活しています。森林の林床は草原よりも単位面積あたりの植物生産が少ないために、単位面積あたりで養えるシカの数は少なくなります。同じ場所が集中して利用されれば、過剰な利用が続くことになり、森林の下層植生が失われ、その場所ではシカの個体群を維持することができなくなります。そうすれば、徐々に周囲の自然林へと生息域を拡大していくことでしょう。そして拡大した生息域でも、集中して土地利用すれば、再び下層植生消失の被害を引き起こしていきます。このように、餌資源を求める旅の結果、広い範囲の森林への被害へとつながっていくと推察されます。下層植生の消失はその場所での問題だけでなく、周辺地域への波及が予想される点でも重要な問題だと思われます。

4　土壌、表土の流出

まだ証明されていない仮説の段階ですが、下層植生の消失が契機になり、土砂崩れが起きる可能性も考えられます。下層植生が失われれば、特にこれまで林床を覆っていたササ類が消失してしまえば、土壌表層が降雨のたびに流出していきます。地表を覆っていた土壌は、栄養豊かな状態から小石が多く混じるものになり、小石の間に残った土壌から生え出た幼植物も土壌や小石と一緒に流されていきます。樹木も根系周辺の土壌が流されたりして根が露出するようになりますし、その結果、樹木を支える土壌が減少して樹木の風倒が起こりやすくなったり、樹木根系の土壌保持力が低下していきます。こういった樹木は、実際に根返りを起こして土壌を保持することができなくなり、大雨等が誘因となって土砂崩れに至ることがあるのではないかと思われます。実際に大峯山系や台高山系の急傾斜地では、台風や大雨のあとに土砂崩れが生じ、崩壊地がたくさん見られるようになっています。樹木が強風などで倒れる時に根返りする形で倒れれば、根系が占めていた場所に穴ができて、そこへ水が入り侵食が深く進行していく様子が実際に観察されています（図９）。また、下層植生が失われた結果、雨滴が直接土壌表面を叩くために、侵食が進んでいるような場合も見られます。土壌がしっかりと基岩に結びついているのではなく林冠木の根に引っかかるように止まっているような状態で、土壌全体がいわば浮き上がったようになっており、台風などの大雨が契機になって、崖崩れを誘発する可能性が出てくるのではないか、あるいは実際に起きているのではないかと思われます。

図10に山腹崩壊への流れの仮説を挙げましたが、被食害があることで、下層植生が荒れて、森林の更新が不全になったり、表層の植被がなくなることで、土壌の流亡や山腹への透水性が増加する影響が、相互作用的に働き、土砂崩れを引き起こす、という一連の流れです。これは仮説の段階ですが、紀伊山地の下層植生が失われた自然林を歩き回った結果、私自身が感じ取っていることでもあります。

5　ヒトの役割

これまで見てきたように、ニホンジカの食害が大きな影響を及ぼすことで下層植生が失われ、その結果、山腹崩壊の危険性までが指摘できるような状態になっています。国立公園や鳥獣保護区に指定されるような自然林は野生動物に残された聖域ですから、野生動物が行うままに、自然のまま手を加えずに放置するのがよいという意見もありますが、動物の行動域はこのような自然林に止まらず、隣接する人工林や山村に及びますから、そこで生活する人々との軋轢を増やすことにもなりますし、バランスを崩した生態系をそのまま放置するのもいかがなものかと思います。何らかの対策が必要であると思います。このように荒廃した森林ではニホンジカの影響が強く出ていることが多いので、まずはニホンジカの食害を防ぐ何らかの方策が求められていますが、このような災害をニホンジカだけの問題と考えて良いかという点には疑問が残ります。

そもそも自然林の荒廃をもたらしたのは、過去に大規模な伐採や植林を繰り返し、自然林周辺を過度に利用し

写真９　崩壊のプロセス
左上：倒木。根周辺が崩れ落ちる。左下：雨水による侵食。右上：侵食が深く進行。右下：大きな崖崩れを誘発。04 年 11 月撮影.

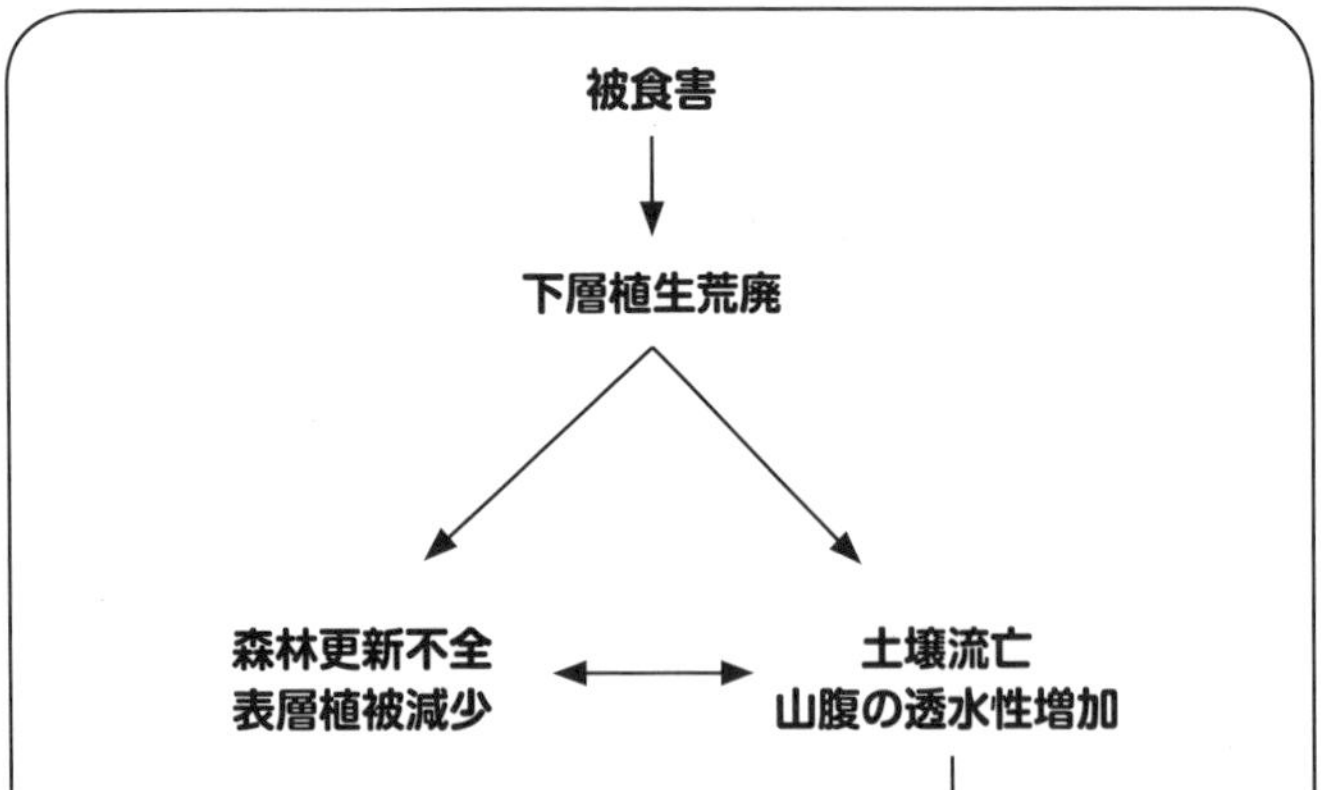

図 10　山腹崩壊への流れ

てきた人間の問題も大きいと思われます。また、林床植物の消失には、登山者の折り取りや個人的な盗掘、場合によっては商業的な盗掘も、大きな影響を与えています。安易な登山道の付け替えや登山道を大きく外れて道歩く行為が、樹木の根を直接傷めたり、根の周囲を踏みつけることで間接的に傷めるなどして弱らせ、高木の風倒になって、土砂流出を引き起こすかもしれません。あるいは踏み固められた登山道は水の通り道になりやすく、水が流れることで道がえぐれ、こうした登山道の荒廃が土砂流出の起点となっている場合もあります。過去の森林伐採後の処置の悪さや登山者のモラルの低下も、自然林の荒廃を後押ししているのです。自然林の荒廃はニホンジカだけの問題なのではなく、人間自身が引き起こしている問題であることを自覚しなければなりません。

登山者の問題よりも、林業の問題が重要です。戦後の拡大造林時代には大面積皆伐が行われ、伐採跡地に植林が行われていきました。植林が遅れたり、最終的に植林されずに放置された場所もありますが、植林されたとしても、伐採後しばらくは、その林地での植物の生産活動は地表付近で行われることになり、植食性動物にとっては、広大な草地が出現したのと同じことになっています。生産性の高いそのような草地は、ニホンジカなどの植食性動物の格好の餌場となったことでしょう。実際に植林後の苗を食べられる被害がありましたから、餌場として利用していたことと思います。栄養価の高い食糧を得て、個体数を増やしたかもしれません。年々、山の奥へ奥へと皆伐地が広がり、それにともなってニホンジカも皆伐後に広がる草地を求めて、山の奥へ奥へと生息域を拡大してきた、すなわち平地の動物であるニホンジカを人間が奥山へ誘導してきたと考えることもできます。[3] このようにして誘導され、山の奥へ奥へと登ったニホンジカたちがたどり着いた場所は、山の尾根部の自然林であり、ここは国立公園や県立公園などの自然公園に指定されていたり、鳥獣保護区が設定されたりしている場所です。平地を追われ、山尾根にたどり着いたニホンジカたちにとっては、安住の場所なのかもしれません。ただ、こうして得た新しい場所で彼らが食を得る行為は、自然林の下層植生荒廃に一役買ってしまっています。ニホンジカは弱っている自然林を直接加害してダメージを与えているかもしれませんが、彼らにしてみたら人間に誘導されて、追いつめられた結果の仕業です。人の責任をこの点でも自覚しなければならないと思います。

拡大造林後の林地に不成績林地が増加していますが、その背景には山で生活する人が減少し、十分に山の手入れができなくなっていることにあります。もちろん、経済性や3Kと呼ばれる労働性の問題から補助金行政に至るまで様々な原因の結果でしょうが、いずれにしても山で生活し、山にかかわる人が減少しています。経済生産を行うための人工林でこのような状態ですから、自然林を見回ることはほとんどなくなっているのが現状です。奥山で下層植生が消失して次世代が育っていないとか、場所によっては斜面崩落の危険があるとか、そういった事柄は、山で生活し山にかかわる人が減れば当然認知されにくくなり、問題認識が遅れることにもなります。自然保護の法律の網がかかっている場所では、地元住民の利用が少なく、直接利益を生まないために無関心であることが多く、被害が進んで深刻な状態になって初めて問題として表面化する場合があります。今回紹介した事例の大半は、そのような自然保護の法律の網がかかっている場所です。景観や生態系の多様性が評価されて保護の法律の網がかかっているにもかかわらず、一般に認知され関心を持たれないために、優れた景観が失われ、豊かな生態系が単純化して、消失の危機に晒されているのです。

ニホンジカが直接的な加害を行って植生が荒廃している状況がありますが、自然林域に追いやり個体数を増加させるなどして軋轢を生む原因を作ったのは人間に多くの責任がある以上、人間の叡智を傾けて、人間がこの問題に取り組まなければならないと思います。まず被害が発生していることを認識して、その被害はどのように発生するのか、今回は仮説としてお示しした発生メカニズムを、しっかりと検証する必要があります。続いて、被害を防ぐための有効な対策を検討することになります。現状では、被害の認識は遅れ気味で、当然対策も遅れています。二〇〇四年秋の台風で崩れた自然林も見られますから、対策は迅速に行う必要があります。

森林生態系は単に種々の植物が集まってできたものではなく、多様な植物と多様な動物が、それぞれ必要な位置を占め、必要なものを得ながら、お互いに相互作用しながら育まれてきた一つの系（システム）です。特定の動植物が突出して生態系のバランスを欠くようであるならば、元通りの、あるいは本来あるべき姿に生態系のバランスを誘導する行動も、時に必要となります。生態系そのものが動的に変動している中で、本来あるべき姿を見極めることには困難がともないますし、また本来あるべき姿を目標に生態系のバランスを維持すれば良いということが確かになっているわけでもありません。試行錯誤しながら人と自然の関係を見つめ直すことが続くでしょうが、そのような中で、多くの動植物が作り上げてきた一つの「系」を、これからもずっと維持していけるように努力し続けることが求められています。

第六章　シカによる適切な森づくり

日野輝明
古澤仁美
森林総合研究所●伊東宏樹
上田明良
高畑義啓
横浜国立大学●伊藤雅道

1—変わり果てた大台ヶ原の森

ちまたでは古いつくりの家を現代風にアレンジしたり、旧家を改修して田舎に移り住んだりと家のリフォームが空前のブームのようですが、日本各地の森林においてもまた大がかりなリフォームが進行中です。その担い手は、この二十年から三十年の間に飛躍的に個体数を増加させたニホンジカ（以下シカ）です。シカはササなどの草本が大好物で、彼らによってリフォームされた林床はまるで芝がきれいに刈り取られたゴルフ場のようです。また、そのような森林では二メートル以下の枝葉や若木も刈り払われたようにほとんどなく、林内であってもキャッチボールができそうなくらいにかなり遠くまで見通すことができます。これは、シカが口の届く範囲の樹木の枝葉を片端から食べてしまうためです。さらに、シカは高木の樹皮を食べることで、枯死木を次々と作り出して林冠を開放し明るい林に作りかえます。

吉野熊野国立公園の核心部で、国立公園特別保護区に指定されている大台ヶ原もまた例外ではありません。大台ヶ原は標高千三百メートルから千七百メートルに位置し、その名が示すように緩やかな台状地形（隆起準平原）を形成し、周縁部は急な崖となっています。年間の平均降水量が四千ミリを超え、屋久島と並ぶ多雨地である一方で、年平均気温は六℃と北海道内陸部に匹敵する寒冷

図１　大台ヶ原のトウヒ林の30年間の変化
正木峠のようす。：1963年（撮影／菅沼孝之），下：1997年（提供／近畿地方環境事務所）

図２　上：大台ヶ原でミヤコザサを採食するニホンジカの群れ（撮影／大台ヶ原ビジターセンター），下：針広混交林（ブナ - ウラジロモミ - ミヤコザサ群落）の典型的な林相

地でもあります。周辺地域のほとんどがスギ・ヒノキの人工林と落葉広葉樹の二次林に変わっていった中で、国内分布の南限であるトウヒの純林や西日本で最大規模のブナ林などの原生的な自然林が孤立した形で残されています。そのため、生物多様性の高い国内有数の地域なのですが、それも残念ながら過去形でいわざるをえない状況になりつつあるのが現状です。

　図１の二枚の写真は、大台ヶ原のトウヒ林の変化の様子を示しています。今から約四十年前の林内の地表にはコケが一面に生えており、枝や葉も鬱蒼と茂っていたことがわかります。林内は薄暗く、魔物でもひそんでいそうな気配を漂わせています。ところが現在の林床には苔に代わってミヤコザサが繁茂して、トウヒはすっかり枯れてしまい、森だとはとても言えない状態に変わり果てています。このような大台ヶ原にたくさんすみつくようになったのがシカたちです。大台ヶ原を歩いていると群れたシカがササを食べている風景によく出会い、奈良公園にいるのではと錯覚しそうになるくらいです（図２）。シカたちは人間をおそれる様子もなく悠々としており、ときには観光客に餌をねだりに来ることもあるようで

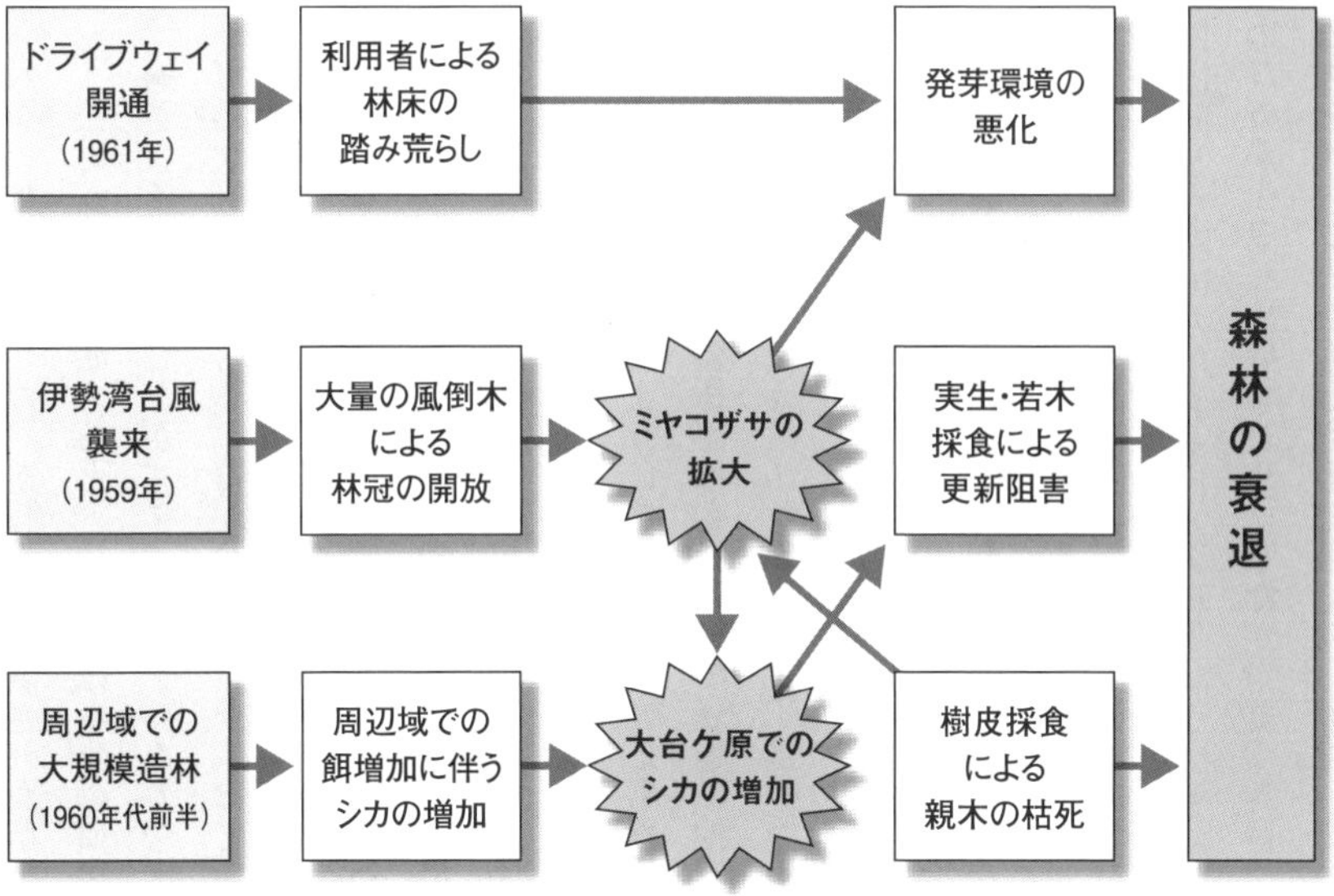

図３　大台ヶ原における森林衰退のメカニズム[13]

す。環境省や名古屋大学による区画法による定期的な個体数調査によると、現在一平方キロあたり二十〜三十頭のシカが生息することがわかっています[15][13]。

2　シカはどうして増えたか

大台ヶ原でのこのようなシカの増加と森林の衰退はどのようにしてもたらされたのでしょうか。環境省によると、それは一九六〇年前後にほぼ時を同じくして起こった三つの出来事、すなわち大型台風の襲来（一九五九年の伊勢湾台風、一九六一年の第二室戸台風）、周辺域で行われたスギ・ヒノキの大規模造林（一九六〇年代前半）、大台ヶ原ドライブウェイの開通（一九六一年）が発端となったと考えられています（図３）[13]。そのストーリーとはこうです。約四十年前の大型台風の相次ぐ襲来によって、大台ヶ原のトウヒ林を中心に多くの樹木が風で倒されました。その結果、林内の地表に光が入り込んで乾燥化が進み、そのような環境を好むミヤコザサがコケに代わって分布を広げるようになりました。一方、大規模造林のために伐採された跡地に草本が繁茂して、それがシカにとって好適な餌環境を生みだし、周辺域でのシカの個体数を増加させせました。造林地に植栽された苗木が成長し人工林が成熟し始めると、周辺域はシカの餌環境として適さなくなりましたが、タイミング良く大台ヶ原ではシカの大好物であるミヤコザサが分布を広げていました。その結果、周辺域で増加したシカが大台ヶ原に侵入するようになり個体数を増加させていったというわけです。しかも、大台ヶ原では禁猟でしたから、シカにとっては天国のようなところだったにちがいありません。さらには、ドライブウェイの開通により年間二十～三十万人もの観光客が訪れるようになり、それにともなって林床への踏圧や植物の盗採が増えて森林の衰退に拍車をかけたことも見逃せません。

環境省によって描かれたこの森林衰退のプロセスは、最も可能性の高いものであるには違いありませんが、必ずしも定量的なデータに基づくものではありません。例えば、大台ヶ原でシカの個体数の定量的調査が初めて行われたのは一九八三年ですが、このときにはすでに現在とほぼ同じ水準の一平方キロあたり一二・〇～三〇・五頭のシカが生息していました。[2] したがって、大台ヶ原やその周辺域にシカがもともとどのくらい生息していてどのように個体数が変化してきたかを示すデータはないのです。しかしながら、シカによるトウヒとウラジロモミの剥皮本数については一九六〇年代からの年次推移の記録があります。それによると剥皮は一九六〇年代から徐々に増加を始め、一九七〇年を境に指数的に増加しており、シカの個体数増加との対応関係を示唆しています。[17] また現在私たちが進めている針葉樹の年輪解析によれば、一九六〇年あたりから樹木の年輪幅が小さくなっており（すなわち肥大成長低下）、分布を拡大したミヤコザサとの水分や養分をめぐる競争の影響が示唆されています。

そうであったとしても、台風による樹木の風倒やそれに続くササの侵入は、昔から繰り返し生じてきたはずです。ササが樹木の更新の阻害要因となったとしても、五十～百年周期で起こるとされる一斉枯死時に更新は可能となったに違いありません。また一九二〇年前後には当時の土地所有者であった製紙会社によってかなりの面積が伐採されていますが、一九六〇年頃までには天然更新によって五メートルほどの高さにまで後継樹が育っていたようです。このように自然林はササによる被圧や伐採を受けても放っておけば再生してくる能力、すなわち可逆性を本来もっているものなのです。つまり現在の大台ヶ原が問題なのは、高密度のシカによる採食が立ち枯れと更新阻害をもたらすことによって、森林再生の可逆性が失われてしまっていることなのです。このような非可逆的変化は、大台ヶ原だけでなく日本各地で報告されてきています。それは、温暖化による冬期積雪量の減少や狩猟者の減少といった、かつてシカの個体数抑制の働きをしていた要因が、その機能を果たさなくなったことも大きいと考えられています。[20]

3　生物間相互作用ネットワークとは

強風が吹くと目に土ぼこりが入る。土ぼこりが目に入ると失明する人が増える。失明する人が増えると三味線弾きが増える。三味線弾きが増えると三味線の胴の皮に使う猫が減る。猫が減るとネズミが増える。ネズミが増えるとかじられて穴のあいた桶が増える。穴のあいた桶が増えると桶屋が儲かる。「風が吹けば桶屋が儲かる」という江戸時代のしゃれた小話です。ある出来事がまわりまわって一見関係のなさそうなところに影響することを表現するときに、現代でもよく使われます。自然界においても人間社会においても、存在する物は一つの系の中であまねく相互に関係し合っているから、このようなことが起こるのです。

森林生態系を構成する生物たちもまた森林の中でひとり生きているわけではなく、多くのさまざまな生物と関わり合いをもちながら生きています。このような生物どうしの関係を「生物間相互作用」といいます。生物間相互作用とは、シカとササとの間の食う食われる関係、ササと樹木の実生との間の光や栄養分をめぐる競争的な関係、寄生バチとタマバエとの間の寄生的な関係などのさまざまな関係をいいます。森林生態系ではさらに、これらの相互作用がつながり合って複雑なネットワークがつくられています（図４）。このネットワークは、例えば「シカが増えるとヒメコバチが増える」といった、先の小話のように順を追って説明されなければ単純には思いつかない関係をもたらすことになります（後述）。このように、生物は生態系の中でそれぞれの役割をもって互いに影響しあいながら生きていますが、そのなかでも特に生態系全体に大きな影響を及ぼす「かなめ」となる生物がいま

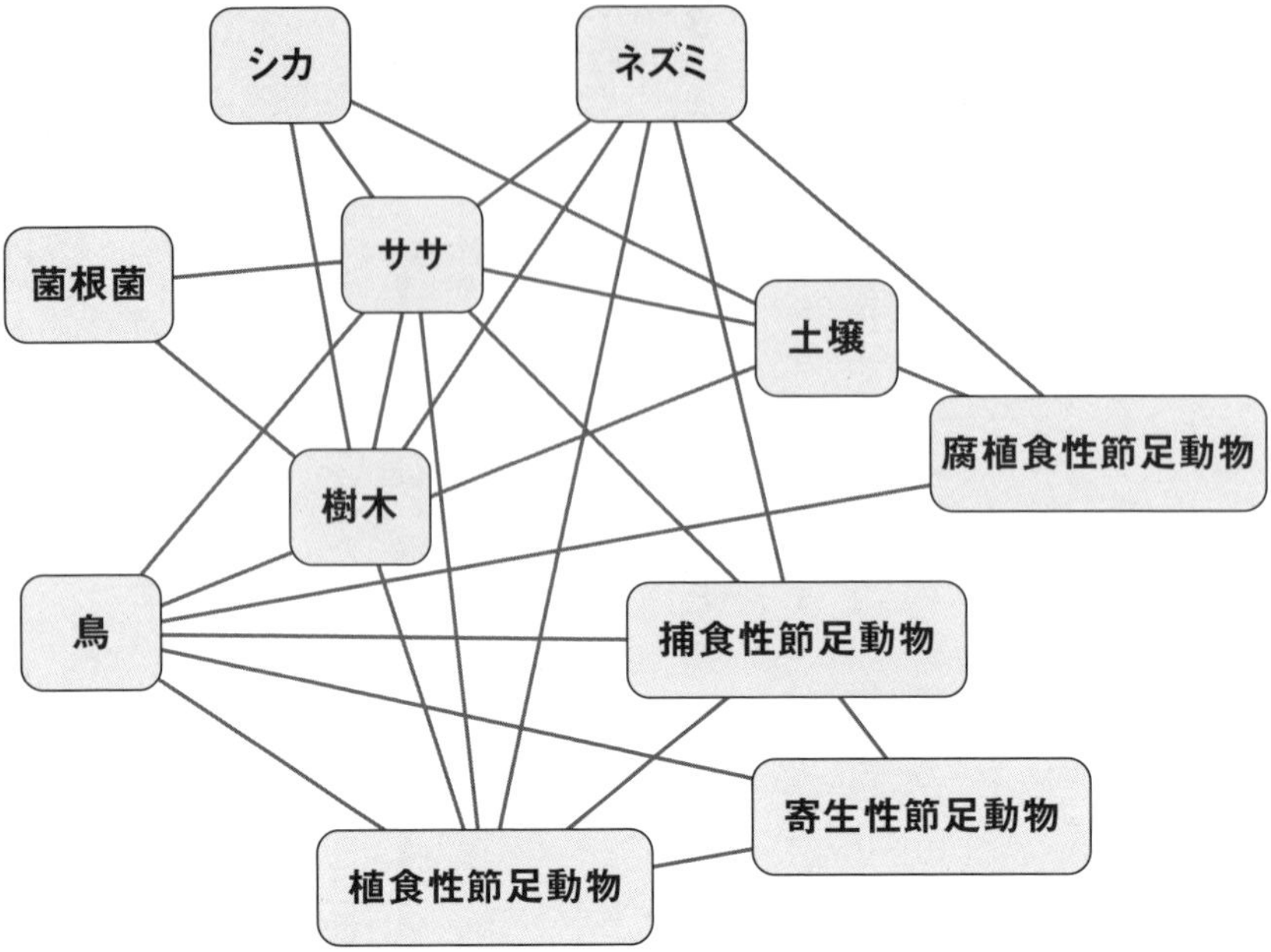

図4　生物間相互作用のネットワーク

す。そのような生物種を「キーストーン種」といいます。大台ヶ原の森林生態系においてその役割を果たしている生物がシカであることは説明するまでもないでしょう。

ところが近年、シカは森林植生に及ぼす悪い影響ばかりが強調され「森林の破壊者」として悪者扱いされる傾向にあります。大台ヶ原に限らず、国内外各地でシカが森林植生や農林業に深刻な被害をもたらしているのは確かです（第2、5、7、8章参照）[16]。しかしながら、シカも生態系の一員であり、本来ならば他の動植物との相互作用を通して森林生態系の多様性とその維持の一役を担ってきたはずです。シカを悪者と一方的に決めつける前に、シカが生態系の中で果たしている役割とはどのようなものかについて、今一度考えてみる必要があるのではないでしょうか。現在大台ヶ原で進められているニホンジカ保護管理や自然再生事業は、そのうえで具体的な計画がたてられるべきでしょう。

そこで森林総合研究所関西支所では、大台ヶ原の主要な植物群落の一つであるブナ－ウラジロモミ－ミヤコザサ群落において、一九九七年に図5のような野外実験区を設置して、以降現在までの九年間、生物間相互作用のモ

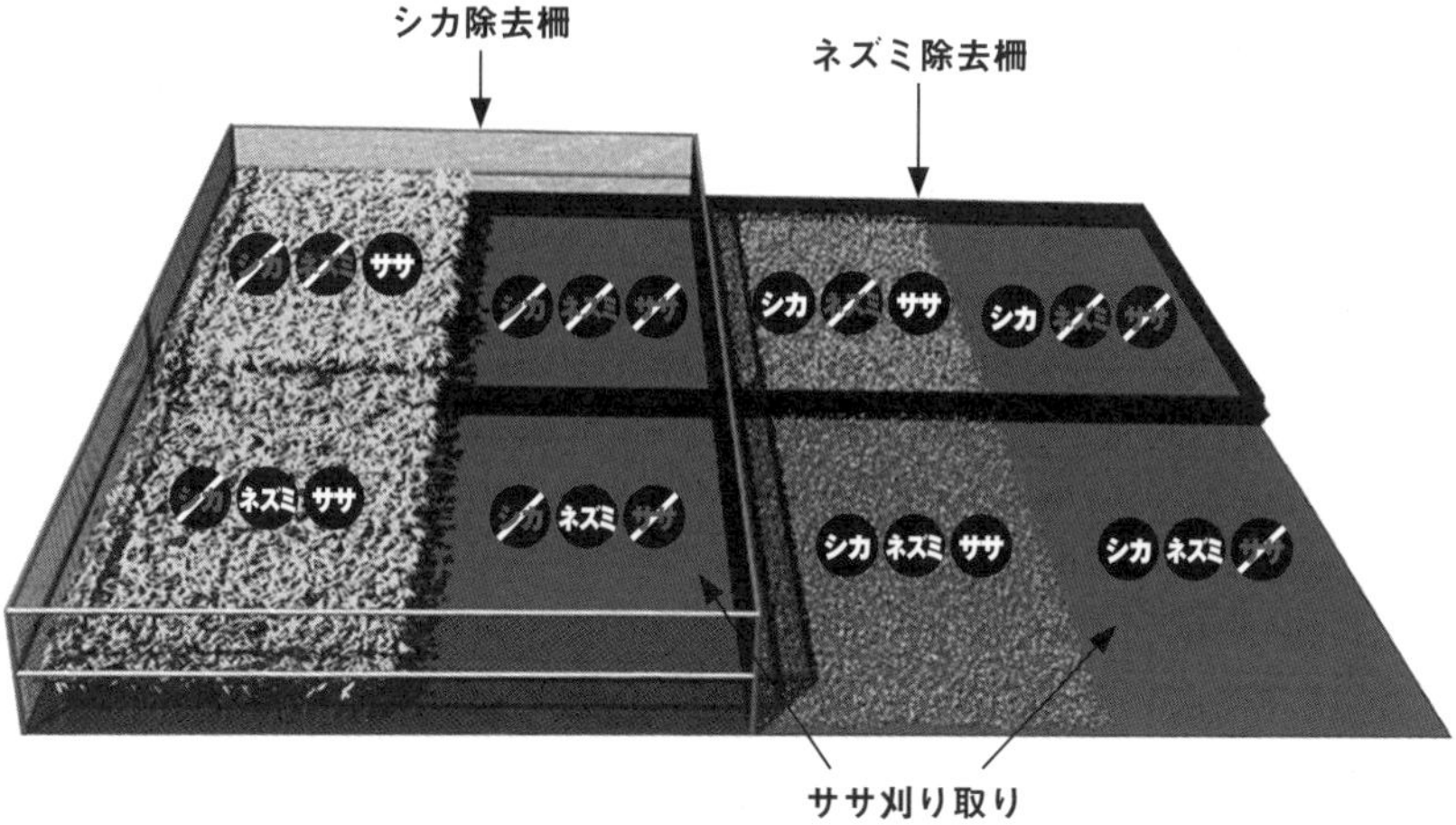

図5　森林総合研究所関西支所が大台ヶ原の針広混交林で調査を進めている野外実験区
1基は20 m×20 m。全体で5基を設置

ニタリング調査を続けています（環境省地球環境保全等試験研究費と文部科学省科学研究費 No.14206019の補助を受けた）。この実験区には、シカに加えて同じく大台ヶ原の森林生態系のキーストーン種と期待される野ネズミ、ミヤコザサの三要因の除去の有無を複合的に組み合わせた八通りの処理区があり、それぞれの区画で林床の植物群落、無脊椎動物群集、土壌などの構造と性質の年変化や季節変化を追跡しています。また、生態系内の窒素動態についての調査や、シカ密度の異なる場所での植生や鳥群集の違いについての比較調査を行っています(7)。

4　シカによる森林リフォーム

1　ササを減らす

この私たちの調査結果に基づいて、シカによるササ、樹木の実生や若木、樹皮への採食がそれぞれ他の動植物にどのような影響をもたらしているかについて見ていきましょう。本稿では、シカの森林生態系における役割を「森林のリフォーム」と位置づけてみようと思います。なお、リフォームは本来「改良」すなわち良い方向への改変を意味しますが、ここではもっと広義に「改変」の意

図6　右：野外実験区（シカ除去、ネズミ除去、ササ放置）内外のミヤコザサの様子，左：シカ除去後の年数にともなうミヤコザサの外部形態の変化

味で使わせていただくことにします。

シカによる森林リフォームの一つ目は、ササを食べることによってササの稈や葉を短くして地上部の現存量を減らすことです。その影響の大きさはシカ除去柵の内側と外側を比較してもらえれば一目瞭然です（図6右）。柵の外側、すなわち現在の大台ヶ原の森林内のミヤコザサは、シカの採食により丈が平均で十センチ弱、葉が六センチ程度に抑えられていますが、柵の内側では四年間で丈が平均で六十センチ、葉が十八センチ程度まで伸び、地上部の現存量は十倍近くにまで回復しました（図6左）[11]。同様の結果は、トウヒ－ミヤコザサ群落でも得られています[23]。ミヤコザサの芽は地中または地表にあって、採食を受けるとその数を増やし稈を増やすことでシカとの共存を可能にしていると考えられます（図7）。野ネズミもタケノコ状の新稈を食べることでササの現存量に有意に影響を及ぼしてはいましたが、その効果はシカの影響に比べたら微々たるものでした。

シカによる林床植生の大改変は、そのような環境に生息する多くの動物を左右します。例えば、大台ヶ原のミヤコザサの稈の節をよくみると、黒くて丸いふくらみを

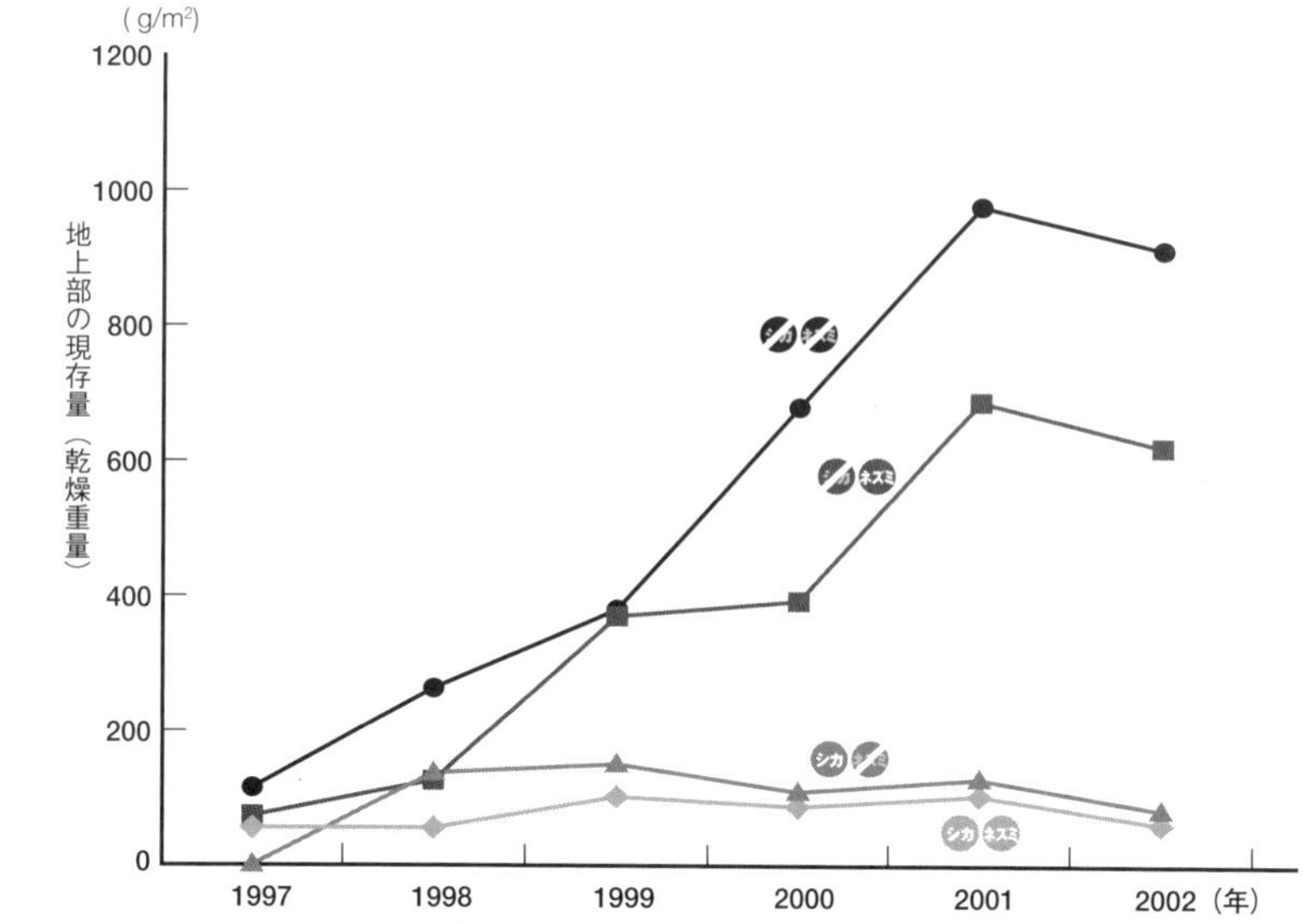

図7　シカとネズミ除去後のミヤコザサの地上部現存量の変化[10]

持つものがあります。これはタマバエ（未記載種）が産卵のためにつくったゴール（虫コブ）なのですが、その数はシカの採食を受けた丈の低い稈で有意に多くなっていました。草食動物の採食を受けた植物では窒素含有量が増える（すなわち栄養価が高くなる）ことが知られており、[3] 孵化した幼虫の栄養のためにそのような稈にゴールが多くつくられるのかもしれません。さらに興味深いことに、シカの摂食はこのタマバエに捕食寄生するハチ二種類（未記載種）にも影響を与えていました。シカの採食の影響で小型化したササにできたゴールには産卵管の短い種類（ヒメコバチ科）が、逆にシカ除去区で大きくなったササにできたゴールには産卵管の長い種類（オナガコバチ科）が寄生していたのです。[21]

　プラスチックのコップを穴を掘って埋めると、地表を徘徊するオサムシ類やクモ類が中に落ちます。それらを同定して数えてみると、ササを刈り取ったところで多くなる種類もいれば、シカ除去によって大きくなったササのある場所で多くなる種類もいましたが、全体的には現在の大台ヶ原のササの状態のところで種類数と個体数が最大になっていました。地表徘徊性の虫は移動能力が低いので、現在の大台ヶ原の林床環境を好む種類が多く捕獲されたのだと考えられます。またミヤコザサの地上部現存量が多すぎると降雨遮断と蒸散作用によって、少なすぎると逆に裸地化による地表面蒸発によって土壌水分が減少するため、ササがほどほどにあった方が土壌環境を湿潤に保つことができます[4]。したがって、そのような環境を地表徘徊性昆虫が何らかの理由で好んでいる可能性もあります。

このように、ササにつくタマバエや地表徘徊性の虫の多くは、シカがいることで数を増やすことができます。その一方でササが密生した林床環境を好む動物たちもいます。その典型はササ薮に営巣し、かつ採食を行うウグイスです。大台ヶ原で現在ウグイスが見られるのは、渓流沿いの急斜面に残された、スズタケというミヤコザサ

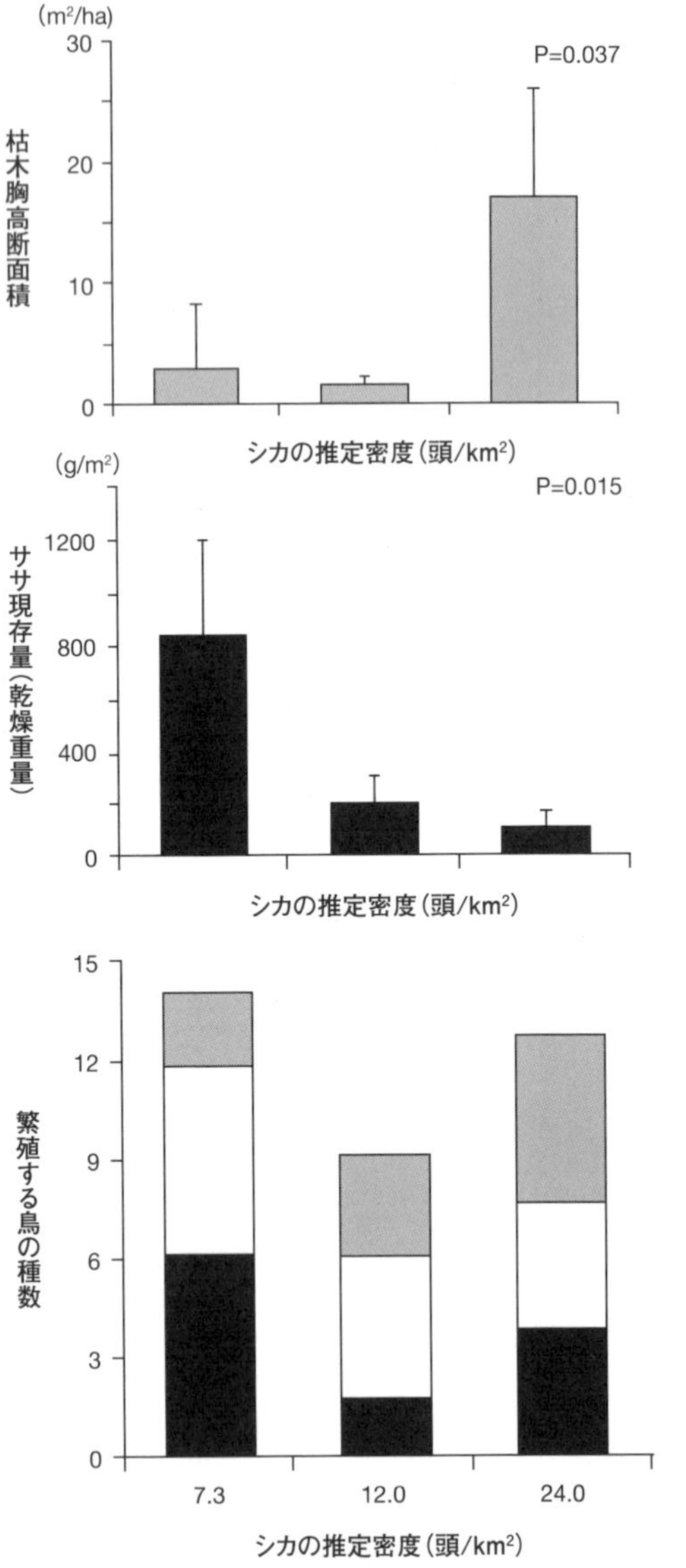

図８　大台ヶ原の森林内のシカ密度の異なる場所における枯死木量（上）、ササ量（中）営巣場所別の鳥の種数（下）の変化[8]

■：樹洞営巣，■：樹冠営巣，■：草本・地上営巣

図９　シカ除去区内のミヤコザサ刈り取り区（左）と放置区（右）における実生調査区（1m × 1m）の様子

とは違う種類のササが密生する場所だけです（図8）[8]。コルリやコマドリもそのような場所を好んで生息する鳥たちです。スズタケはかつて広い範囲に分布していましたが、ミヤコザサと違って芽が稈の上部にあるためシカの採食に対抗できず壊滅状態にあり、これらの鳥たちの美しいさえずりを大台ヶ原で聞くことは年々難しくなってきています。

森林生態系の物質循環に大きな役割を果たしているササラダニ、クマムシ、トビムシといった土壌中に生息する動物たちは、土のサンプルを実験室に持ち帰って顕微鏡でのぞきながら同定するのですが、その種類数や個体数はササ現存量が大きいほど多くなります。ミヤコザサはほぼ一年単位で葉と稈の生産と枯死をくりかえすという生活史をもつため、地上部現存量が大きいほど地表土壌へのリター（落葉落枝）供給量も多くなります[5]。それが土壌動物にとっての資源量や生息空間を増やすのでしょう。

２　後継樹を減らす

シカによる森林リフォームの二つめは、実生や若木を食べることによって後継樹となる低木層のない状態をつ

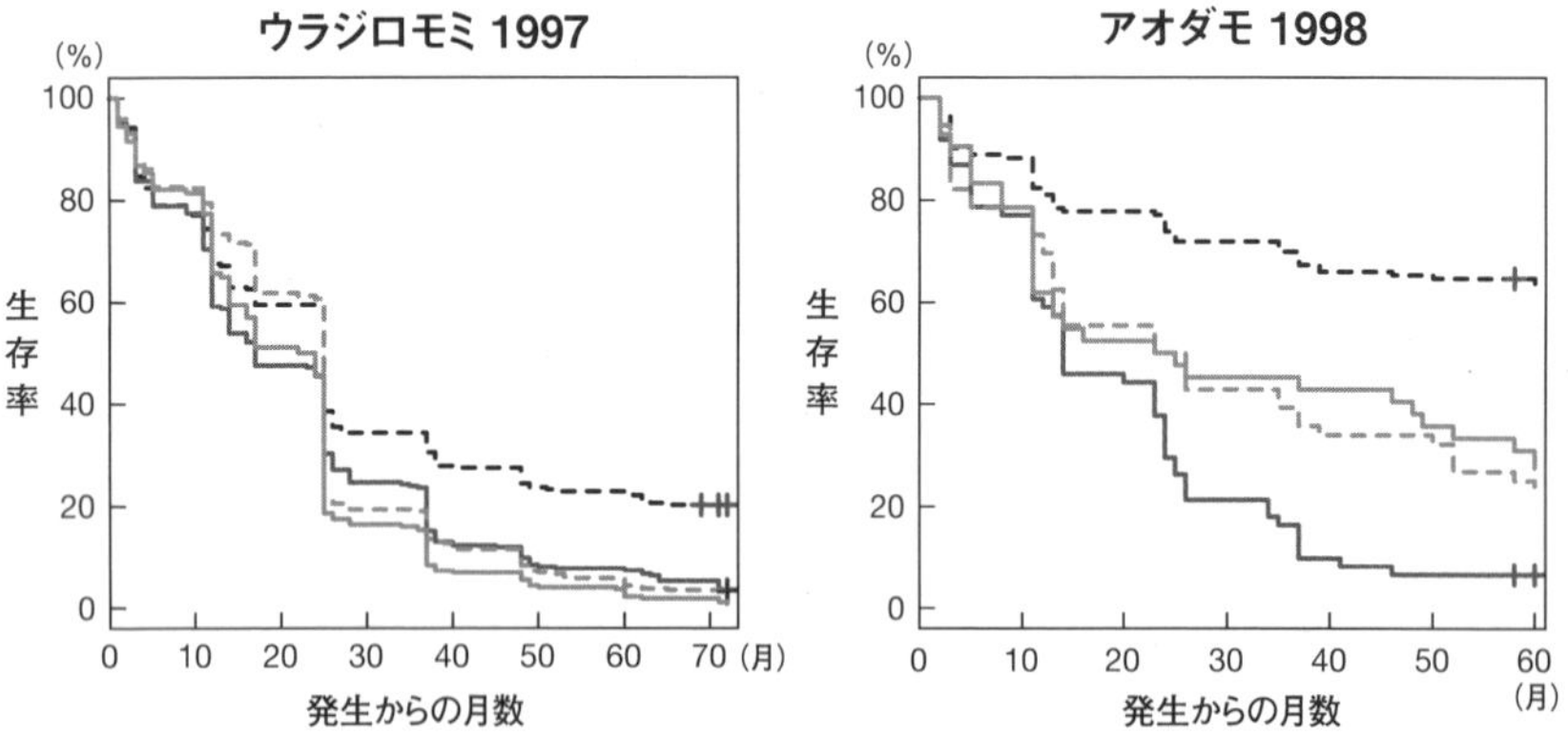

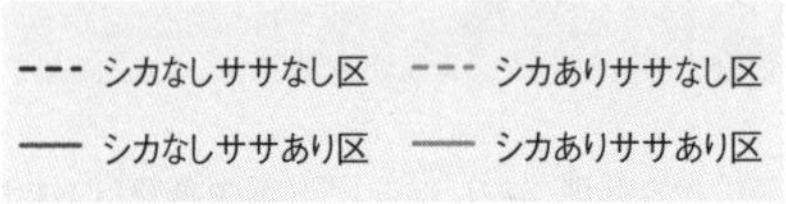

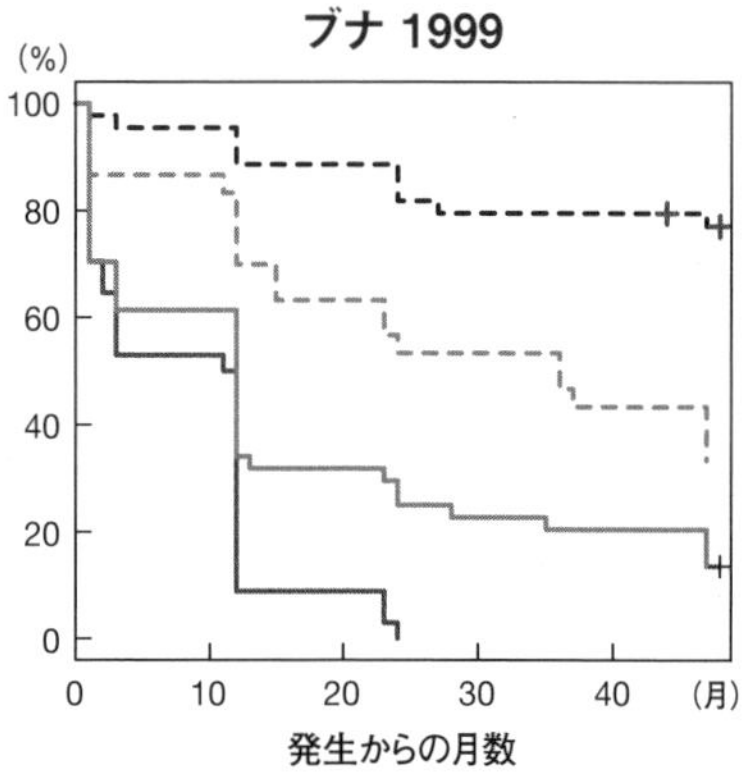

図10　シカとササの処理の組み合わせによるウラジロモミ実生（1997年発生）、アオダモ実生（1998年発生）、ブナ実生（1999年発生）の生存率変化の違い[11]

くり出すことです。鳥にはこのような層で餌を捕ったり巣をつくったりする種類がけっこう多いのですが、シカの多い林にはそのような鳥がまったく生息できません。[8] 図9の二枚の写真は、私たちのシカ除去区内のササを刈り取ったところとそうでないところの実生調査区の様子です。シカもササもなければ、左の写真のように多くの種類の木の実生が生き残り成長します。成長速度の速いコシアブラなどは、五年間で一メートルを超す高さにまでなっています。ところが、シカがいない状態でササをそのままにしておくと、前述したようにササの現存量は一気に回復します。右の写真のようなササ藪の中では、光不足のために実生が生き残れないことは簡単に想像できるでしょう。

それでは、シカとササは樹木の実生

図11　シカの剥皮を受けて枯死したウラジロモミ（左）と枯れ木を好んで営巣や採食を行うアカゲラ（右）

の生存にそれぞれどのようにかかわっているのでしょうか。図10で示した各処理区の生存曲線から、シカもササも実生の生存数を低下させますが、その影響の仕方は樹種によって違うことがわかります。すなわち、ウラジロモミではシカの効果がより大きく、アオダモとブナではミヤコザサの効果がより大きかったのです[11]。これはシカが針葉樹を好むことやササの被陰に対する耐性が広葉樹で弱いことなどで説明できるでしょう。重要なことは、シカとササが両方ある場合にはササ単独の場合よりも広葉樹実生の生き残る確率が高くなったことです。これはシカがササを食べて現存量を減らすことでササによる実生の死亡を軽減したことを意味しています。つまり、実生にとってシカは、直接食べられるマイナスの影響と、ササから受けるマイナスの影響を軽減するプラスの効果の、両方があることになります。ちなみに、ネズミの有無は発芽後の実生の生存にはどの樹種についても影響を与えていませんでしたが、いくつかの樹種で実生の発生数を減少させており種子食の効果が認められました[10]。

3　枯木を増やす

シカによる森林リフォームの三つめは、樹皮を剥いで食べることによって立木を枯らしてしまうことです。シカの剥皮によって実験区周辺では一ヘクタールあたり二十本弱のウラジロモミが毎年枯死し[9]、大台ヶ原東部全体ではトウヒやウラジロモミを中心に五％弱の樹木が毎年枯死しています[13][24]。シカの好みは樹皮の剥ぎやすさによって決まっているようで、広葉樹でもオオイタヤメイゲツやリョウブなどは剥皮を受けやすいのですが、ブナはほとんど剥皮を受けません[18]。なぜシカが樹皮を食べるのかはよくわかっていないのですが、大台ヶ原ではミヤコザサの現存量がピークとなる七月から九月にかけて最も剥皮の頻度が高くなることから、餌不足が原因でないことは明らかです。栄養生理学的な分析から、シカはタンパク質の豊富なミヤコザサを主食とすることによって生じるルーメン胃内の異常発酵を緩和するために、消化の悪い樹皮を食べるらしいことがわかっています[17]。

シカによる剥皮は樹木にとっては大迷惑ですが、繁殖期に枯れ木を好んで巣をつくるキツツキにとっては好都合です（図11）。また剥皮によって衰弱した木の中には、キツツキの大好物であるカミキリムシやキクイムシといった甲虫類の幼虫がすみついています。つまり、シカがいて枯れ木が増えるとキツツキには好適な環境が生み出されることになります。さらに、キツツキによってあけられた穴は、リス、モモンガなどの哺乳類やシジュウカラ、ゴジュウカラなどの鳥たちによって、繁殖やねぐらのための巣穴として二次的に利用されます。実際に調べてみると、シカの多いところでは樹洞を利用する種類の鳥が多く生息していました（図８）。

こうしてみてくると、シカによる森林のリフォームは住人である動植物によって恩恵を受けるものと損害を被るものの両方があり、シカを一概に悪者扱いするのは、間違いであることがわかります。「シカがいなくなれば森林はよみがえるか」と尋ねられれば、答えはノーです。シカも森林生態系の大切な一員であり、シカによる森林のリフォームは昔から行われていたにちがいありません。いま問題なのは、シカが増えすぎたために、彼らの生態系の中での重要な役割であった森林のリフォームが限度を超えて、森林を破壊する結果になってしまっていることなのです。

5　シカの適正密度とは

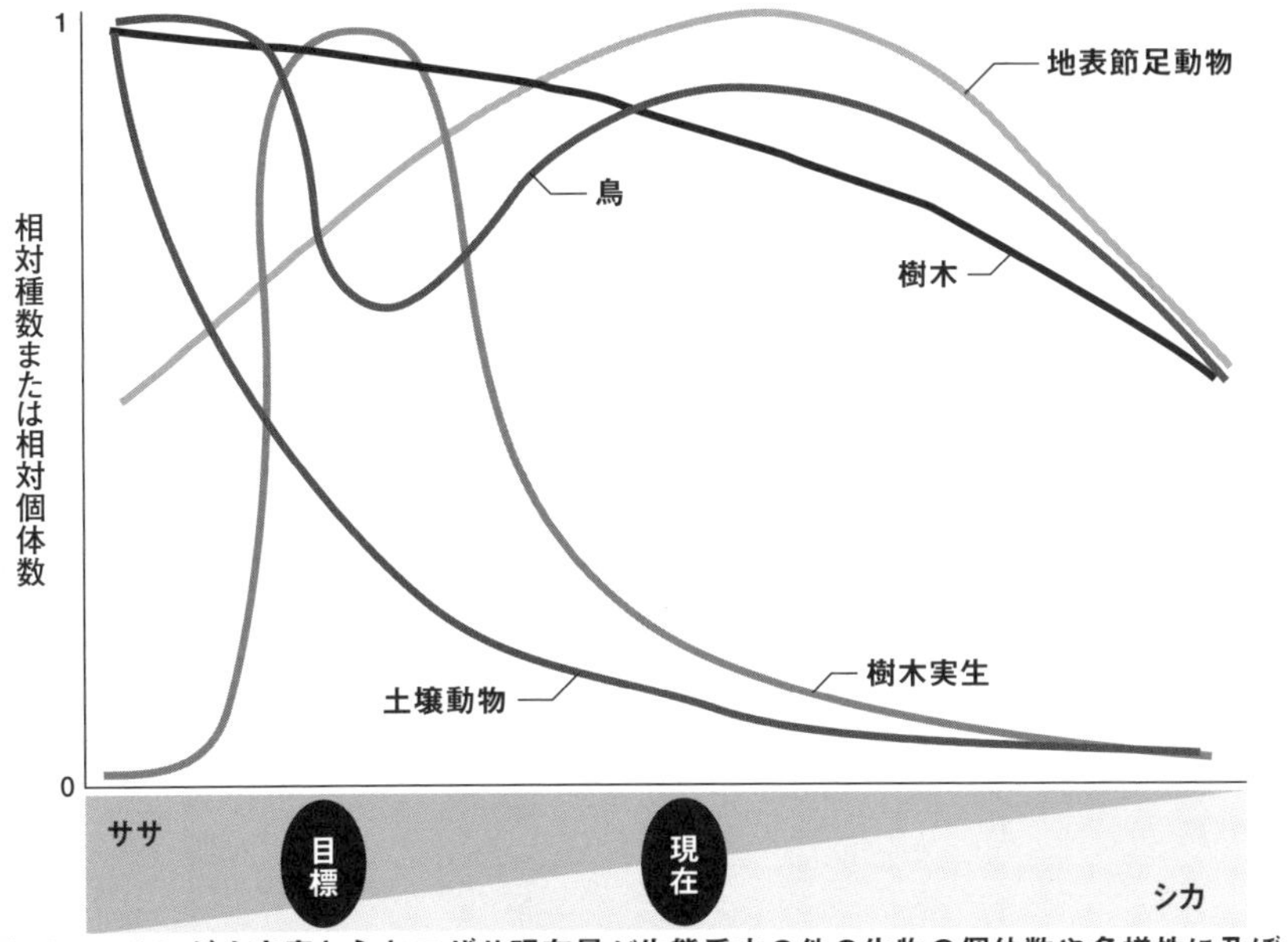

図12　ニホンジカ密度とミヤコザサ現存量が生態系内の他の生物の個体数や多様性に及ぼす影響の模式図（最大値を１とした相対値で表示）

シカを本来の役割である森やその住人にとっても望ましいリフォームの匠として復活させるにはどうしたらよいでしょうか。そのためにまずやるべきことは、多すぎず少なすぎず、生態系を構成するさまざまな生物間の相互作用ネットワークのバランスを崩すことのない適正なシカ密度を知ることです。

図12は、私たちの調査で明らかになった各生物の相対的な個体数や多様性がシカ密度およびササ現存量（両者は負の関係）とどのような関係にあったかを模式的にまとめたものです。要約すると、シカが増えれば枯れ木が増えて樹木の個体数は減ります。今以上にシカが増えてもシカの剥皮を受けない半分くらいの木は残りますが、外観上はもはや森とは言えないにちがいないありません。樹木の実生はシカが多いほど食べられて数を減らしますが、シカが減ると今度はササの影響で数を減らします。現在の大台ヶ原では後継樹がほとんど育っていないことから、実生の生存が最も高くなるのは現在よりもシカ密度が低い状態であることは明らかです。現在の量の二倍程度のササ密度であれば実生の生存への影響は小さいことが調査からわかっています。鳥はシカが多いとき

には樹洞に巣をつくる鳥が増え（枯れ木ばかりになっては困るので限界はあります）、シカが少ないときにはササ藪を利用する鳥が増えます。地表徘徊性の虫はシカとササが現在の状態で最も多様性が高く、土壌動物はササが多いほど多様性が高くなります。

　こうしてみてくると、「あちら立てればこちらたたず」ですべての分類群の生物の多様性や個体数が最大となるようなシカ密度は存在しません。実測値を使って試算すると、シカ密度が現在の三分の一程度であれば、実生の生存率が高く、かつ他の動物たちも最大ではないにしろそれぞれに適度の多様性を持つことがわかりました。後継樹が育ち低木層が形成されれば、そのような場所を利用する動物が新たに森の住人として加わることも期待されるでしょう。

　しかしながら、自然界は生物間相互作用を通して絶えず動的に変化していますので、シカの個体数管理を行うにあたっては、森林生態系全体の将来的な変化を予測しながら行っていく必要があります。そこでコンピュータによるシミュレーションモデルを構築することになるのですが、そのモデルを動かすもとになっているのがシカとササと樹木と土壌の間の窒素循環です。[5] 窒素は生物の体、とくにタンパク質をつくりあげる主要な原材料です。ササや樹木などの植物は栄養分として土壌から窒素を取り込み、枯れた葉っぱや枝を落とすことで土壌に窒素を還元します。シカはこれらのササや樹木を餌として窒素を体内に取り込み、それを糞や尿として土壌に排出し、死亡すれば死体として土壌にかえります。このような窒素循環モデルによって、シカの個体数やササの現存量が変わったときに、生態系全体がどのように変化するかを予想することができるのです。

　モデルは野外での実測値をもとにつくられていますが、いくつかの事項については単純な仮定をおいています。たとえば、モデルではシカの個体数はミヤコザサの現存量を環境収容力（ある環境で個体群が維持可能な最大個体数）として変動すると仮定しています。この十年間シカの個体数もミヤコザサ現存量もほとんど変動なく一定に保たれていること、胃内容や糞の分析からシカの餌の大部分はミヤコザサであることから[22,12]、大台ヶ原のシカの個体数はミヤコザサが毎年生産する葉と稈で支えられており、現在両者の関係は平衡状態にあると考えられ

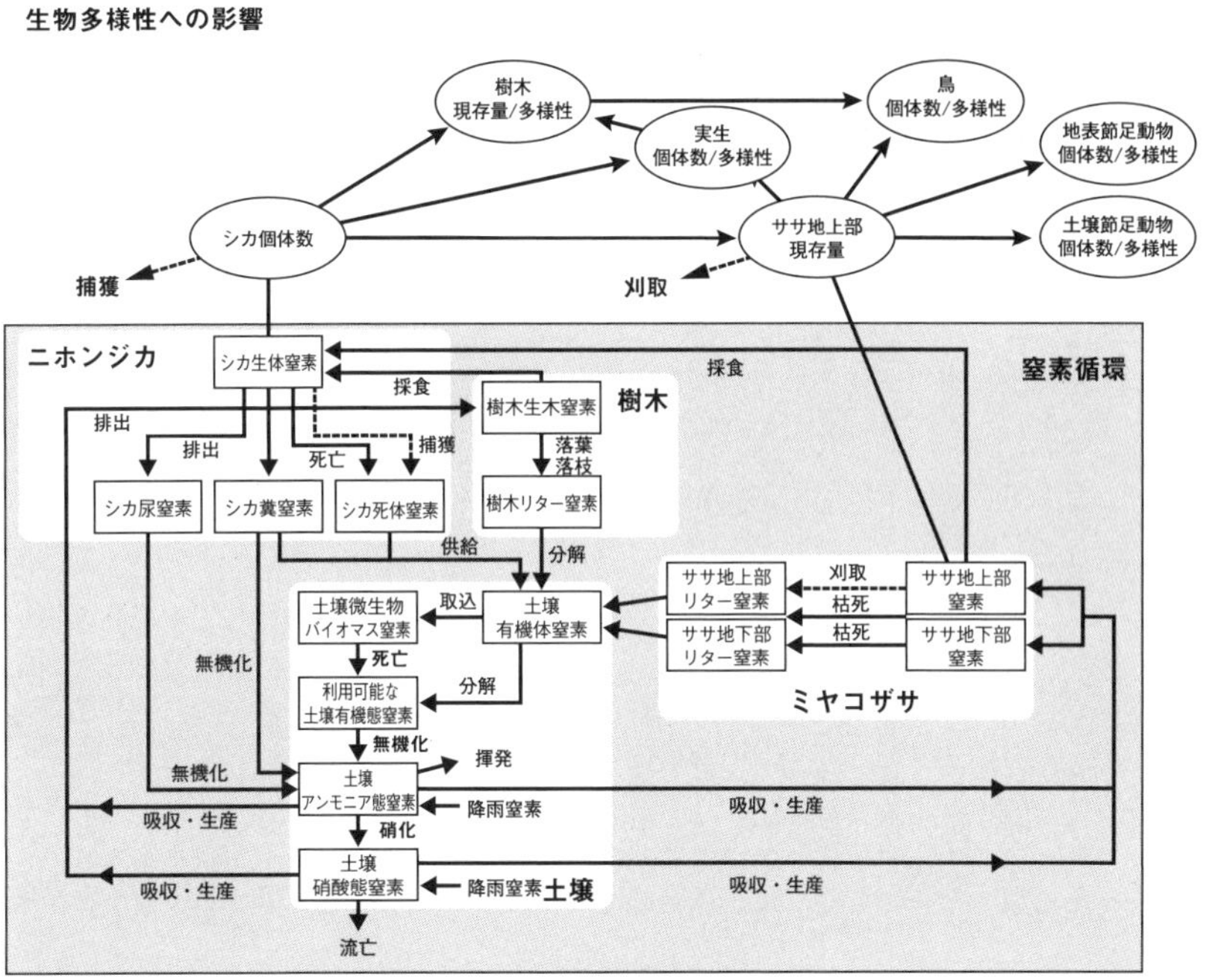

図13　ニホンジカ－ミヤコザサ－土壌の窒素循環動態モデルとシカとササの管理が生態系の生物多様性に及ぼす影響を調べるためのモデルの概略図[7]

るからです。しかし、ササがなくなってもシカは代替餌（例えば落ち葉[19]）を開発することで個体数を維持することが知られています。したがって、現実はそう単純ではありませんが、完全なモデルができたときには森林はなくなっていたというのでは意味がありません。現時点でできる範囲でモデルを組み立てて森林生態系動態についての将来予測を行い、再生のための管理手法を検討し提案していくことは大切です。

6　シカを捕るだけでは森はよみがえらない

シミュレーションモデルに基づく解析結果を紹介しましょう（図13）[7]。まずシカの個体数を減らさずに現状のまま放置するとどうなるでしょうか。現在のシカ密度とその主要な餌資源であるミヤコザサ現存量との間の平衡関係の状態が維持されますので、樹木実生の生存率は改善されず後継樹は育ってきません。それよりも深刻な問題は、今のシカの密度が維持されると樹皮剥ぎによる樹木枯死が一定の割合で進行することです。親木はなくなり若木も育たないので、樹皮がシカに好まれるトウヒやウラジロモミ等の樹木が二十年足らずで消失してしまうことになります。樹冠を構成する半分以上の樹木が失われれば、大台ヶ原の森林はもはや森林とはいえなくなるでしょう。樹皮がシカに好まれないブナ林は残るかもしれませんが、後継樹が育たなければ、それもいずれ消失することになるでしょう。つまり、今のまま放置されれば大台ヶ原がササ原になってしまうのは時間の問題なのです。

したがって、大台ヶ原の森林をよみがえらせるためにまずやるべきことは、いうまでもなくシカの個体数を減らすことです。すでに述べましたように、森林再生が可能でかつ動植物の多様性が最も高くなるシカ密度は現在の三分の一程度であろうと推定されます。二〇〇一年に策定された環境省による大台ヶ原シカ保護管理計画では、現在一平方キロあたり二十〜三十頭と推定されているシカを半分から三分の一の一平方キロあたり十頭まで減らすことを当面の目標にしています[13]。最初の目標頭数を多めに設定するのは悪いことではないので、とりあえず現在の密度を半分にする場合を考えてみましょう。

密度がいったん半分になっても、シカは毎年十％ほど自然増殖しますので、そのレベルを維持するためには毎年増加分をとり続ける必要があります（図14ａ）。シカの密度を半分に減らすことで、樹木の枯死速度が弱まり、ピークに達するまでの期間を放置した場合の三倍以上に延ばすことが可能になります。この五十年あまりの間に後継樹が育って森林が再生してくれれば、この管理手法は成功ということになります。しかしながら、実際にはそうなりません。なぜならば、シカの数が減ると現在のシカ―ササ間の平衡関係が崩れて、現存量の抑えられているミヤコザサが急激に回復してしまい、実生のほとんどが生き残れない状態になってしまうからです。つまり、シカを捕るだけでは森林はよみがえってはこないのです。

ここでもう一つ興味深い予想結果を示しましょう。一番目の管理手法は半分まで減らしたあとも自然増加分をとり続けるというものでしたが、もし捕り続けるのを止めてしまったらどうなるでしょうか。ササはシカの個体数が減ると急速に回復し始めます。いったん個体数の減ったシカは餌が増えますので、ササの回復に伴って個体数を増加させるようになります。シカ密度がササの現

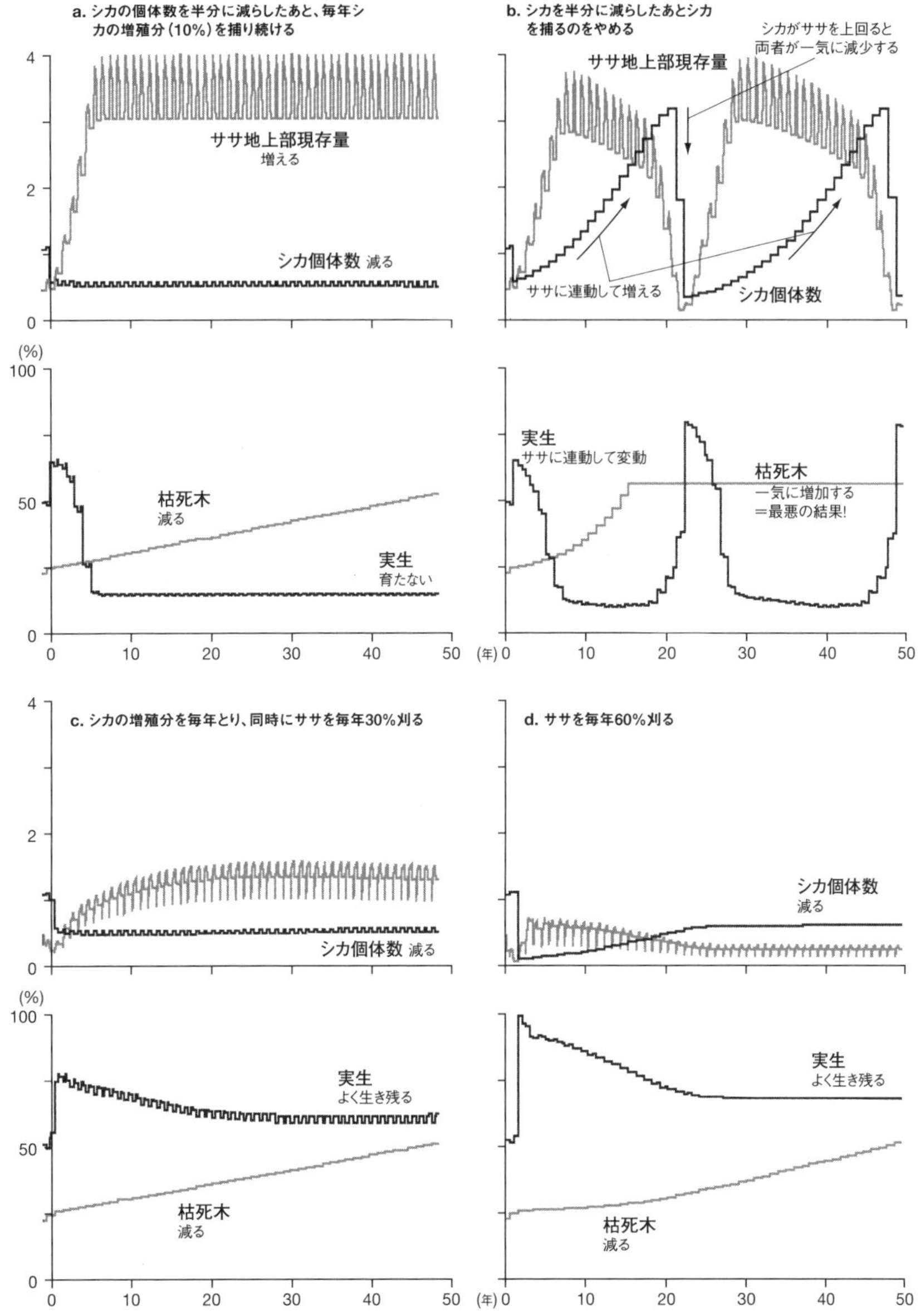

図 14　ニホンジカ個体数調整とミヤコザサ現存量刈り取りが、ニホンジカ個体数（現在密度を 1 とした相対値）、ミヤコザサ現存量（× 1000 kg/ha），胸高断面積合計に対する枯死木の割合（%），樹木実生の年平均生存率（% / 年）に及ぼす影響についてのモデルのシミュレーション結果[6]

存量の限界に達するほどに高密度になるとササは激減し、シカも後を追って個体数を激減させるといったサイクル変動を始めることが予想されます（図14ｂ）。これでは、シカの個体数はピーク時に現在の三倍にまで増加することになるため、枯死木はあっという間にピークに達し最悪の結果になってしまいます。すなわち、シカの個体数調整をはじめたら途中で止めてはいけないことを意味しており、シカの個体数管理を考えていくうえで重要な指針となるでしょう。

シカを捕るとササが回復して後継樹が育たなくなるのであれば、人為的にササを刈ってあげたらどうなるでしょうか。シカの自然増殖分を毎年十％捕ると同時にササを毎年三十％ずつ刈り取るとすると、シカの個体数を半分にすることができて樹木の枯死速度が弱まります（図14ｃ）。ササの現存量は現在の二倍程度増えることになりますが、この程度であれば前述したように実生の生存への影響は小さいことから、森林再生の可能性が高くなることが予想されます。シカの個体数がモデルの仮定どおりにササの現存量のみで決められていれば、シカを捕らなくてもササを毎年六十％刈り取るだけでシカの個体数を半分に減らすことができるため、この場合も森林再生を期待することができます（図14ｄ）。

前述しましたように、現実はそう単純ではないでしょう。モデルをより現実的なものに改良していくことももちろん大切ですが、それ以上に重要なのは、実施した管理手法がシカの個体数や森林生態系にもたらす影響を継続的にモニタリングし、その結果を踏まえて絶えず計画を見直していくことです。例えば、三番目の方法で毎年シカを十％捕りササを三十％刈り続けても後継樹が育ってこなければ、シカの捕獲数あるいはササの刈り取り量を増やせばよいのです。

7― 大台ヶ原の森の再生のために

増えすぎたシカによって変わり果てた大台ヶ原の森をよみがえらせるために私たちがやるべきことは、「生物間のつながりを保ち、より多くの住人が居住可能なバランスのとれた森づくり」です。専門的な言葉でいいかえるならば「生物間相互作用に基づく森林生態系管理」となります。そのために私たちは森林生態系を構成する生物間の相互作用ネットワークを調べ、それに基づいてシミュレーションモデルを構築し、それを用いた動態予測によって生態系の管理手法について解析しました。その結果、何よりもまず行うべきは、本来の役割である「森のリフォーム」を健全に行わせることのできるレベルにまでシカの密度を下げることです。そうすれば、樹木枯死の速度を弱めることができ森林再生の可能性は大いに高まります。ところが実際には、シカの個体数が減ることによってミヤコザサが急速に現存量を回復させるために天然更新が進まず森林再生は期待できないと予想されました。

　そこで私たちが提案するのは、シカを捕ると同時にミヤコザサの刈り取りを行うことです。自然界とは良くできたもので、ササという植物は五十年から百年の間に一斉に死んでしまい、そこからまた新しい世代が生まれることが知られています。樹木もまたシカの個体数が適正レベルにさえあれば、ササが枯れている間に次の世代を担う後継樹が育つことになります。したがって、シカの個体数管理だけを実施して、ササについては自然にまかせるというのも一つの方法です。しかし、大台ヶ原の森をここまで衰退させてしまった責任は人間にあるのですから、森林が自らの力で再生可能になるまで、すなわち、後継樹がササの高さを超え、さらには枝葉がシカの口の届く範囲を超えるまでは、再生のお手伝いをしてあげる義務が人間にもあるのではないでしょうか。

　幸いにも、環境省による大台ヶ原自然再生事業が進められています。二〇〇五年に策定された計画書では、防シカ柵の設置やシカの個体数調整に加えて、ミヤコザサの刈り取りや地掻きが再生手法のオプションとして検討されることになっています(14)。

　もちろん、私たちがモデルで提案した内容を、そのまま大台ヶ原全域の森林再生に適用していくことはできません。私たちの調査はブナ―ウラジロモミ―ミヤコザサ群落で行いましたが、大台ヶ原全体は樹種（トウヒ等）や林床（スズタケやコケ）の異なるいくつかの植生群落から構成されています。このような森林では、ニホンジカが及ぼす動植物や立地環境へ影響の大きさが群落によって違うことが予想されます。そのため、自然再生には、群落ごとの特性を活かした個別の生態系管理に加えて、全群落の配置と組み合わせを考慮した広域的かつ総合的な森林生態系管理が必要となります。また私たちのモデルでは、毎年一定量刈り取りつづけるという方法でササの管理を行う設定になっていますが、労力やコストの問題を考えると現実的ではありません。

しかしながら、解析結果に基づいて応用できそうな提案をすることはできます。まずササの管理については、刈り取り量に相当する面積の区域においてミヤコザサを根絶していく方法をとるのが現実的でしょう。区域は、かつてササが生育していなかった場所から選定するようにすべきです。そのうえで、現地で採取した種子から苗木を育て、ササの最大高（約一メートル）を超えたものから、ササを残す区域に植栽していくことを考えていく必要があります。防シカ柵は、森林が再生能力を取りもどし、それを阻害しない程度にまでシカの個体数を減じることができたあかつきには取り外されるべきです。ただし、そのあともシカの自然増加分は毎年とり続けていかなければなりません。

これから何十年か先、図2の下の写真が過去の大台ヶ原の森の様子として、上に似た写真が現在の大台ヶ原の森の様子として並べることのできる日が来ることを祈りたいと思います。

第七章　春日山原始林とニホンジカ　未来に地域固有の自然生態系を残すことができるか

奈良佐保短期大学生態学研究室●前迫ゆり

1―春日山原始林の歴史性と植生景観

日本の暖温帯にはイチイガシ、ツクバネガシ、アカガシなどのカシ類、コジイ、スダジイなどのシイ類、タブノキといった常緑広葉樹が優占する照葉樹林が成立しています。日本以外の照葉樹林は、ヒマラヤ山麓から中国南部、台湾を経て朝鮮半島南端に至る範囲に分布していますので、日本は照葉樹林の分布北限に相当します。

日本の照葉樹林域は、古来より人の活動域と重なっていたために、消失の一途をたどり、現在はわずかに残されているにすぎません。わずかに残った部分も小面積の断片となり、他の断片と距離的に離れてしまう「孤立化」という現象が著しいものになっています。とくに近畿地方中心部の照葉樹林は壊滅的です。そうした中で、都市域に隣接する春日山原始林（北緯三十四度四十一分、東経百三十五度五十一分、特別天然記念物指定域面積二百九十八・六三ヘクタール）の照葉樹林は、暖温帯域の自然生態系として世界的にも極めて貴重な存在です。しかし近年、高密度化したニホンジカの局所個体群と照葉樹林との間に葛藤が生じ、この世界に誇るべき自然遺産である地域の自然生態系が未来に継承されるかどうかが、おおいに危惧されるところです[15][31]。

春日山原始林は八四一年（平安時代）に狩猟や伐採を禁止されて以来、春日大社（創立七六八年、奈良時代）の神域とされ、長い間人為的影響をあまり受けることなく、保護されてきました。ただ、興福寺の記録には春日山における献木や秀吉時代のスギ補植の記録が残されていますので、完全な原生林というよりは部分的に人の手を加えながら維持されてきた森林といえます。

最近、春日山原始林を含む四百ヘクタールで巨樹の現状調査が行われ、[4] 胸高直径一メートル以上の樹木が二十八種、千四百九十八本確認されました。多い順に紹介しますと、スギ九百二本、モミ二百十四本、ウラジロガシ八十七本、コジイ七十五本、ツクバネガシ四十八本、イチイガシ四本、アカガシ四十一本、ツガ二十八本、ヤマザクラ八本、イヌシデ六本です。照葉樹林にもかかわらず針葉樹の本数比率が七六・八％と非常に高く、なかでもスギが全体の六〇・二％を占めるという結果は、秀吉時代の植林を裏付けているといえるでしょう。本数比率からは常緑広葉樹は二〇・九％、落葉広葉樹は二・三％で針葉樹に比べて低い値ですが、胸高直径一メートル以上のカシ・シイ類が三百一本も確認されたことは、春日山原始林が育まれてきた時間の長さと貴重性を十分に認識させるものだと思います。

一八八〇年（明治時代）に春日山原始林は春日大社、東大寺および興福寺などとともに奈良公園に編入され、その後、原生的状態を維持する貴重な照葉樹林として一九二四年に天然記念物、一九五六年に特別天然記念物に指定されました。さらに一九九八年には、春日大社をはじめとする文化遺産と一体となって文化的景観を形成することから、ユネスコ世界文化遺産に登録されました。これらは、春日山原始林が、世界的レベルで学術的また文化的に極めて貴重な存在であることを示すものです。

奈良公園に編入された明治以降、春日山原始林は春日大社ではなく、奈良県によって管理されるようになりました。しかし春日大社の方にお話をうかがったところ、春日山原始林内にいまなお春日大社の末社が奉られていることもあり、神域としての意識をもって、信者のみなさんと春日山に入山されているということでした。そうした人々の春日山原始林に対する意識もまた、この森林《もり》を保全するうえで重要なものであり、この森林が現在に至るまで残ってきた所以であるといえます。

さて奈良市街地から東に春日山原始林を望むと、若草山の「シバ・ススキ草地」と春日山原始林の「照葉樹林」というまったく異質な植生が同時に目にとびこんできます（図1）。この両者の植生は対比的でありながら、その周辺域の里山的景観、春日大社、東大寺そして興福寺などの世界文化遺産を含む奈良公園の緑地とともに、都市と自然景観とが調和した地域固有の植生景観を創出する要となっています。[18]

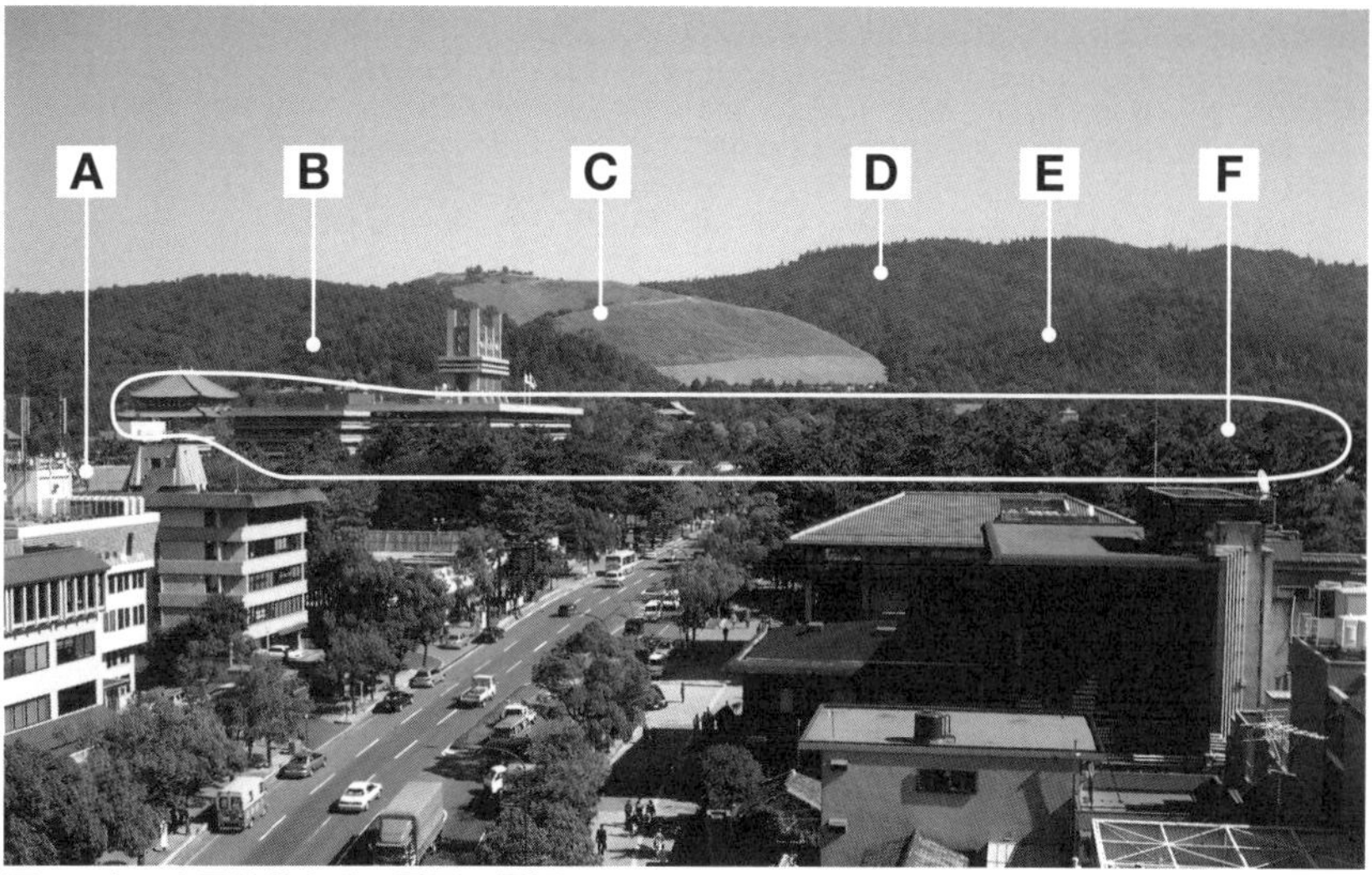

図１　春日山原始林とその周辺の景観
A. 都市，B. 二次林（アカマツ―コナラ林）、C. 若草山（シバ・ススキ草地）、D. 春日山原始林（照葉樹林）、E. 御蓋山（ナギ林）、F. 奈良公園（白い楕円域：春日大社，東大寺，興福寺といった世界文化遺産を包括する緑地）。都市と自然と社寺などの文化的要素が見に調和する。（2003 年 10 月 29 日撮影）

さらに春日山原始林が地域の中核的要素であることの意義は、景観のみではなく、生物多様性を支える生態系として機能していることにこそあります。しかし春日山原始林に成立する照葉樹林は、特別天然記念物指定域の約三百ヘクタールを下回る面積しかなく、周辺はスギ・ヒノキ林、アカマツ・コナラ二次林、宅地などに囲まれています（第五回自然基礎調査 五万分の一植生図 生物多様性情報システム http://biodic.go.jp を参照）。したがって春日山原始林はまさに「孤立林」としての弱点を抱えながら維持されている森林であり、決して十分な面積を保持している照葉樹林とはいえません。

2　「奈良のシカ」の歴史的背景

奈良公園を訪れた人々に対して「奈良」をイメージさせるものを尋ねたところ、シカと答えた人は七六％（第一位）にのぼるというアンケート調査結果があります。[27] 次いで大仏、東大寺（回答率三〇％以下）と続きますが、「シカ」の優位は群を抜いており、まさに奈良のシンボルです。

ニホンジカの環境利用は、時間や地域によって異なります。アジア地域のニホンジカ（以下、シカ）は森林や低木林を好みますが、狩猟圧の低い日本では一日の大半を開けた草地や疎林で採餌に費やし、休息の場として林縁部や低木林を使用しています。[2] 奈良公園の「奈良のシカ」も、やはり奈良公園の木がまばらな疎林、若草山や飛火野のシバ草地で採餌活動をしています。シカが人に食べ物を要求するときに頭を下げる行動は有名ですが、シバを主要な餌とする一方で、人から餌を獲得している点は「奈良のシカ」の特徴の一つです。

さて「奈良のシカ」は七六八年（神護景雲二年）、春日大社の古文書に「鹿島明神は白鹿にまたがって春日山に入山された」と記載されていたことから、神鹿とされていました。その後、「奈良公園の風景の中にとけこんで、わが国では数少ないすぐれた動物景観をうみだす」存在として、[3] 奈良公園一帯のニホンジカは「奈良のシカ」として、一九五七年に国の天然記念物に指定されました。これを機に、従来、シカを管理してきた「神鹿保護会」は「奈良の鹿愛護会」と改称され、以降、シカは「神鹿」という扱いは特別にはされていません。

そもそも「奈良のシカ」はいつ頃から奈良公園一帯に生息していたのでしょうか。万葉集に「春日野に粟蒔けりせば鹿待ちに継ぎて行かましを社し怨めし」と詠われていることから、奈良時代にはすでにシカが春日野に生息していて、狩猟の対象だったと推測されています。

江戸時代より賑わった奈良町には今も鹿避けの木戸が残り、奈良の人とシカとの古いつきあいをうかがい知ることができます。しかし「奈良のシカ」は神鹿や保護獣として常に保護されてきたわけではなく、さまざまな扱いを受けてきました。[13][33]

一六七一年（寛文一一年、江戸時代）にシカの角伐りが始まった大きなきっかけは、人への危害を避けることにありましたが、春日大社と興福寺の神鹿でもあるシカを、農作物被害のために訴えることはあり得なかったようです。

その後、一八七二年（明治五年）に春日山で鹿狩りを行ったのは象徴的なできごとであり、これを機に農民が鹿害を訴えるようになりました。明治期の「神鹿視」からの開放は、人とシカがどのような関係を築くのか、あるいはなぜシカを保護するのかについて、新たな視点からの論理構成と合意形成を行う契機となったはずであると指摘されています。[13]

特にシカによる農業被害農家と行政との関係には、まだ多くの課題が残されています。農林被害という現実的な経済的影響は、鹿害訴訟(一九七九年)に発展し、裁判上での和解(一九八五年)に至っています。しかしシカと農家との間には深刻な歴史を抱えていることから、現在でも「農家とシカの共存」が実現したわけではなく、保護獣と農業被害への対応は続いています。[33]

3 奈良公園におけるシカの個体数と食性

森林群集と高密度化したシカの問題は、北海道洞爺湖中島、宮城県金華山島、栃木県日光、奈良県大台ケ原山・大峯山系、長崎県野崎島など日本各地から報告されています。

春日大社境内や興福寺界隈など、春日山原始林を除く奈良公園の平坦部で生息するシカは、戦前は九百頭でしたが、戦後(一九四五年)には七十九頭にまで激減してしまいました。奈良の鹿愛護会を中心とする保護によって徐々に回復し、一九六〇年代後半から一九八〇年代前半の約二十五年間にわたって九百~千頭で維持されてきました。しかし、一九八九年以降漸増して、近年千百~千三百頭の間で推移しています(奈良の鹿愛護会 二〇〇三年配付資料にもとづく)。

現在の千頭を上回るシカの個体数は、奈良公園一帯のシバ草地から算出された適正個体数をはるかに超えているとされます。[1] 奈良公園のシカはシバだけでなく、観光客からのシカ煎餅も重要な餌資源と考えられますが、奈良公園一帯のシカの密度(夏期一平方キロあたり九六一・一頭、秋期一平方キロあたり九〇七・七頭[29])は、シカの影響が著しい長崎県野崎島(草地一平方キロあたり二十三頭、森林一平方キロあたり十二頭)や宮城県金華山島(一平方キロあたり四十頭から一平方キロあたり百~百五十頭)と比べても、適正個体数をはるかに超えているといわざるをえません。

では、奈良公園一帯に生息するシカの高い個体密度は、何を餌資源として支えられているのでしょうか。シカの適正個体数と餌資源との間には密接な関係があります。春日山原始林を除く平坦部とその周辺で捕獲したシカ(四十四頭)を対象に胃内容分析が行われた結果(図2)によると、シカはシバやササを含むグラミノイド(イネ

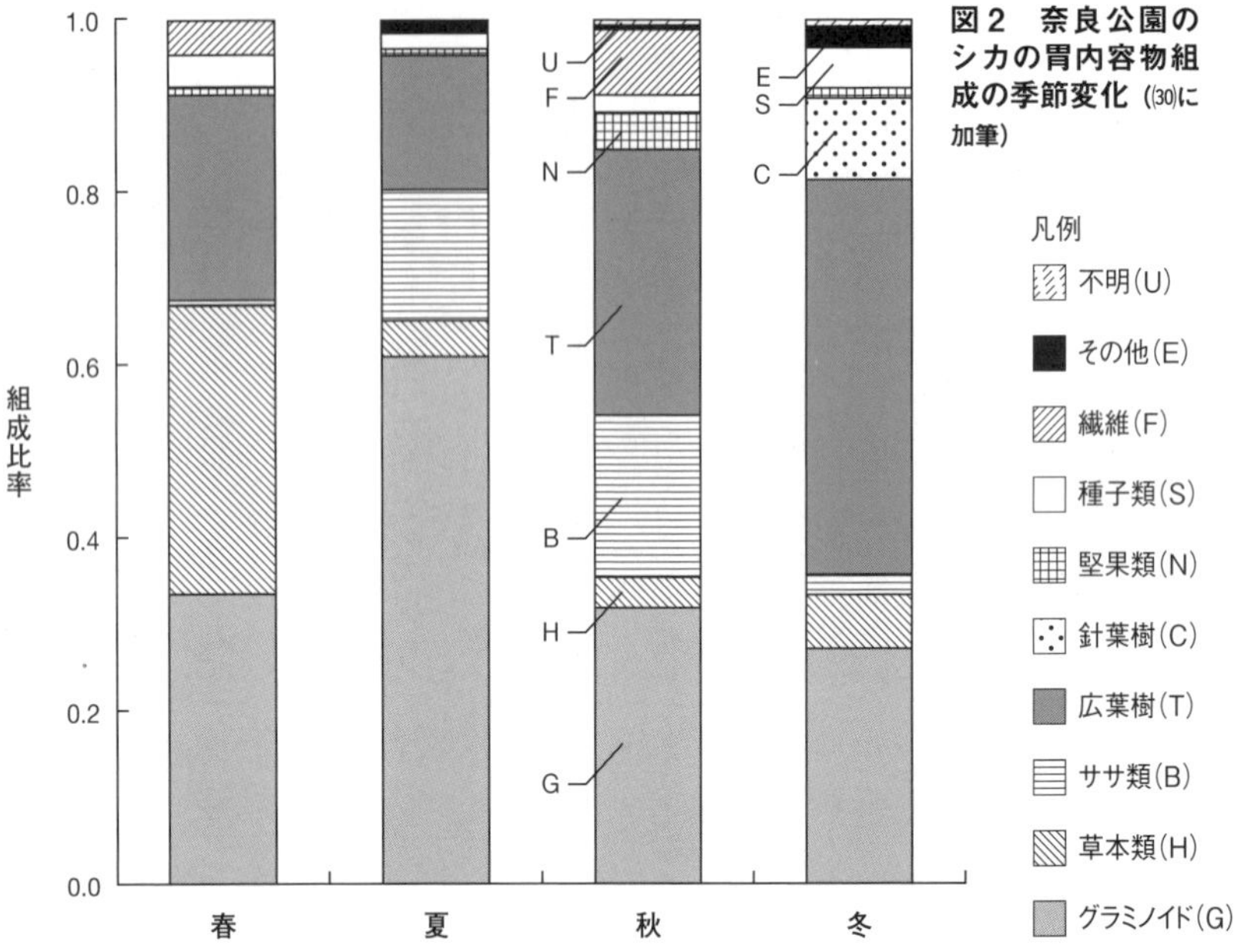

図2　奈良公園のシカの胃内容物組成の季節変化（(30)に加筆）

科やカヤツリグサ科などの禾本《かほん》類）と広葉樹を主要な餌としていて、暖温帯に位置する他の地域と同様の傾向でした。一方、枝や樹皮など葉以外の部分の摂食量あるいはササの摂食量が少ないこと、人から給餌された食物の比率が高いことは、他のシカ高密度地域と異なり、奈良公園におけるシカの食性の大きな特徴でした[30]。奈良公園ではグラミノイドのほとんどはシバと考えられますが、シバ草地自体の生産量だけでは説明できないほどのシカ個体数は、胃内容物分析の結果から、多様な植物メニューと人からの給餌によるものであることが明らかにされました。ただ調査対象のシカは奈良市域に出没したものであり、春日山原始林でシカがどのような食性を示すかはまだ明らかにされていません。

　奈良公園一帯のシカの保護・管理を行っている奈良の鹿愛護会によると、人が与えたパンや生米を食べすぎたシカが死亡するケースもあり、人がシカ煎餅以外のものを給餌しないよう呼びかけています。シカは奈良公園にとって観光資源や保護獣（天然記念物）といった側面ももちますが、このような高い個体密度やそれを支える人による給餌とを考え合わせると、本来野生動物であるシカと人とのつきあい方を本格的に再検討する時期になっているように思います。

4—シカが樹木に与える影響

では、増加したシカは春日山原生林の照葉樹林にどのような影響を与えているのでしょうか。シカによる樹木への直接的影響として、採食、角研ぎ、樹皮剥ぎがあげられます[23]。シカによる樹木や草本植物への採食や樹皮剥ぎ行動は、短期間に森林構造や森林の種組成を変化させ、森林破壊へとつながる可能性が指摘されてきました[28]。奈良公園ではシカの口が届く範囲の枝葉や萌芽が採食され、ディアライン（ブラウジングライン）が形成されていることは一九七〇年代から知られていますが[34]、春日山原生林においてもすでにディアラインが形成されています。これはシカの採食行動によるものですが、下枝や葉が残るのはシカが採食しない限られた樹木のみです。照葉樹林によく出現するアオキは春日山原始林ではほとんどみられず、まれに小型化した個体が生育しているにすぎません。

シカが選択的に樹種を採食することにより、アセビ、ナギ、イヌガシ、シキミ、ナンキンハゼ、ナチシダなど、いくつかの不嗜好植物が特徴的に残り、特異的な森林群落が形成されることが知られています。奈良公園および春日山原始林では、数年前より、不嗜好植物とされていたイズセンリョウに対する強度の採食が確認されています。さらにシキミ、イヌガシ、イワヒメワラビなど、これまで採食しないとされていた植物においても部分的な採食が確認されました。シカによる強度の採食が継続的に行われた場合には、植物が消失し、生物多様性の低下に直接的に影響すると考えられます。

シカが成木に与える影響として、角研ぎと樹皮剥ぎをみてみましょう。角研ぎは雄ジカが角を樹幹に摩擦することによって生じますが、そこからさらに口で樹皮を剥ぐ場合と、角研ぎのみの場合があります。ここでは両者を角研ぎとします。一九九九年から二〇〇〇年に春日山原始林に二十二か所の調査区をランダムに設定し、調査区毎に樹高一・三メートルの樹木計百本以上を一セットとして、角研ぎと樹皮剥ぎの現状調査を行いました。全二十二調査区で調査された樹木（生立木）は二千三百五十一本、角研ぎが確認された樹木は六十八本

(二一・六%)でした。[14]

全調査対象樹木五十五種・二千三百五十一本に対し、角研ぎが確認された種は、モミ、ナギ、スギなどの針葉樹、シキミ、イヌガシ、サカキなどの常緑広葉樹、カラスザンショウ、エゴノキなどの落葉広葉樹の計二十二種・六十八本でした(表1)。角研ぎが確認された六十八本のうち「精油」成分[5][6][7]を含む角研ぎ樹木は四十七本、比率は六八・一%でした。これらは、「におい」成分と角研ぎ行動との関係を示唆するものかもしれません。

シカの角研ぎ行動は、雄ジカが袋角をとるための行動とされていて、ノロジカは二月~五月に〇・八メートル以下で、アカシカは七月~九月に一・八メートル以下で、ダマジカは七月~八月に一・六メートル以下で袋角を樹皮に擦りつけるという観察例があります。[23] ほかの意味づけとしてノロジカで四月~八月にテリトリーとしての角研ぎが報告されています。[23] しかし、春日山では、シカの齢サイズと角研ぎとの関係、さらに季節性についてはまだ明確にされていません。樹木の選択性から、シカが角研ぎする樹木は「におい」と関係することも考えられます。森とシカとの関係はわたしたちが思っている以上に、深いつながりがあるのかもしれません。

樹皮剥ぎにも、樹種の選択性がみられます。『資源植物事典』[24]に、「ツバキの樹皮は鹿が好んでこれを食する」と記述されているように、春日山原始林においてもヤブツバキは幹の全周にわたって剥皮されているのをよくみかけます。しかし不思議なことに、シカの不嗜好植物とされているシキミはアニサチンという有毒成分を含むにもかかわらず、樹皮剥ぎ率は高いことが確認されました。

樹皮剥ぎ調査に先立って、シカの樹木に対する反応を探るため、二〇〇一年四月十七日(午前七時から午前十時)、鹿苑(奈良の鹿愛護会管理)にシカ寄せのために集められているシカのフェンス内と、長期的に保護されているシカのフェンス内にシキミ一本とクロガネモチ一本をそれぞれ設置し、樹木に対するシカの反応を観察しました。[20] 一時的に鹿苑に集められた雌ジカ個体群は樹木に対してまったく反応を示しませんでしたが、長期的に保護された雌ジカは、設置されたシキミ(一本)とクロガネモチ(一本)に即座に近づき、両種に対して枝および葉の採食行動を行いました。ついでシキミについては体をこすりつける「こすりつけ行動」を行い、その際、一センチ×一センチ程度の樹皮剥ぎも行いました。クロガネモチについては顔を横に向けて、下顎で積極的に樹皮剥ぎを行い、樹皮から形成層部分までを採食しました(図3)。その後、シキミの毒性によりシカの体調が崩れたという話は聞いていませんので、シキミが含有するアニサチンのような有毒物質を解毒するような酵素をシカは体内にもっているのかもしれません。

樹高一・三メートル以上の樹木を対象に樹皮剥ぎ調査を実施し、五十六種二千三百五十一本のうち三十六種二百五十一本で樹皮剥ぎが確認されました。これは調査種数全体の六四・三%、調査本数の一〇・七%に相当します。これらはこれまでの累積樹皮剥ぎ率であり、年間あたりの数値ではありませんが、樹種別に見るとシキミに対する樹皮剥ぎ率は三一・九%と最も高く、ナギ、モミ、スギ、ヤブツバキ、ヤブムラサキ、クロガネモチなどがこれに続いています。出現種の六割の種に対して樹皮剥ぎが行われていることは、樹皮剥ぎの選択性が多様であり、それはまたシカの食性が多様であることを示しているといえます。

毒性の高い成分を含む樹木に対してもシカによる樹皮剥ぎは認められましたが、樹皮剥ぎの意味や誘因は明らかではありません。そこで樹皮の化学的成分と樹皮剥ぎ

表1　春日山原始林内で角研ぎが確認された樹木の一覧表

調査対象2351本(55種)のうち，角研ぎが確認されたのは68本(22種)だった[15]

種名	個体数	%
精油成分を含む植物 *		
針葉樹		
モミ	17	25.0
ナギ	6	8.8
スギ	2	2.9
ツガ	2	2.9
カヤ	1	1.5
常緑広葉樹		
シキミ	8	11.8
イヌガシ	8	11.8
ホソバタブ	2	2.9
落葉広葉樹		
カラスザンショウ	1	1.5
小計	47	69.1
精油成分を含まない植物 *		
常緑広葉樹		
サカキ	6	8.8
ウラジロガシ	2	2.9
クロバイ	2	2.9
ヤブツバキ	2	2.9
ヒサカキ	1	1.5
コジイ	1	1.5
クロガネモチ	1	1.5
ネズミモチ	1	1.5
アラカシ	1	1.5
ツクバネガシ	1	1.5
落葉広葉樹		
エゴノキ	1	1.5
ホオノキ	1	1.5
イヌシデ	1	1.5
小計	21	30.9
計	68	100.0

＊(5)，(6)，(7)参照

図3　奈良公園鹿苑内におけるシカの設置樹木に対する反応（2001年4月17日撮影）[20]
a. クロガネモチ（右側）とシキミ（左側）に対するシカの採食行動。b. 採食行動の数分後、クロガネモチに対して樹皮剥ぎ行動をするシカ（矢印）

誘因を探るために、ポリフェノール類（タンニンを含む）に着目し、樹木計四十一種に含まれているポリフェノール量を測定しましたが、ポリフェノール類と各樹種の選択性指数との間に有意な相関は認められませんでした。しかし、シバに比べて樹皮のポリフェノール含有量や遊離の糖の含有量が高いことから、味覚的に樹皮がシカにとって「おいしい」餌であるかもしれないという推察も可能です。

一方、奈良公園におけるシカの行動観察から、空腹を満たすという要因以外に、シカが効率的に樹皮からある成分を摂取している可能性が示唆されました。[21] シカの食性は極めて多様ですが、樹皮剥ぎの樹木選択と化学成分の因果関係、またなぜ有毒物質を含む植物を採食することが可能かということなどはまだ解決されていません。

5―　春日山原始林の森林更新に与えるシカの影響変化

では実際に、春日山原始林の照葉樹林でシカの影響により森林に大きな変化が生じてきているのでしょうか。

春日山の微地形は非常に複雑で、佐保川源流にあたる鶯の滝は年中豊かな水量があり、春日山の照葉樹林を支えているのが豊かな水系にあることを示唆しています。春日山原始林のフロラ研究は、一九〇〇年代初頭、岡本勇治による「春日山原始林植物調査報告」に始まります。ここにはシダ植物九十二種、裸子植物十二種、単子葉植物八十九種、双子葉植物三百七十五種、計五百六十八種が記録されています。神戸伊三郎と久米道民も、春日山原始林に暖帯性の常緑広葉樹のほかに着生ランとしてフウラン、カヤラン、マツラン、クモラン、ヨウラクラン、マメヅタランおよびセッコクなどが多数生育し、フロラが多様であることを指摘しています。[9] その後、文献調査などから維管束植物百九十一科千二百七十七種が記載されていますが、[12] 六十年前に記載されていた着生ランの確認は、近年なされておらず、かつて記載されたフロラの現状把握が急がれます。

春日山原始林の群集組成を知る資料としては、一九六四年に行われた植物社会学的調査が最も古いものです。それによると、春日山山麓から標高二百メートルないし四百メートルまでの広い地域にわたってコジイ–クロバイ群集が記載されています。[12] 春日山原始林の同群集は他の地域と比べて群集レベル以上の標徴種が少なく、構成種数が少ないことが特徴とされています。また北向きの急斜面には、ウラジロガシ、アカガシ、ツクバネガシ、コジイが高木層に混交するウラジロガシ–ヒイラギ群集が成立していますが、この群集は県内でも分布が少なく、貴重な群集です。

環境省が設置している特定植物群落の永久コドラート（永久調査区）における十七年間の植生の変化を追ってみましょう。環境省は植物群落の生育状況を把握するために、十年毎に現地追跡調査を行っています。春日山原始林においても一九八六年に二十メートル四方の永久コドラートが設定されました。第一回目と第二回目の調査資料はすでに公開されています。一九八六年に特定植物群落で実施された植物社会学的調査によると、調査区に出現する種数は十八種、低木層にはコジイ、ツクバネガシ、ヒサカキ、ヤブツバキなど十五種が、草本層にはコジイ、アセビ、ベニシダ、ツクバネガシ、クロバイなど十二種が出現し、コジイ–サカキ群落とされています。[10] この群落において二〇〇三年に植物社会学的調査を行った結果、高木層にはコジイ、イヌガシなど一九八六年同様の六種が出現し、組成的変化はみられませんでした。

しかし、亜高木層には十年前に低木層に出現していた種が成長し、ヤブツバキ、ツクバネガシなど常緑広葉樹四種が新規加入しました。低木層ではツクバネガシ、ウラジロガシ、ヒイラギなど六種が消滅して、しかも新規加入種はありませんでした。草本層ではカナメモチ、アラカシ、ヒイラギ、イズセンリョウなど六種が減少する一方、イヌガシ、シキミ、クロバイ、ヤブツバキなど五種が増加していました。全出現種は十五種、一九八六年の十八種に比べて若干減少していました(17)。

では森林構造はどのように変化しているのでしょうか。同じコドラートで胸高直径十センチ以上の樹木を対象に、一九八六年、一九九七年および二〇〇三年の直径階分布を比較しました(図4)。コドラート内に出現した樹木(胸高直径十センチ以上)はコジイ、ツクバネガシ、クロバイ、イヌガシの四種のみです。一九八六年の直径階分布において、いずれの直径階でもコジイの幹数は多いですが、とくに十センチ以上二十センチ未満の直径階で幹数は多く、逆J字型に近いサイズ構造を示しました。およそ十年後の一九九七年には、大径木のコジイの幹数が増加し、森林が順調に発達していることを示す一方、十〜二十センチの直径階に属するコジイは減少しています。その傾向は二〇〇三年でさらに顕著になりますが、代わってクロバイが胸高直径十センチ以上に達し、新規加入していました(17)。

コドラート内の大径木のコジイが枯死したことにより、二〇〇三年にはギャップ(高木が枯れたり倒れたことにより、林冠にあいた穴)が形成され、樹幹投影図から算出した林冠閉鎖率は十七年の間に九〇・三%から七九・一%に減少していました。ギャップ下にパイオニア的なクロバイの小径木が増加することは、これまでにも報告されています(26)。クロバイはシカの樹皮剥ぎを受けにくい樹木であり、また当年生実生も多く発生している(16)ので、パイオニア的な種として、ギャップ下で発芽してシカによる採食を免れて成長し、今後も個体数が増大すると思われます。しかしコジイほど長い寿命をもつわけではないので、コジイに置き換わる可能性はないと考えられます。これらの調査から、春日山原始林はカシ、シイ類の後継樹が乏しく、不安定な森林に変化していることがうかがえます。

植被率においても、二〇〇三年の高木層(カッコ内は一九八六年）、亜高木層、低木層および草本層のそれは、八十％（九十％）、四十％（四十％）、八％（十五％）および一％（三％）の値を示していて、下層植生はよりいっそう貧化していることがわかりました。亜高木層の植被率が低下しているのは、台風による倒木によってギャップが形成されたためです。コジイの萌芽枝のほとんどはシカによって採食されていますし、樹皮剥ぎを受けている樹木も確認されました。シカは春日山原始林を採食活動の場としても利用していると思われます。

森林更新過程にシカが与える影響を検証するために、ギャップ林冠下に防鹿柵を設け、木本実生に対するシカの採食と木本実生の生存率の調査が行われました[25]。その結果、アカメガシワ、タラノキ、サンショウ、カラスザンショウに対する採食率が高く、生存率は極めて低い値を示したことから、シカの実生に対する採食と実生の生存率は密接な関係にあることがわかりました（図５）。

さらにウラジロガシとナンキンハゼに対するシカの採食率は低かったにもかかわらず、ウラジロガシの生存率は極めて低く、ナンキンハゼの生存率は極めて高いものでした。またヤブムラサキに対する採食率は高かったも

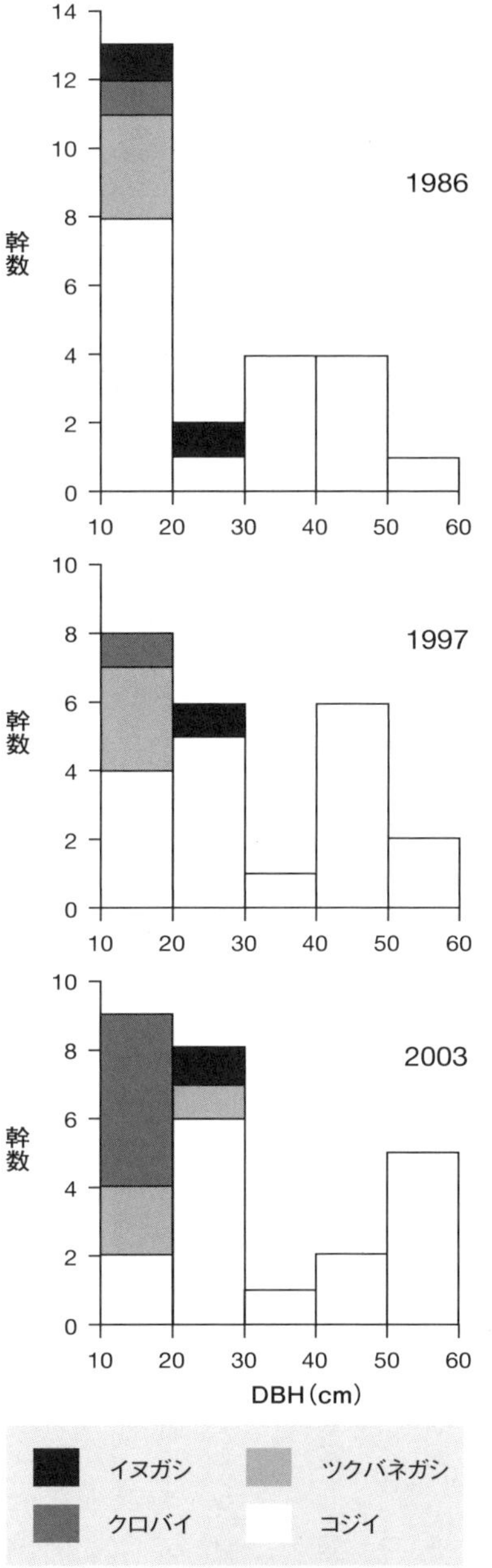

図４　春日山原始林の特定植物群落（環境省）における森林構造の 17 年間の変化[17]

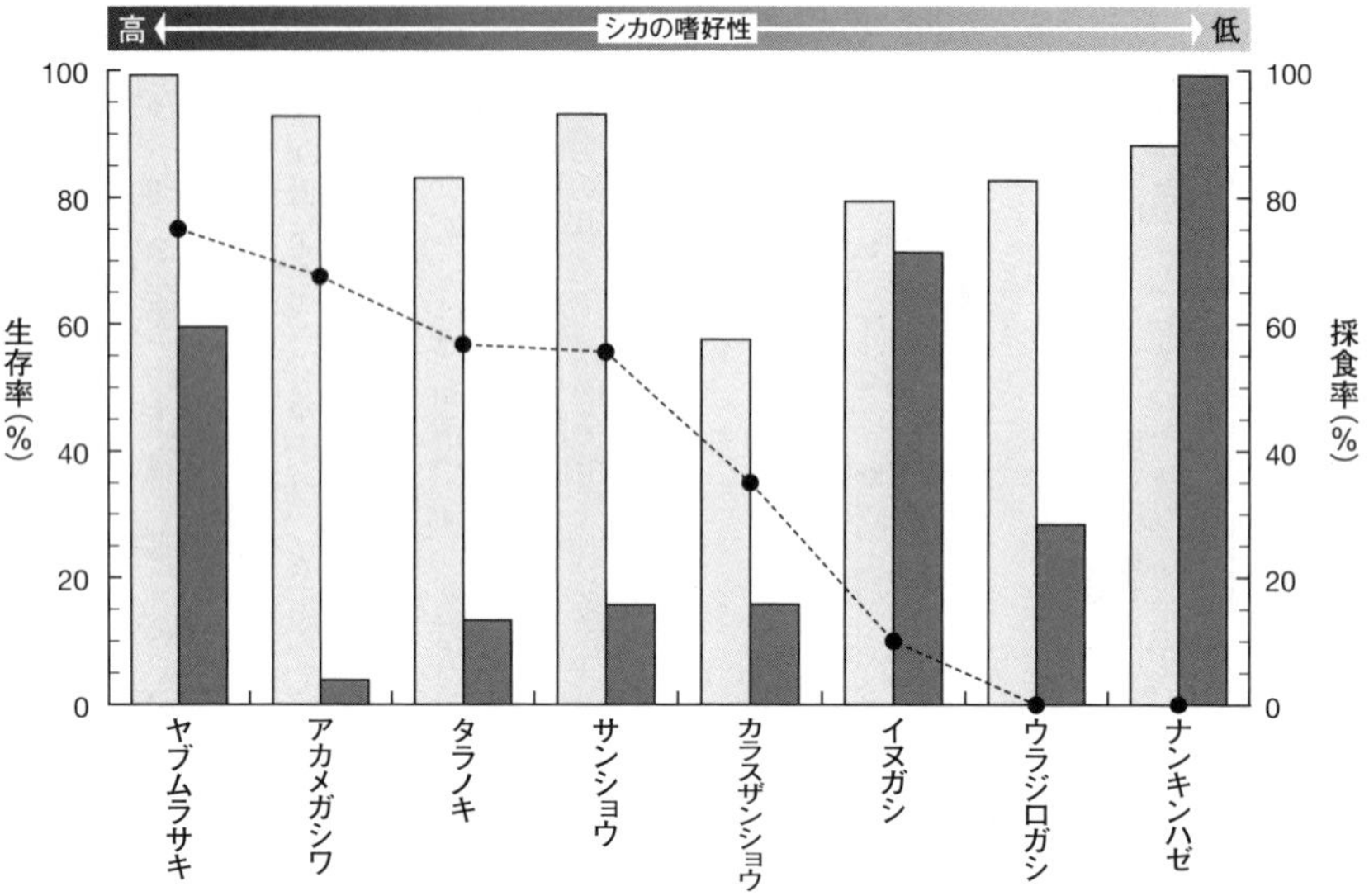

図5　1986年11月から1987年4月に春日山原始林のギャップ林冠下で行われた柵内区と柵外区における木本実生の生存率と採食率（(25)から作図）

□柵内区生存率　■柵外区生存率　●--●採食率（柵外区）

のの、生存率は高いことがわかりました。この理由として、ヤブムラサキはシカによる採食後、シュートを複数出すことにより、生存率を高めていると考えられます。[25]柵内におけるこうした実生の生存率の違いは、シカの摂食圧が直接的に森林更新に影響を及ぼすことを明らかにしたといえます。

　春日山原始林には何種類くらいの木本実生が発生しているのでしょうか。春日山原始林四十五ヘクタールを踏査して、二〇〇二年五月から十一月の期間に、その年に発生した木本実生を調査した結果、五十五種の木本実生が確認されました。二十四プロット（九百八十平方メートル）内で発生した木本実生（四十二種）のうち二百個体以上（三百未満）発生した種はモミ、クロバイ、百個体以上（二百未満）発生した種はコジイ、ヒサカキ、ツタ、ウドカズラ、ヤマウルシで、ギャップ林冠下に発生する陽生種の個体数が多く発生する傾向がみられました。エノキ、ムクノキ、イヌシデ、アカシデ、カゴノキ、ウラジロガシ、イチイガシなど、将来、林冠形成にいたる可能性がある種の発生が確認されましたが、その一方、ナンキンハゼ、ナギ、イチョウのような外来種の実生も確

図６　林床植生がきわめて乏しい春日山原始林西端の林内
写真中央のシダはシカが採食しないナチシダ（2002 年 9 月 13 日撮影）

認されました。[16]

当年生木本実生の多様さは、森林構成種の多くの樹木から種子供給が行われていることを示唆します。しかし春日山原始林では、これらの稚樹は非常に少なく、林床にはシカが食べない植物が生育する程度で、植物が極めて乏しい状態です（図６）。こうした現状は、実生が稚樹にいたる段階で競争などによって枯死することに加えて、シカによる木本実生への摂食が、更新を阻害している可能性を示唆しています。

春日山の森林更新過程は台風と深くかかわっています。現在も、台風や強風による林冠木の倒木は林内に多くみられ、いたるところでギャップが形成されています。春日山原始林では六・六年に一度の割合でギャップが形成され（図７）、閉鎖林冠にギャップが生じた後再び林冠閉鎖するまでに要する時間は七十年、下層種が林冠形成する時間は百十年、再びギャップが形成されるまでの森林の平均回転率は百八十年とされています。[22]

シカの摂食圧によりコジイ、ツクバネガシ、アカガシ、ウラジロガシといった森林を構成する主要種の後継稚樹は極めて少ない状況にあります。ギャップは多く形成さ

図7　ギャップ形成から林冠閉鎖され、またギャップ形成を繰り返す林冠モデル（春日山原始林の林冠から合成）
春日山原始林 (照葉樹林) の平均回転率は 180 年[21]と算出されている。

れていますが、今後シカに森林更新が阻害されることなく、百八十年の回転率で森林更新が行われ、照葉樹林として維持されるのかどうか、極めて気になるところです。

6 — 外来種の拡大に果たすシカの役割

春日山原始林特別天然記念物指定域の西側に隣接して位置する御蓋山には、天然記念物のナギ林が成立しています。ナギは日本では中国地方以南の分布種であり、約千二百年前に春日大社に献木されたのが起源と考えられています。[11] さらに奈良公園平坦域に多数生育しているナンキンハゼは中国原産の種であり、一九三〇年代に街路樹として植栽されました。[26] 両種とも起源や生態的特性は異なりますが、共通点は、元来、春日山原始林に生育していない「外来種」であり、シカが食べないということです。そして両種は春日山原始林内に侵入し、拡大しているということです。[19]

二〇〇二年から二〇〇三年に春日山原始林四十五ヘクタールを踏査し、GPSを用いて当年生以上のナギとナンキンハゼの位置を記録しました。[19] 調査の結果、四十五ヘクタールのエリアにおいて、ナギとナンキンハゼの全

本数（当年生実生を含む）は、それぞれ六千百四十七本
および四千四百九十九本確認されました（図８）。

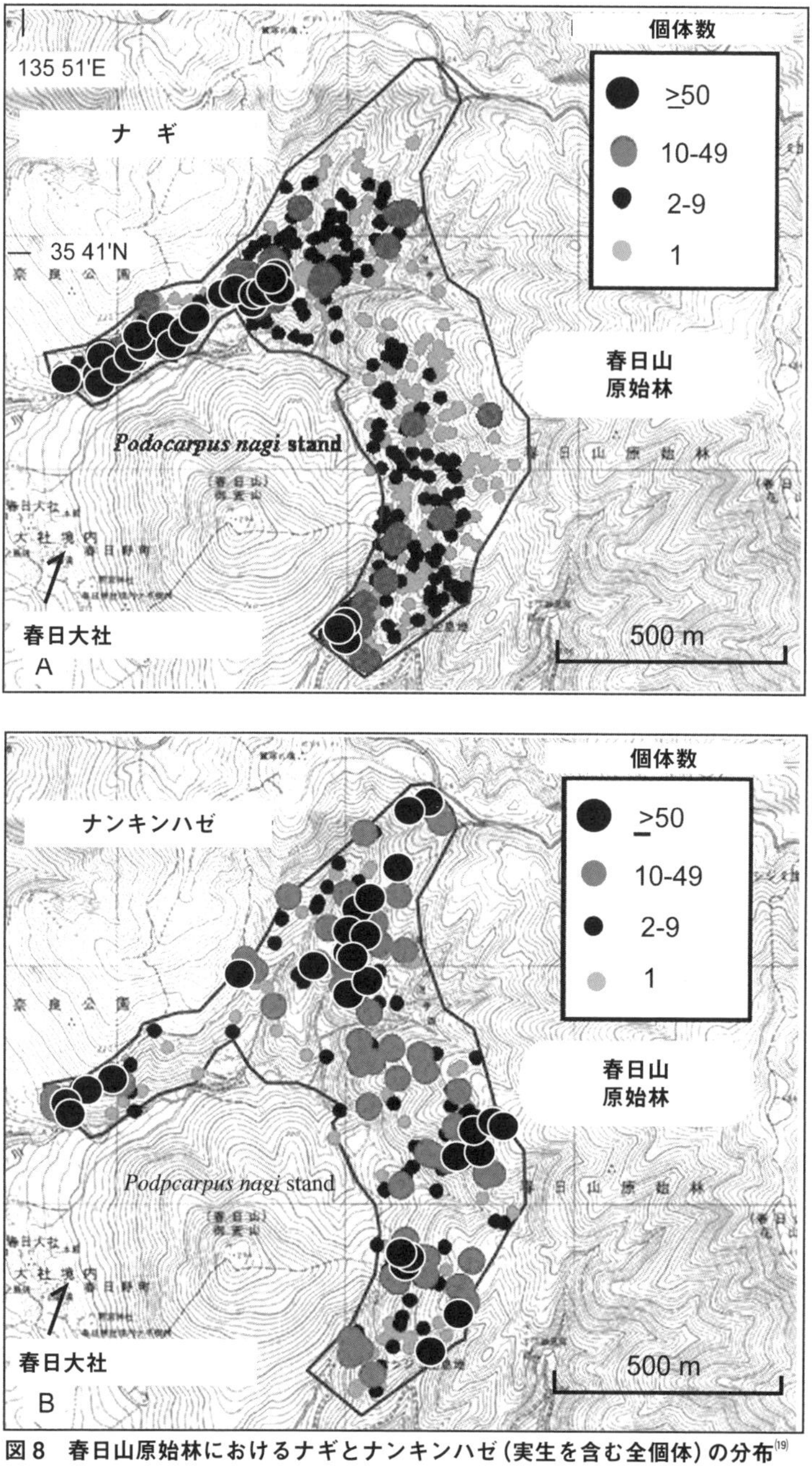

図８　春日山原始林におけるナギとナンキンハゼ（実生を含む全個体）の分布[19]

ナギは雌雄異株、マキ科の広葉型常緑針葉樹で、初期
成長は遅く、耐陰性は高い種です。また重力散布型種子

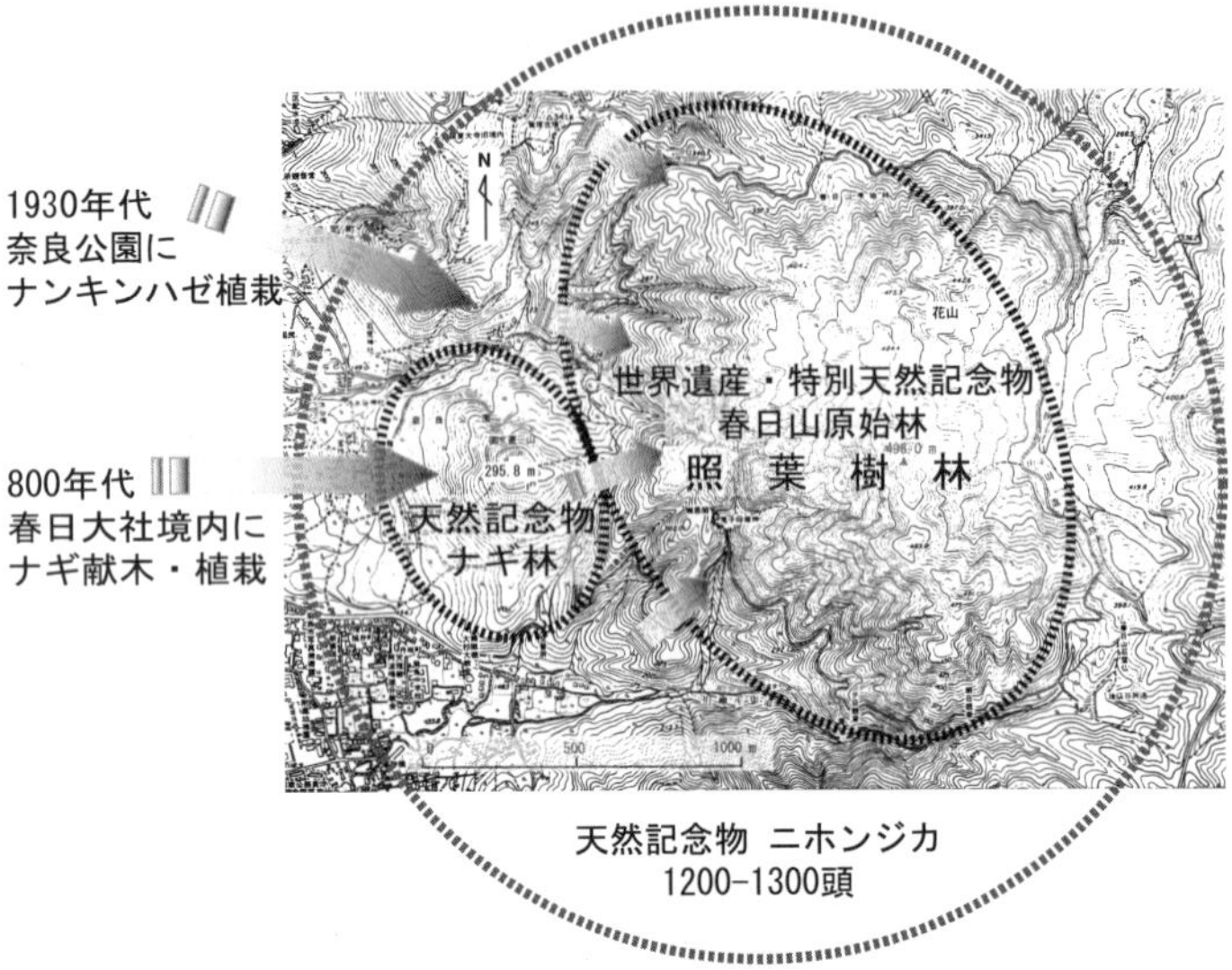

図9　春日山照葉樹林と天然記念物と外来種などの要因
春日山原始林特別天然記念物指定域、天然記念物ナギ群落、天然記念物「奈良のシカ」、奈良公園の街路樹からのエスケープ種が相互に関係する。

で比較的狭い範囲に散布されます。一方、ナンキンハゼは雌雄異花、トウダイグサ科の落葉広葉樹で、耐陰性は低く、鳥散布型種子で広範囲に散布される初期成長の早い種です。つまり、前者は極相種(耐陰性が高く、寿命の長い樹木)、後者は先駆種(耐陰性が低く、寿命が短い樹木)ですので、それぞれの生態的特性は対照的ですが、両種はシカに採食されないという共通点をもちます。種子散布後、シカの採食を免れ、成長が容易だったと考えられます。

山倉拓夫教授らの研究は、春日山原始林の西側に位置する御蓋山でのナギの分布拡大にはシカが、また種子散布には台風および季節風が関係することを示唆しています[32]。外来種の照葉樹林への侵入と拡大は、シカと外来種と照葉樹林がこの春日山周辺で相互に影響を及ぼしあった結果と考えられますが[26]、これら外来種が、今後、日本の暖温帯域を代表する照葉樹林を大きく変化させることになるかもしれないことを危惧しています。

7— 照葉樹林と野生動物と人との共存

尾根部と谷部が複雑に微地形を形成している春日山原

始林の水系の豊かさを示すかのように、春日山原始林の谷部にはシカからの贈り物ともいえるクリンソウ群落（シカはクリンソウを採食しないために純群落を形成）が成立し、五月の花期にはピンクの絨毯を敷き詰めたようになります。春日山原始林の重要性は森を育んできた時間の長さに比例して、多様な植物とともに土壌動物、昆虫、両生類、は虫類、鳥類、哺乳類など多種多様な生物が生息する自然生態系そのものにあります。

春日山原始林は特別天然記念物に指定されていますが、それをとりまくニホンジカやナギ群落もまた天然記念物であり、それらは相互に影響を及ぼしています（図9）。また古くよりシカと親しみ、かつ格闘してきた人と野生動物との歴史性や文化性もまた、地域の生態系を考えるうえで極めて重要な要素です。文化庁の池田・蒔田は生物の多様性を自然遺産として残すことの重要性を指摘するとともに、「天然記念物は文化が舞い踊る舞台としての自然を指定したものであり、人－自然の関係の中でこそ意義を持ち得てくる」と結論づけています。[8] 春日山原始林と奈良のシカの共存には行政と地域の人々との合意形成が不可欠なものであり、人の営みと深いかかわりをもつ森と野生動物の適正な共生系でもある地域固有の自然生態系保全は、急務と考えられます。

第四部　市民参加による森林再生の試み―屋久島からの報告

第八章　シカの増加と野生植物の絶滅リスク

九州大学理学研究院●矢原徹一

1　シカが植物種を滅ぼす

北は知床から南は屋久島まで、全国各地で野生のシカ個体群が増えています。その結果、農林業被害が増えるとともに、生態系にもさまざまな影響が生じています。その影響のひとつに、草本植物種の絶滅リスクの増加があります。

日光白根山には、シラネアオイの大群生がありました。白根山登山路の針葉樹林を抜けて、亜高山帯のお花畑にさしかかると、シラネアオイのピンク色の花が一面に咲きほこり、それは見事な群落でした。シラネアオイは、他に類縁の近い植物が知られておらず、シラネアオイ科・シラネアオイ属に分類されているたった一つの種です。世界的に見て、きわめて貴重な日本固有の植物です。しかし、白根山のシラネアオイ群落は、シカの摂食によって、お花畑の他の植物とともに、ほぼ消失しました。

宮崎県霧島神宮の神域である御池・小池の周囲の照葉樹林には、キリシマイワヘゴの大群落がありました。キリシマイワヘゴは中国大陸と宮崎県霧島、および徳島県に隔離分布しているシダ植物です。とくに小池の周囲には、昼なお暗い照葉樹林の林床に、千株をこえるキリシマイワヘゴが、足の踏み場もないほど群生していました。しかしこの群生は、キュウシュウジカの摂食によって消失しました。今では、キリシマイワヘゴは徳島県にごく少数の個体が残っているだけです。

世界遺産の島、屋久島の小杉谷は、かつてはシダ植物の宝庫でした。「小杉」とは、屋久島では樹齢千年に満たないスギをいいます。樹齢千年を超えるスギの巨木は、ヤクスギと呼ばれます。したがって、屋久島でいう「小杉」は、小さな杉とは限りません。小杉谷では、立派な「小杉」

の林の下に、さまざまなシダ植物が群生していました。その中には、ヤクシマタニイヌワラビやヤクイヌワラビのような屋久島固有種、アオイガワラビやシマヤワラシダのような、日本では屋久島にだけ自生している種が少なくありませんでした。しかし、この小杉谷のシダ群落は、ヤクシカの摂食を受けて消失しました。

ヤクシマタニイヌワラビは、かつてはふつうに見られる植物でしたが、今ではほとんど絶滅状態に至っています。アオイガワラビ、シマヤワラシダも激減し、ヤクシカの首が届かない、高さ一・五メートル程度の切り株の上などだけに、ごく少数の個体が残っているだけです。小杉谷の三代杉周辺だけに自生していたコモチイヌワラビは、この場所から完全に消失しました。屋久島のどこかにまだひっそりと生き残っている可能性を否定はできませんが、確認されていた唯一の自生地が消失した以上、絶滅したと評価せざるを得ません。

このような事態は日本各地で起きています。今や、シカが高密度化している地域では、シカの摂食は多くの草本植物にとって、森林伐採や園芸用の乱獲よりももっと深刻な脅威となっているのです。このような事態に対して、いったいどうすれば、シカの摂食による種の絶滅を回避することができるでしょうか。この問題について、屋久島を例に考えてみたいと思います。

2　不十分な証拠のもとでの合意形成の重要性

屋久島は、植物相が豊かな島です。第一に、固有植物が多く、その数は八十種類(種・亜種・変種)にのぼります。第二に、日本では屋久島だけに分布する植物が少なくありません。第三に、北方系・南方系・大陸系の植物が混在しています。このような豊かな植物相は、氷河時代にも照葉樹林が維持された温暖な気候と、豊富な雨量、ほぼ二千メートルに達する標高差、複雑な地形などのさまざまな気候的・地理的条件のもとで、長い歴史を経て形作られたものであり、まさにかけがえのない自然といえるでしょう。

しかし、上に述べたように、いくつかの固有種・貴重種が、過去十年あまりの間に、激減してしまいました。筆者は、一九九七年に発表された環境庁植物レッドリストの策定作業にかかわるなかで、屋久島の植物相にこのような異変が生じていることを知りました。その後機会あるごとに、調査と対策の必要性を訴えてきました。その甲斐あってか、二〇〇三年一〇月に、環境省屋久島自然保護事務所で検討会が開かれ、ヤクシカおよび屋久島に野生化したタヌキの問題についての検討が開始されました。

この検討会の場で、ヤクシカの個体数管理の必要性を力説しました。しかし、この私の意見に対して、検討会委員から次の三つの疑問が提起されました。

一　ヤクシカは屋久島固有亜種であり、屋久島の植物と長い歴史的時間を通じて共存してきたはずである。個体数管理をしなくても、自然界のバランスを通じてヤクシカと植物は共存を続けるのではないか。

二　固有植物・稀少植物の減少は、本当にヤクシカの摂食のためにおきているのか。植生の変化など、他の要因が関与しているのではないか。

三　ヤクシカは本当に増えているのか。

これらの疑問に答えるデータがない状態では、ヤクシカの個体数管理が必要かどうかについての議論は先に進みません。このような状況において、科学者がまずやるべきことは、調査や研究を進め、客観的な証拠を提示することです。そこで、これらの疑問に答えるための研究プロジェクトを組織することにしました。幸いにして、環境省環境改善技術開発等推進費の平成十六〜十八年度の研究課題に採択され、調査を開始することができました。

しかし、上記の三つの疑問に答えるのは、そもそも容易なことではありません。第一に、ヤクシカと植物の関係についての長期的な動態を調べるには、長期間の研究が必要です。第二に、ヤクシカの摂食の効果と他の要因（たとえば光条件の変化）の効果のどちらがどれくらい重要かを評価するには、大台ケ原で日野氏らによって行われたような、大規模な野外実験を行い、経年的な観察を続けることが必要です。第三に、ヤクシカが本当に増えているかどうかを確かめるためにも、何年にもわたる時間変化の観察が必要です。しかし、屋久島のように地形が険しい場所では、個体数を大雑把に推定することすら困難なのです。

このような研究を続け、仮に証拠が蓄積できたとしても、もしかするとその時点では、屋久島のなかから、さらに何種もの植物が絶滅しているかもしれません。証拠が十分に蓄積されるまで待っていては、対策が手遅れになるかもしれないのです。手遅れにならないようにしたいことと科学的には証拠不十分な段階で即断できないことは、多くの環境問題に共通するジレンマです。地球温暖化というテーマは、その良い例です。温暖化の証拠は必ずしも十分とはいえませんが、早急な対策が迫られていて、京都議定書が発効したのです。

私は、屋久島以外の場所でも、同様なジレンマに直面していました。たとえば、九大新キャンパス用地の里山における生物多様性保全事業では、造成のスケジュールが決められた中で、限られた情報をもとに保全計画を立案し、対策を実施する必要に迫られました。科学者としては十分な調査をしてから保全対策を立案したいところですが、多様な生物と複雑な生態系を相手とする保全事業では、現実には限られた情報をもとに意思決定をせざるを得ないのです。

また、私は日本生態学会生態系管理専門委員会委員長として、自然再生事業指針や自然再生ハンドブックをまとめるという事業に責任を負う立場にありました。自然再生事業の現場でも、しばしば不十分な証拠をもとに、どのような対策をとるかの意思決定を迫られます。このような場合に、どのような考えで対策を選ぶべきか、そこで科学者はどのような役割を果たすべきか、といった問題について、答えを出す必要に迫られていました。

そこで、環境省環境改善技術開発等推進費に申請したプロジェクトでは、これらの一連の課題を包括する研究の枠組みを考えました。いずれの課題も、合意形成という問題に行きつきます。

里山の保全にせよ、自然再生事業にせよ、シカの個体数管理にせよ、どのような目標を設定するかに関しては、事業にかかわる多様な主体の間で、しばしば意見の違いが生じます。これは、目標の選択が、個人の価値観に左右されるためです。価値観に左右される問題については、科学が対象とする問題のように、正しいか間違っているかを決めることはできません。粘り強い議論を通じた合意形成によってのみ、問題を解決することができます。

さらに、保全対策・再生事業・個体数管理のいずれにおいても、限られた知識にもとづいて、意思決定をしなくてはなりません。科学的に十分な証拠が得られるまで、対策や事業を待っていては、手遅れになるかもしれないのです。このような場合には、対策や計画についての意思決定は、一種の仮説選択といえます。たとえば屋久島の稀少植物の減少がヤクシカの摂食によるという仮説を選択し、個体数管理という対策を通じて、仮説の妥当性を検証していくことになるのです。

このような場合には、どの仮説を選択するかについて、事業に関わる多様な主体の間で、合意形成をはかる必要があります。この問題は、自然再生事業指針をまとめるうえでの、中心的なテーマのひとつでもあります。

そこで、「地域生態系の保全・再生に関する合意形成とそれを支えるモニタリング技術の開発」という研究課題を設定し、里山（九大新キャンパス）・島（屋久島）・水域（京都市深泥池）という三種類の生態系で、合意形成をはかるための調査研究を試行し、これらの経験をベースに自然再生事業指針や自然再生ハンドブックをまとめることを最終目標としました。

このプロジェクトの初年度の成果として、自然再生事業指針をまとめました。この指針は、日本生態学会生態系管理専門委員が、各委員の価値観や意見の違いをこえて「合意形成」への努力を重ねた成果でもあります。シカ対策を考えるうえでも参照すべき規範がまとめられていますので、ぜひ参考にしてください。

3 経年調査以外の方法で得られる証拠

さて、ヤクシカの問題に戻りましょう。二〇〇三年一〇月の検討会で提起された三つの問題に答えるためには、常識的に考えれば、経年的な変化を観察する必要があります。しかし、何年も観察を積み重ねたあとでは、対策が手遅れになるかもしれません。一年以内の観察で、状況証拠を提示することができないだろうかと、知恵をしぼってみました。このような発想で、島内のいくつかの場所を観察してみると、安房のトロッコ軌道沿いの林床植生の変化について、面白い傾向に気づきました。民家に近い軌道の起点付近では、林床植生がよく残っているのに対して、起点から二〜三キロ奥に進むと、シカの摂食痕が増え、林床植生が衰退しているのです。

軌道の起点付近には、ポンカン園があり、イヌの鳴き声もしばしば聞かれます。害獣駆除が実施されている場所でもあります。このような場所では、ヤクシカの密度は低いのでしょう。一方、起点から二〜三キロ奥に進む

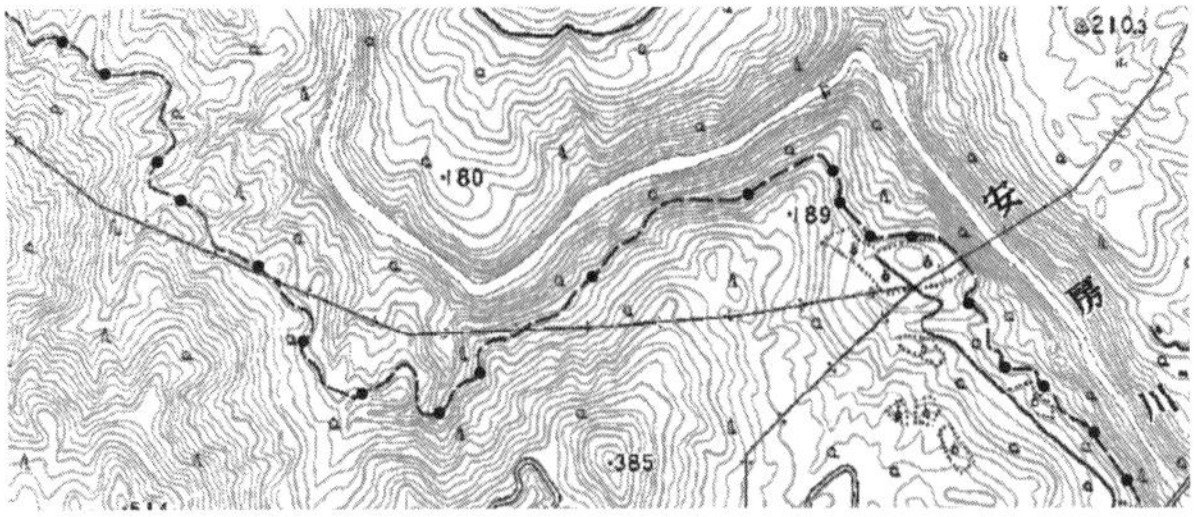

図1　トロッコ軌道上の調査地

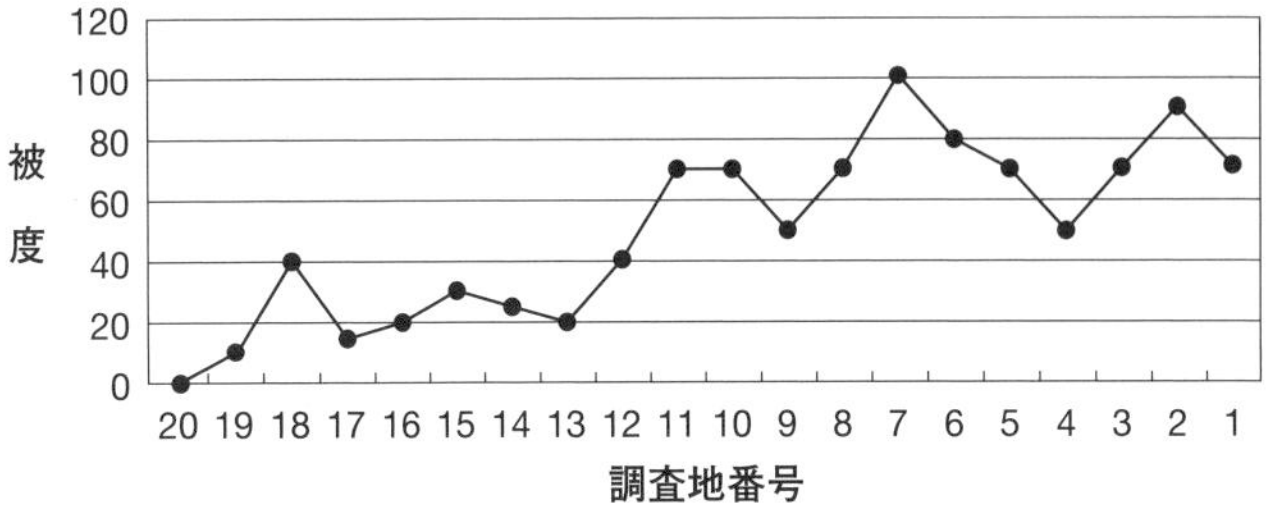

図2　被度の変化

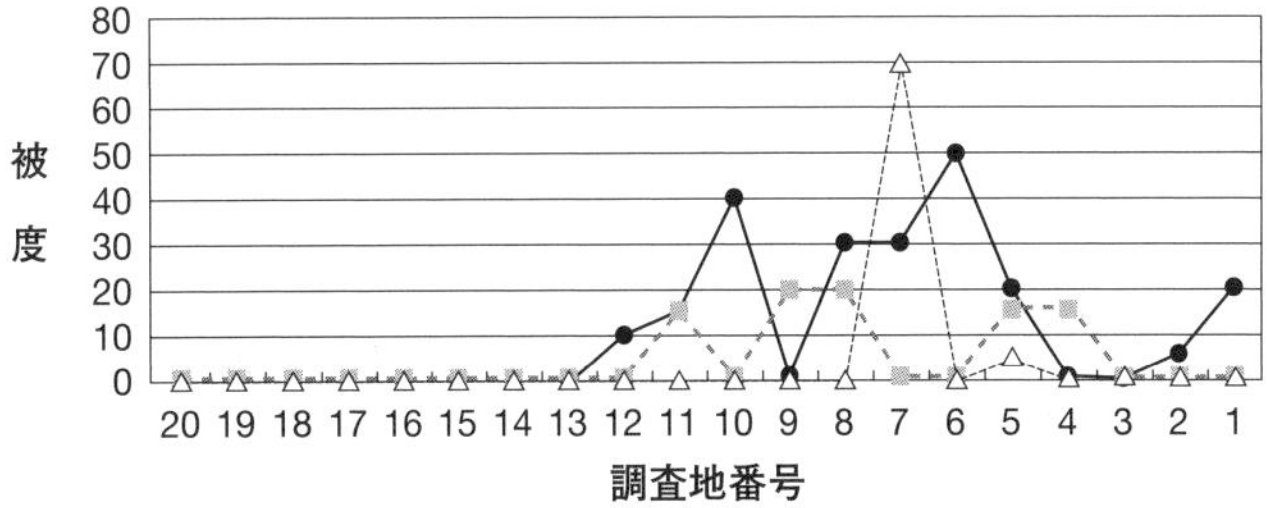

図3　被度上位3種の分布

ヤクシマアジサイ

キノボリシダ

コクモウクジャク類

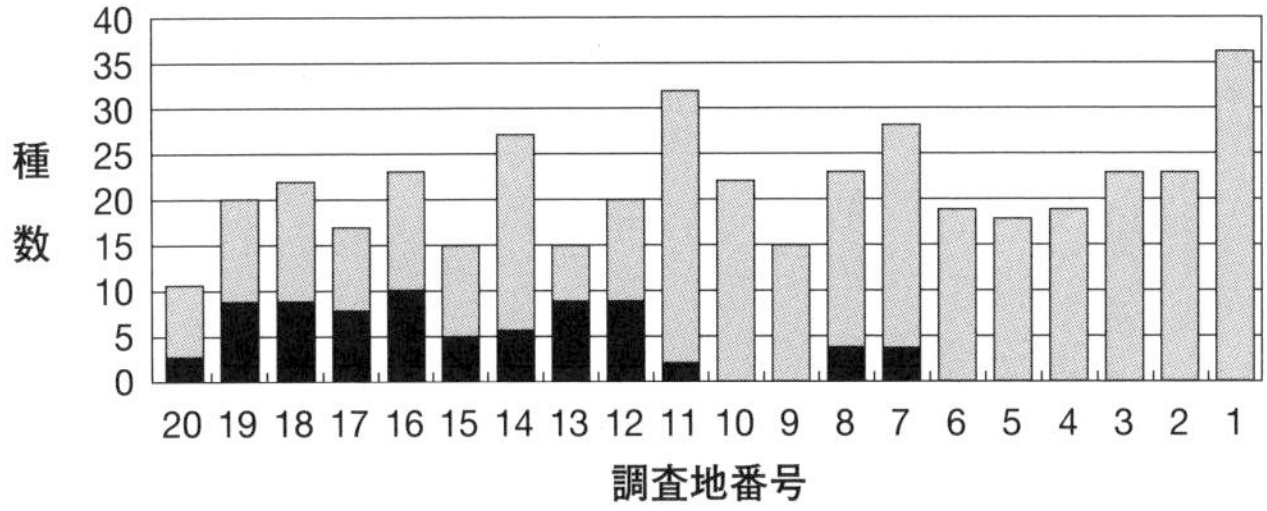

図4　種数の変化

食痕あり

食痕なし

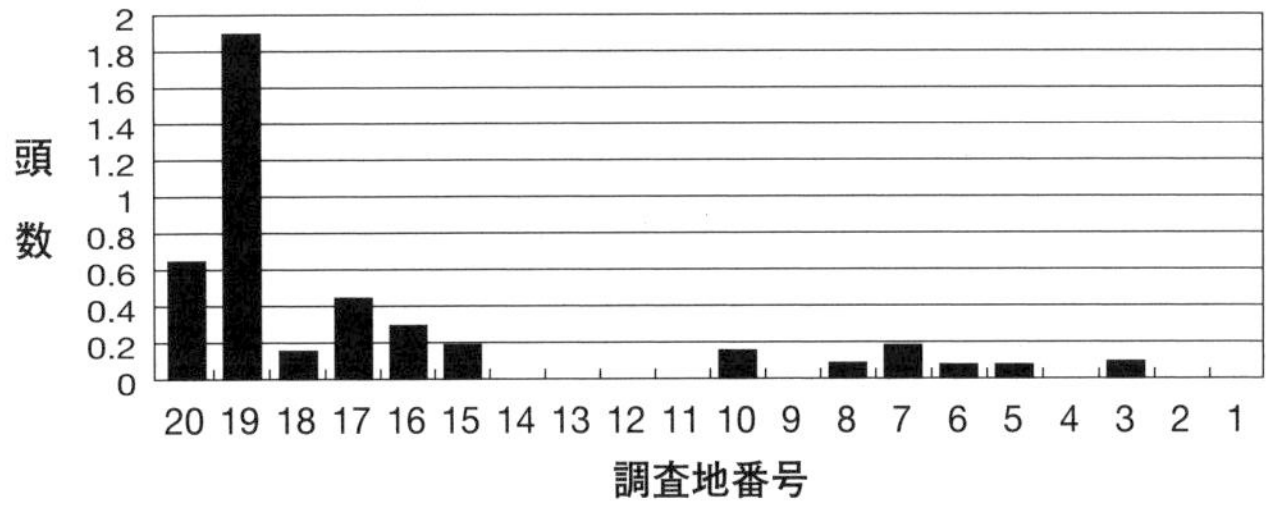

図5　1日あたりのヤクシカ撮影頭数

と、国有林内に入り、害獣駆除は実施されていません。人もあまり往来しませんし、イヌもいません。ここでは、ヤクシカの姿をよく見かけます。皮肉な話ですが、山奥ほどヤクシカが多いために、林床植生が減ってしまっているように思えました。

そこで、この印象について、データをとって調べてみました。トロッコ軌道に沿って、図1のように二十地点の調査地を選びました。調査地としては、沢地形の場所を選びました。これらの調査地において、四メートル×四メートルの方形区（コードラート）を設けてその中を調査し、出現した種の被度を記録し、また種ごとにヤクシカの食痕の有無を記録しました。また、ヤクシカの活動量を評価するために、赤外線センサーを装着した自動撮影カメラをそれぞれの方形区の近傍に設置しました。

図2は、二十地点の間の被度（植生が地表面を覆っている割合）の変化をあらわしています。この図から、山奥ほど被度が減少している傾向が見てとれます。図3は、被度の上位三種について、被度の変化をあらわしています。これらの種は、起点よりの調査地でのみ、十%以上の被度を保っていることがわかります。

図4は、ヤクシカの食痕が見られた種の数をあらわしており、山奥側で食痕が多い傾向が見て取れます。図5は、各調査地で、自動撮影カメラで撮影されたヤクシカの数を示しています。山奥側ほど撮影数が多く、図4の傾向と一致しています。

これらのデータから、山奥側ほどヤクシカが多く、ヤクシカの食痕数が多く、林床植生の被度が低い傾向があることがわかりますが、このような相関には、何か別の要因が関係しているかもしれません。「相関は必ずしも因果関係を意味しない」ことは、統計学の常識です。ヤクシカと林床植生の被度の間に、直接的な因果関係があるかどうかについては、相関とは別の証拠が必要なのです。

そこで、林床植生の被度が顕著に変化する、調査地11から15の五地点において、より詳細な調査を実施しました。この調査では、沢に沿って幅二メートルの帯状の調査区（トランセクト）を設定し、帯状調査区内の全植物個体を数え、食痕の有無を調べました。食痕が見られた植物については、食痕のレベルを二つに分類し、葉がほとんど、あるいはすべて消失している場合を「高レベル」、

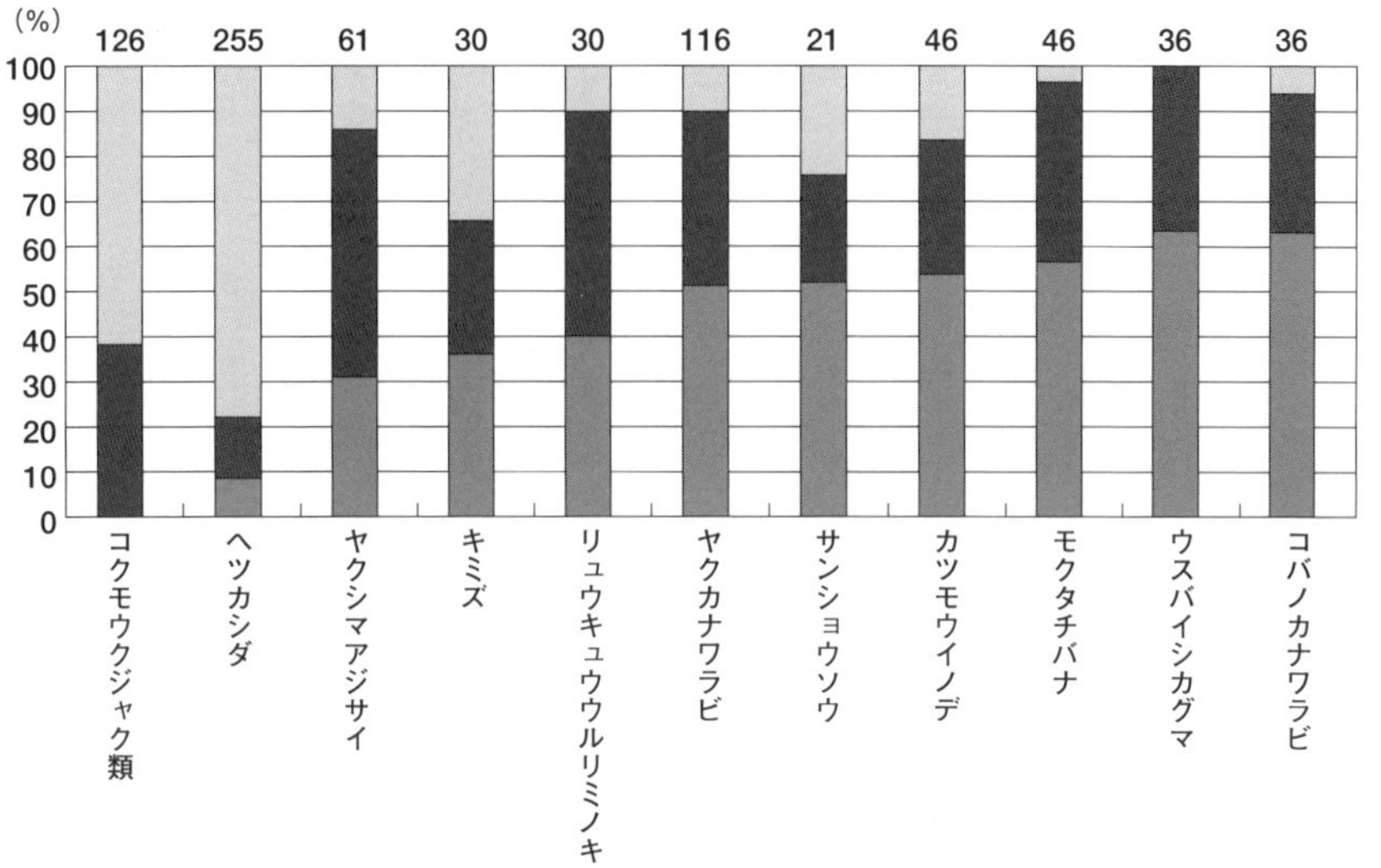

図6　調査地12での摂食状況

高レベル　中または低レベル　食痕なし

軽微な食痕の場合から、葉がいくらかは（目安として一割程度は）残っている場合までを「低または中レベル」、食痕がまったく見られない場合を「食痕なし」として記録しました。

図6は、調査地12における帯状調査区調査の結果をあらわしています。この調査を行ってはじめて、ヘツカシダの大部分の個体が、「高レベル」の摂食を受けていることに気づかされました。ほとんど葉が残っていない状態なので、調査する前は、ヘツカシダがこれほどひどい摂食を受けていることがわからなかったのです。

このような調査結果から、ヤクシカが「高レベル」の摂食によって、林床植生を消失させていることは、かなり確実になりました。しかし、このような摂食が、種を消失させる要因となっているかどうかについては、依然として証拠が不十分です。二十箇所の調査地点の間の違いは、空間的な変化であって、時間的な変化ではありません。現時点で摂食が多い場所は、昔から多かったのかもしれません。このような可能性を否定するためには、何としても、時間的変化の証拠が必要なのです。

4　ヤクスギ天然林における三十年間の林床植生の変化

屋久島の森林は、多くの研究者によって調査されてきました。かつて調査された記録がある場所で、再調査を行えば、植生の時間変化を明らかにすることができます。高木については、このような継続調査によって、森林の動態が詳しく研究されています。このような時間的変化の比較を、林床植生について行える場所があれば、かつて自生していた種が実際に消失したことを示す決定的な証拠を得ることができます。

しかしながら、論文や報告書に公表されている資料を探索した限りでは、林床植生についての調査記録が残されていて、再調査が可能な場所は、皆無でした。森林の動態を調べている研究者は、樹木の更新に主たる関心があるので、林床の草本植物について詳しく調査している事例は、ほとんどないのです。また、林床の草本植物は種数が多く、同定がしばしば難しいために、同定能力の高い調査員がいない限り調査が困難なのです。

しかし、幸いにして、林床の草本植物について、詳しい調査が行われた場所があることがわかりました。ヤクスギランドから太忠岳への登山路の千二百メートル地点に位置する、「天文の森」と呼ばれるヤクスギ天然林に一九六七年に設定された一ヘクタールの定点調査区では、二十五メートルライン、五十メートルライン、七十五メートルラインの三つのラインに沿って、林床植生の調査が行われていました。しかも、各ラインを二メートル×二メートルの五十個のコードラートに区切り、ブラウンブランケ法（被度を記録する植生調査法）による植生調査が行われ、その記録が残されていたのです。

この調査を担当されたのは、鹿児島大学農学部林学科の迫静男氏（故人）です。迫氏は、植物の同定に関する高い能力の持ち主でした。そのため、天文の森の林床植生調査のデータは、きわめて信頼性の高いものです。

天文の森の1ヘクタール調査区は、二十メートル×二十メートルの25ブロックに区分され、各ブロックの四方に杭が打たれています。したがって、一九七六年に調査された二十五メートルライン、五十メートルライン、七十五メートルラインを正確に再現でき、二メートル×二メートル単位での植生の変化を調べることが可能

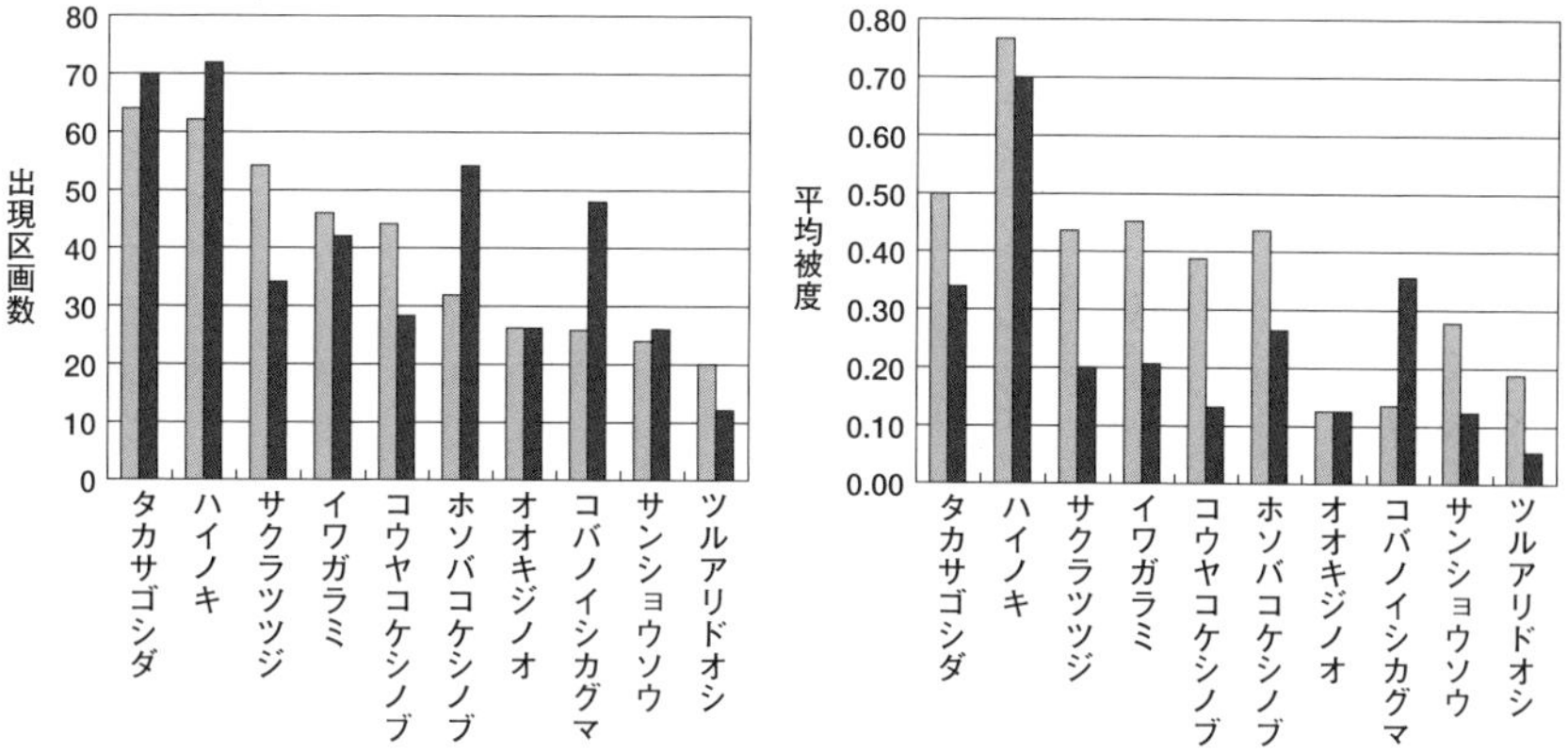

図７　1973年における出現区画数上位10種の変化

1973　2004

タカサゴシダ・ハイノキ・サンショウソウ：出現区画数微増，被度減少
サクラツツジ・コウヤコケシノブ・ツルアリドオシ：区画数も被度も減少
コバノイシカグマ：区画数も被度も増加

です。

天文の森調査区は、樹木の動態に関する長期的調査が行われている場所として、森林生態学者の間ではよく知られており、私もその存在を知っていました。しかし、迫氏による林床植生調査データの存在は公表されていませんでした。このデータが記された野帳は、天文の森調査区の管理と継続調査を引き継がれた九州大学農学研究院の吉田教授の研究室にありました。吉田研究室で、天文の森調査区の樹木の動態を研究されている大学院生の高嶋さんは、この紙媒体のデータを生かせないかと考えて、パソコンへの入力を進めていました。その高嶋さんと屋久島の民宿で会い、いろいろな話をしているうちに、このデータが話題にのぼり、私ははじめてその存在を知りました。早速、高嶋さんや吉田教授に共同研究を提案し、三十年間の林床植生の変化を調べることにしました。

この調査は現在も継続中です。ここでは、五十メートルラインについての調査結果を紹介し、三十年間の林床植生の変化の一端を垣間見てみることにしましょう。林床で優先している低木のハイノキについては、出現区画数・平均被度ともに目立った変化はありません（図７）。

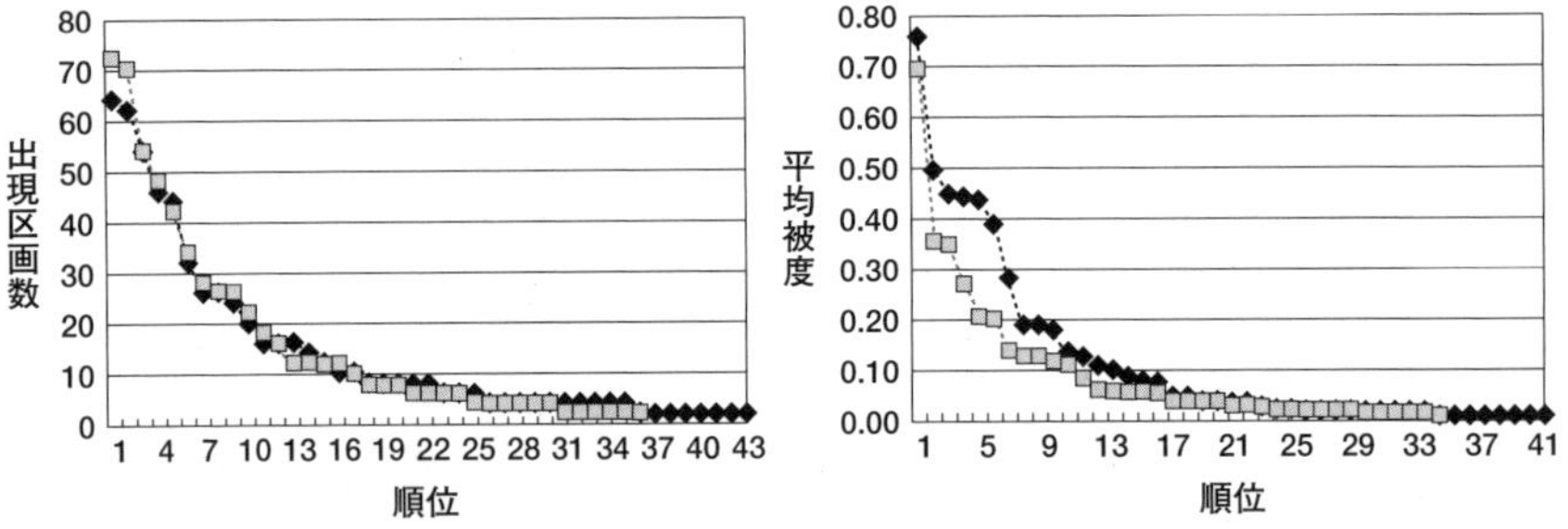

図 8　順位と出現区画数・平均被度の関係（30 年間の平均）
—◆—1973 年　- -□- - 2004 年

ところが、ヤクシカの摂食が確認されているタカサゴシダやサクラツツジについては、平均被度が顕著に減っています。一方、ヤクシカの不嗜好植物であるコバノイシカグマでは、被度が増えています。森林の光環境の変化が原因なら、どの種でも被度が減るはずです。ヤクシカの不嗜好植物が増え、摂食がしばしば確認されている植物が減っている事実は、林床植生の変化にシカの摂食が影響していることを支持します。

図8は、五十個の区画中の出現頻度と、平均被度という二つの指標について、三十年間の変化を比較したものです。まず、多くの種において平均被度が減少しています。これは、ヤクシカの摂食によって、林床植生で覆われている面積が全体として減少したことを意味しています。出現頻度では、ハイノキとタカサゴシダが若干増えており、一方で三十年前に少数の区画で見られた種が消失していることがわかりました（図9）。これらの種の中には、激減した屋久島固有種ヤクシマタニイヌワラビが含まれています。被度が減っているタカサゴシダが出現頻度の点で増えているのは一見奇妙な結果ですが、タカサゴシダはシカの摂食の下で小型化することによって生きのびています。被度に寄与するほどの大きさまで成長した個体はほとんどありませんが、小型の個体がトランセクト全体に見られます。林床植生が全体として減少したために、小型の個体にとっては光環境が改善され、その結果生育地点数が増えたのでしょう。おそらくヤクシマタニイヌワラビは、ヤクシカの摂食に対するこのような柔軟な反応ができなかったために、激減したので

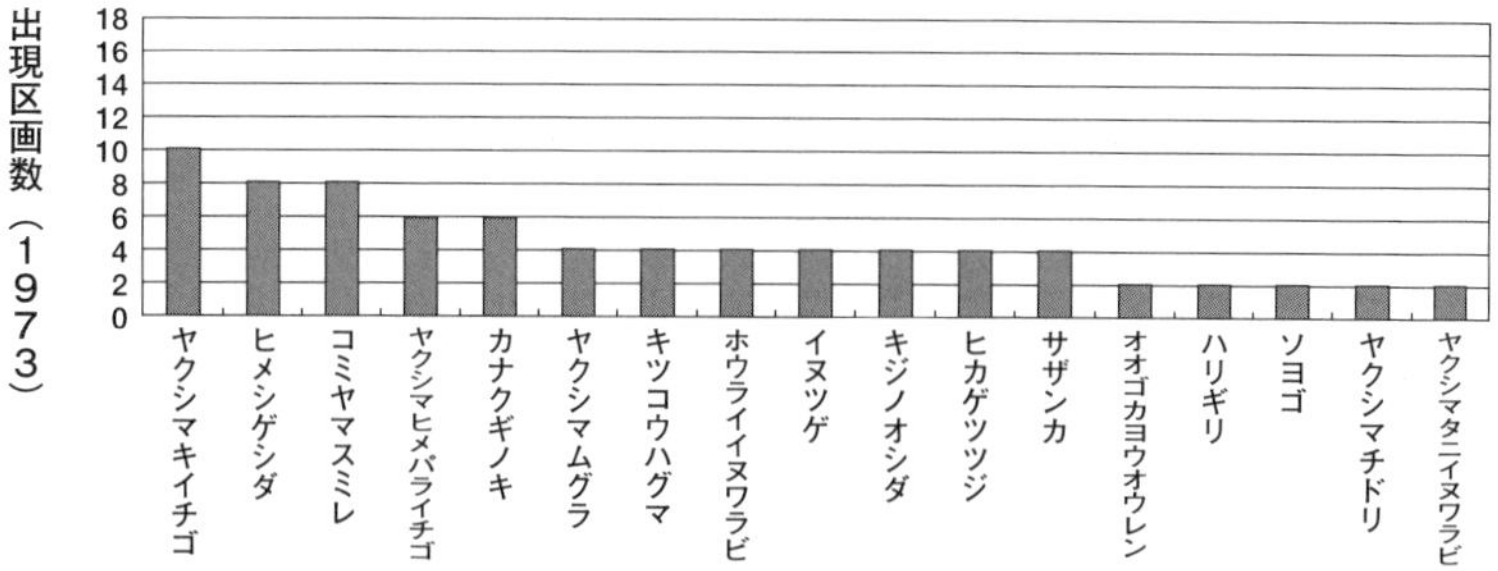

図9　30年間に消失した種とその1973年における出現区画数

しょう。

天文の森調査区での三十年間の林床植生の変化から、ヤクスギ天然林の林床で種の消失が実際に起きており、そしてこの消失をひきおこした主要な要因がヤクシカの摂食であることがほぼ確実になりました。もちろん、上記の結果から、ヤクシカの摂食が種の消失をもたらした唯一の要因だとはいえません。おそらく、天文の森調査区のように、ヤクスギ天然林下の暗い場所では、ヤクシカの摂食を受けたあと、短期間で再成長することができないので、ヤクシカの摂食の影響は強くあらわれるでしょう。もっと明るい場所なら、ヤクシカの摂食を受けても、早く回復することができます。このような、光環境の影響は無視できませんが、ヤクシカの摂食が林床植生の変化を引き起こした主要な要因であることは、ほぼ確実になったと思います。

今後は、ヤクシカがどれくらい摂食し、林床植生にどれくらい影響を与えているかを定量的に調べることが必要です。この調査と、保全対策を兼ねて、安房林道沿いの三地点に、ヤクシカが進入できないように柵を設置しました。今後、この柵の内外での林床植生の成長量・摂食量・個体の死亡率を比較することで、ヤクシカの摂食の影響をより定量的に評価できるはずです。

また、これらの柵は、絶滅危惧種が生育している地点を選んで設置しました。繰り返し述べているように、種の絶滅にかかわる問題においては、十分な調査データが整うまで待っていては、対策が手遅れになるかもしれません。そこで、ヤクシカの摂食によって絶滅してしまわないように、絶滅危惧種の生育地を確保しておく必要があります。この考えにもとづき、柵の設置による研究と、保全対策の双方にとって効果がある場所を設置地点に選んだのです。

5 ヤクシカは増えているか？

次に、「ヤクシカは本当に増えているのか？」という疑問に答えたいと思います。この疑問に答えるうえでも、時間的変化に関する証拠が必要です。幸いにして、北海道大学の立澤史郎さんが、一九九五年に屋久島全域で調査されたヤクシカの調査データがあることがわかりました。このデータも、未発表のまま眠っていました。

立澤さんが採用されたのは、夜間に林道や登山路を移動しながら、サーチライトを使ってシカの目撃数を数えるという方法です。個体数推定としては、きわめて大雑把な方法ですが、屋久島のほぼ全域で調査が実施されている点は、きわめて重要です。

一般に、野外調査では、狭い地域でより詳細なデータをとるという方法が採用されがちです。そのほうが、データの信頼性が高まるので、科学研究としては、評価を受けやすいのです。しかし、ヤクシカの管理を考える場合には、屋久島全域での動態を把握する必要があります。十年前の調査と同じ方法で屋久島全域を再調査すれば、全域で増えているのか、それとも特定の場所で増えているのかを把握することができます。

そこで、十年前の調査と同じ方法で、同じルートを使って、再調査を実施することにしました。図10は、一九九五年と二〇〇四年の調査結果を比較したものです。この図から、島の西側を通る西部林道・北東部の白谷林道などで、ヤクシカの目撃数が顕著に増えていることがわかります。一方、南部のモッチョム農道では、二〇〇四年の調査でもヤクシカはほとんど目撃されず、十年間でとくに変化がなかったことをあらわしています。

実際に、モッチョム岳周辺では、林床植生の状態は十年前とほとんど変化が見られません。一方、ヤクシカの目撃数の増加が著しい西部林道・白谷林道に沿う森林では、林床植生の消失が著しく、林の下の見通しが良くなっています。このように、屋久島の中でもヤクシカの増加傾向が顕著な場所と、増えていない場所があるのです。

二〇〇四年の調査は、林道に沿って、車を使って実施されました。天然林内でのヤクシカの密度が変化してい

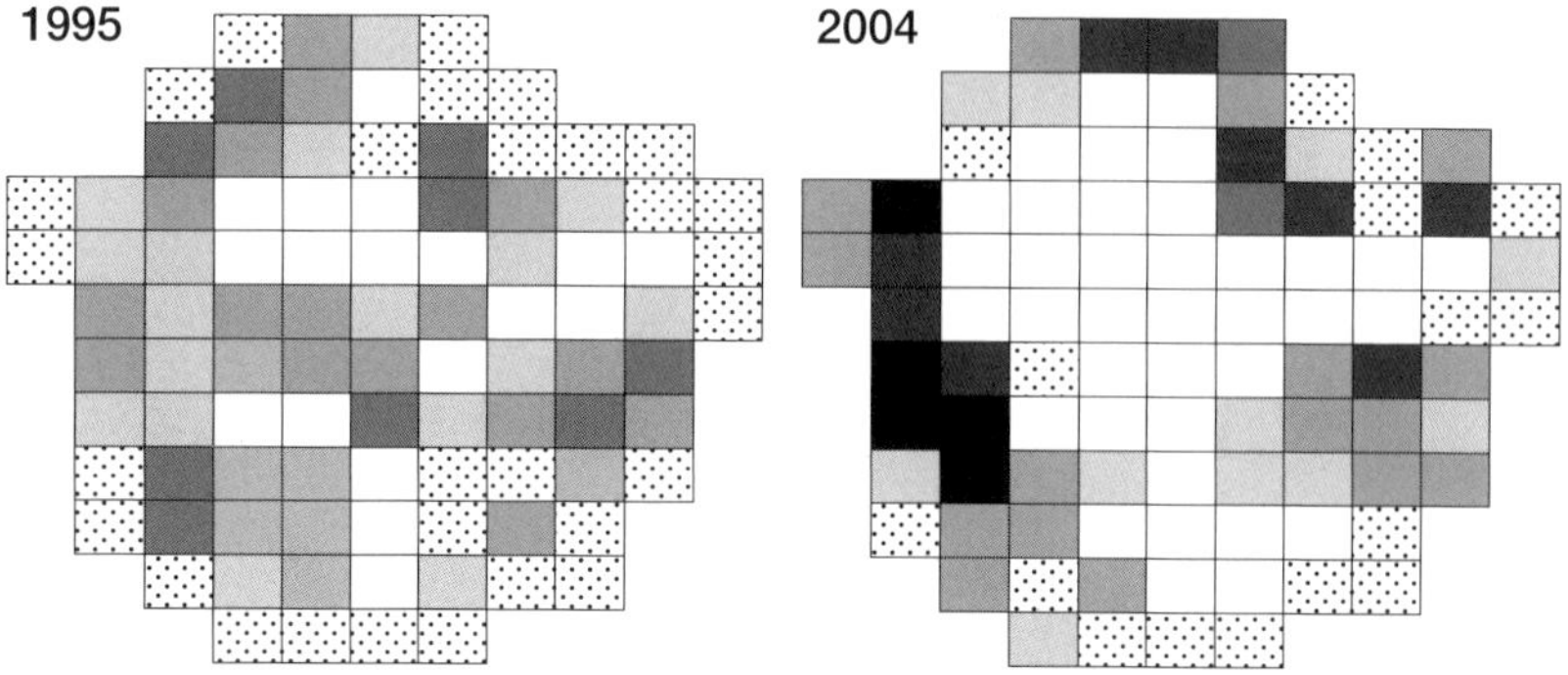

図10　夜間ライトセンサス調査におけるヤクシカ目撃数の変化（立澤氏，未発表）

3回合計観察数　0〜1　2〜4　5〜8　9〜16　17〜32　33〜　未調査

るかどうかを調べるために、二〇〇五年七月に、尾の間歩道や永田歩道、宮之浦岳登山路、楠川歩道に沿って、夜間調査を実施しました。私も七キロのバッテリーをかついで調査に参加しました。私の予想に反して、尾の間歩道では、ヤクシカの密度は低いままにとどまっていました。次の節で述べるように、尾の間歩道の中標高地では、ヤクシカの食痕が多くの種に見られます。このデータから、ヤクシカの密度が高まっているものと予想していました。

夜間にサーチライトで林床を照らしながら歩いてみると、ヤクシカの食痕が目立つ尾の間歩道の中標高地では、まだ林床植生の被度が高く、見通しが悪いことがよくわかりました。見通しが悪いとヤクシカの発見頻度も低下するので、ヤクシカの目撃数は過少評価されている可能性があります。しかし、現在でも林床植生の被度が高いままであるという事実は、ヤクシカの密度が大きく変化していないことを示唆しています。

象徴的だったのは、楠川歩道での夜間調査です。白谷雲水峡からの山道を下っている間は、ヤクシカは1個体も目撃できませんでした。ところが、山道が終わり、林道に出たとたんに、林道沿いの植林地にたくさんシカがいたのです。

ヤクシカの食糧事情を考えてみると、林道沿いの植林地は、ヤクシカにとっておそらく最も好適な生活環境でしょう。林道沿いの明るい場所は生産力が高いので、シカが食べてもすぐに植物が再成長します。天然林内の暗い場所は、一度食べつくすと、しばらくは植生が回復しません。林床植生が消失した天然林内でのヤクシカの摂食行動を観察してみると、風などで落ちた新しい落葉をよく食べています。決して食糧が豊富にあるわけではないので、天然林内でのヤクシカは、広い範囲を移動しながら摂食しているようです。

一方、林道沿いのシカは、再成長する植物を利用し続けています。また、林道に沿っての移動が容易なので、少ないコストで豊富な餌を利用することができます。このような林道沿いの植生を利用して増えたヤクシカが、たとえば白谷林道から白谷雲水峡内の天然林にしばしば移動し、天然林内の林床植生の消失をひきおこしたものと思われます。

6 広域を網羅する定量的な植物分布調査法の開発

林床植物の保全対策を立案するためには、ヤクシカの場合と同様に、屋久島全域を対象とした植物の調査を実施する必要があります。ところが、これが大変なのです。天文の森調査区で行ったような二メートル×二メートル単位で被度を記録する方法を使えば、その場所の植生の状態をかなり正確に記録することができますが、一方で調査に時間がかかります。この方法では、一地点の調査に三日程度はかかります。一年間、毎日調査したとしても、百二十地点程度しか調査できません。

そこで、少ない項目の調査をできるだけ多くの地点で実施する方法が必要となります。私たちは、長さ百メートル×幅四メートルの帯状調査区内に生えている植物名を記録するという単純な方法で、できるだけ多くの調査地点を調べることにしました。その際、ヤクシカの食痕が見られた種についても記録することにしました。

まず、尾の間歩道〜宮之浦岳登山路〜永田歩道に沿って調査を実施しました。このルートでは、帯状調査区を四百メートル間隔で設置しました。つまり、五十メート

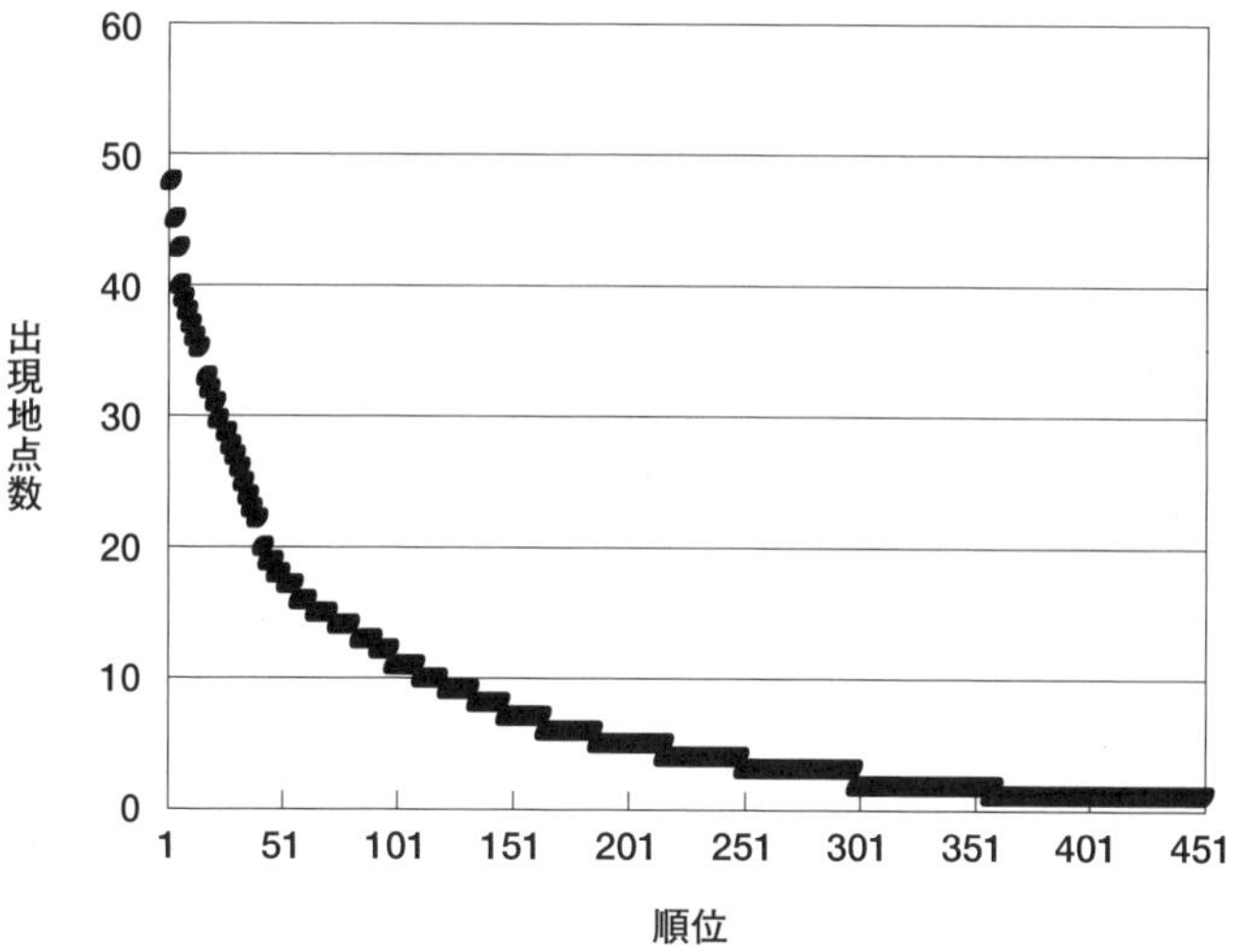

図 11　尾の間～永田ルートでの順位・出現地点数関係

ル区間あたり一地点の百メートル調査区を設定しました。帯状調査区の両端には、番号をつけた杭を設置し、再調査によって植生の変化が確認できるようにしました。

次ページの表は、このルートで確認された四百六十六種のうち、上位三十五種についての分布情報をまとめたものです。最も分布が広いのはサクラツツジで、四十八地点で確認されました。次に分布が広いのはハイノキで、四十五地点で確認されました。ハイノキについては、一地点で、サクラツツジは七地点で食痕が確認されました。このようなデータから、各種についてのシカの嗜好性を判断することもできます。

図11は、このルートで確認された四百六十六種の出現頻度をまとめたグラフです。この図から、四百六十六種中九十八種(二十一%)は一地点のみで確認されたことがわかります。また、約半数の種が四地点以下のみで確認されました。このように、多くの種は限られた場所にだけ生育していることがわかります。生育地点数が少なく、かつ、シカの食痕が見られる種は、絶滅のおそれが高いといえます。たとえば環境省レッドデータブックに

表　上位 35 種の分布情報

種名	トランセクト																														
	T01	T02	T03	T04	T05	T06	T07	T08	T09	T10	T11	T12	T13	T14	T15	T16	T17	T18	T19	T20	T21	T22	T23	T24	T25	T26	T27	T28	T29	T30	T31	T32
サクラツツジ			1	1	1	1	1	1	1	1	1	1	1	1	1	1	1	1	1	1	1	1	1	1	1	1	1	1	1	1		1
ハイノキ									1	1	1	1	1		1	1	1	1	1	1	1	1	1	1	1	1	1		1	1	1	1
アセビ											1	1	1	1	1	1	1	1	1	1	1		1	1		1	1	1	1	1	1	
コバノイシカグマ							1	1	1	1	1	1	1	1			1	1	1	1	1	1	1	1	1	1	1	1	1	1	1	1
ヤクシマミヤマスミレ												1	1	1	1	1	1	1	1	1	1	1	1	1		1	1	1	1	1	1	1
スギ													1	1	1		1	1	1		1	1	1	1	1	1	1	1	1	1	1	1
ヒメツルアリドオシ													1	1	1	1	1		1	1	1	1	1	1	1	1	1	1		1	1	1
ヤマグルマ											1	1	1	1		1	1	1	1	1	1	1	1	1	1	1	1		1	1	1	1
ヒメヒサカキ													1	1	1	1	1	1	1	1	1	1	1	1	1	1	1	1	1		1	1
シキミ						1		1	1	1	1	1	1	1	1	1	1	1	1	1	1	1		1	1	1	1		1			1
ホウロクイチゴ	1	1		1	1		1	1	1	1	1	1	1	1		1	1	1	1		1		1	1	1	1		1				
オオキジノオ				1		1	1	1	1	1		1	1		1	1	1	1		1	1		1	1	1	1		1			1	1
ヒサカキ	1		1	1	1	1	1	1	1	1	1	1	1	1		1	1	1	1		1	1	1	1								
ヤクシマサルトリイバラ														1	1		1	1	1	1	1	1	1	1	1	1	1	1	1	1	1	1
ヤクシマシャクナゲ													1	1	1		1	1	1	1	1		1	1	1	1	1		1		1	
リョウブ											1			1	1	1	1		1	1	1	1	1		1	1	1		1	1		1
オオゴカヨウオウレン												1	1	1	1	1	1	1	1	1	1	1	1	1		1	1					
キッコウハグマ												1	1	1	1	1	1	1	1	1	1	1			1	1		1	1	1	1	1
サカキ	1				1		1	1	1	1	1	1	1		1	1	1	1		1	1	1	1	1								
ナナカマド														1	1	1	1		1		1	1	1	1	1	1	1		1	1	1	1
マムシグサ					1				1	1	1						1	1	1		1	1	1	1	1	1					1	1
ウラジロ	1	1	1	1			1	1	1	1	1	1	1	1	1		1	1	1		1		1	1		1						
トウゴクシダ									1	1		1	1	1		1		1	1	1	1	1		1	1	1		1	1			1
フタリシズカ														1			1	1		1	1	1	1	1	1	1	1	1		1	1	1
ヤクシマコオトギリ														1					1		1		1			1		1	1	1	1	1
アオスゲ													1						1	1	1		1					1	1	1	1	1
タカサゴシダ												1	1		1	1	1		1	1	1		1	1	1	1		1	1	1	1	
シシガシラ													1			1	1	1			1		1	1		1		1	1		1	1
ハリギリ														1	1		1		1	1	1	1	1	1		1	1	1	1			
ヤクシマツルリンドウ																		1	1	1	1		1	1		1				1	1	
イワガラミ	1				1		1	1	1	1	1	1	1		1	1					1	1										
ツガ				1									1		1	1	1	1	1	1	1	1	1	1	1	1		1				
マルバフユイチゴ																					1		1		1		1	1	1	1	1	1
キジノオシダ							1	1		1	1		1		1			1			1				1				1			

種名	トランセクト																														
	T33	T34	T35	T36	T37	T38	T39	T40	T41	T42	T43	T44	T45	T46	T47	T48	T49	T50	T51	T52	T53	T54	T55	T56	T57	T58	T59	T60	T61	T62	T63	T64
サクラツツジ													1	1	1	1	1		1	1	1	1	1	1	1	1	1	1	1	1	1	1
ハイノキ	1	1	1	1	1						1	1	1	1	1	1	1	1	1	1	1	1	1	1	1	1	1	1				
アセビ	1	1	1	1	1	1			1		1	1	1	1	1	1	1	1	1	1	1	1	1	1	1	1		1				
コバノイシカグマ	1		1			1					1		1	1	1	1	1	1	1	1	1	1	1	1	1	1	1					
ヤクシマミヤマスミレ	1	1		1								1	1	1	1		1	1	1	1	1	1	1	1		1	1	1	1			1
スギ	1	1	1	1							1	1	1	1	1	1	1	1	1	1	1	1	1	1	1				1			1
ヒメツルアリドオシ	1	1	1		1			1	1		1	1	1		1	1		1	1	1	1	1	1	1	1	1						
ヤマグルマ			1				1					1	1	1	1	1	1	1	1	1	1	1	1	1	1	1	1					
ヒメヒサカキ	1	1	1								1	1	1	1	1	1	1	1	1	1	1	1	1	1	1							
シキミ	1													1	1	1	1		1	1	1	1	1	1	1	1	1					
ホウロクイチゴ													1		1		1	1	1	1	1	1	1	1		1	1					1
オオキジノオ											1	1	1	1			1	1	1		1	1			1	1	1					
ヒサカキ																1		1		1	1	1	1			1	1	1	1	1		1
ヤクシマサルトリイバラ	1				1						1	1	1	1	1	1	1	1	1		1	1			1	1						
ヤクシマシャクナゲ	1	1	1	1			1		1	1	1	1	1	1	1	1	1	1	1	1												
リョウブ			1									1	1	1	1	1	1	1	1	1	1	1	1	1		1	1					
オオゴカヨウオウレン	1	1	1	1			1			1				1				1	1	1	1		1	1	1	1	1					
キッコウハグマ	1	1	1	1							1	1	1	1	1	1					1		1									
サカキ																				1	1	1	1		1	1	1	1	1	1	1	
ナナカマド		1	1	1									1	1		1	1	1		1	1	1		1		1						
マムシグサ	1		1									1	1	1	1	1	1	1	1	1		1		1			1					
ウラジロ														1			1	1			1	1	1						1		1	
トウゴクシダ		1			1											1	1		1	1	1	1		1		1		1				
フタリシズカ	1											1		1		1	1	1	1	1	1	1	1	1	1							
ヤクシマコオトギリ	1	1	1	1	1		1	1	1	1	1	1	1	1	1		1	1														
アオスゲ					1	1	1	1	1		1	1	1		1	1	1	1	1		1	1										
タカサゴシダ																			1		1	1	1	1	1	1	1	1				
シシガシラ			1										1	1	1				1	1	1		1		1	1						
ハリギリ																	1	1		1	1	1	1	1	1	1						
ヤクシマツルリンドウ												1		1	1		1	1	1	1	1	1										
イワガラミ																									1	1	1		1			
ツガ																										1						
マルバフユイチゴ	1											1	1		1	1	1	1														
キジノオシダ													1	1			1						1								1	

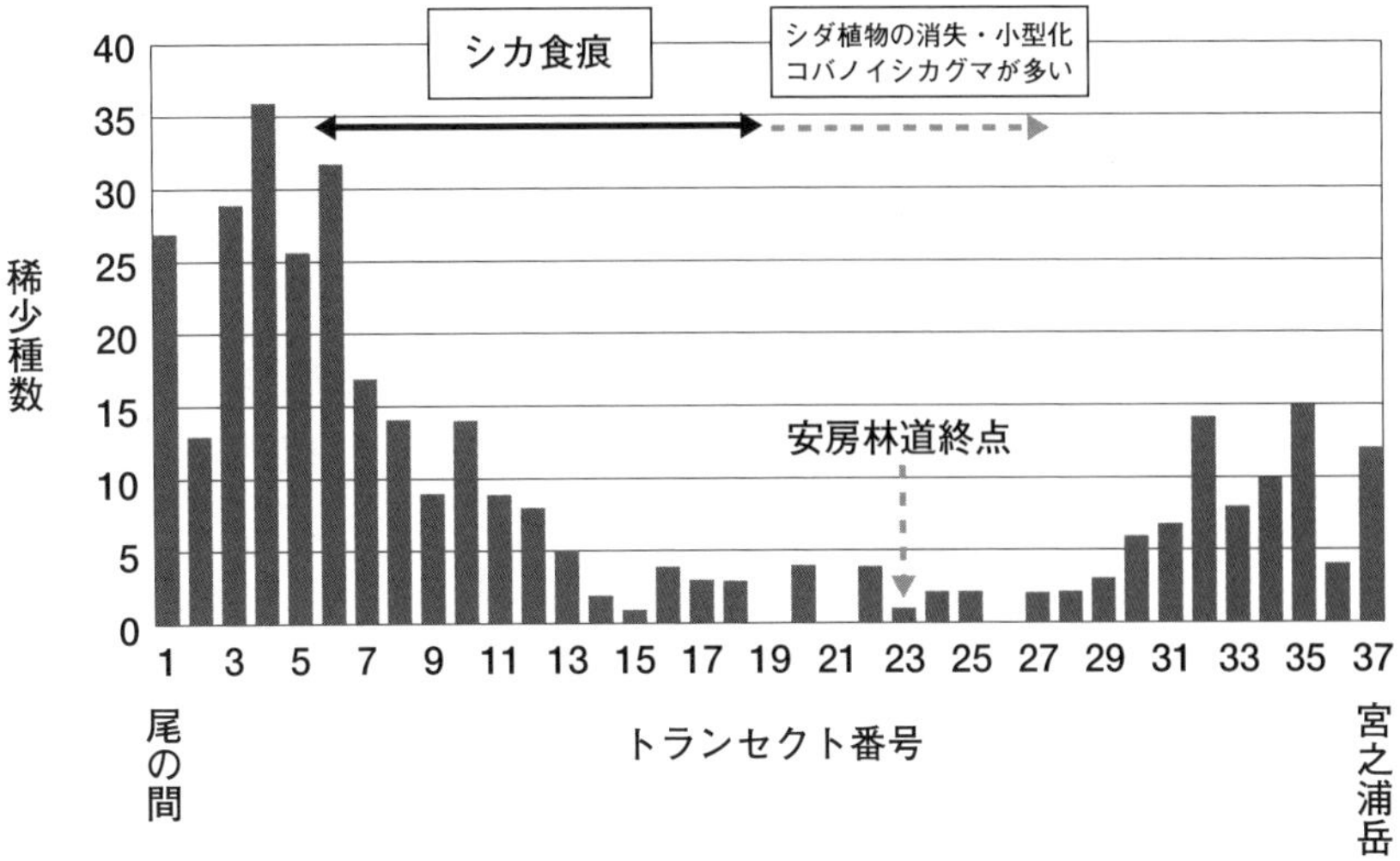

図12　尾の間歩道における稀少種（出現頻度が3地点以下の種）の分布

掲載されているタイワンヒメワラビは一地点のみで確認され、この場所でシカの摂食にさらされています。このようなデータから、個々の稀少種の絶滅リスクを評価し、保全対策の緊急性の程度を判断する材料とすることができます。

図12は、尾の間歩道〜宮之浦岳頂上の間で、三地点以下で確認された種がそれぞれのトランセクト調査区に何種あったかを図示したものです。この図から、稀少種は低標高地に多く、中標高地では次第に減少し、山頂部で再び増加していることがわかります。一方、ヤクシカの食痕は、中標高地で多いのです。また、安房林道終点付近のスギ天然林内では、ヤクシカの食痕は見られないものの、過去に比べシダ植物が減少し、小型化しています。この変化は私の記憶に照らして判断しているので、データで示すことはできませんが、安房林道終点付近のスギ天然林の林床植生の現状は、天文の森の現状とよく似ています。天文の森での変化から類推して、ヤクシカによる摂食のために林床植生の被度が減少し、今ではヤクシカの食痕が確認できない水準に至っているものと考えられます。この仮説は、柵を設置して、林床植生がどの程

度回復するかを調べることで、検証することができます。しかし、安房林道終点付近では、絶滅危惧種がすでにほとんど見られない状態です。そこで、すでに述べたように、絶滅危惧種がまだ残っている安房林道下部で柵を設置し、その効果を調べようとしています。

7―合意形成のために

検討会で提起された三つの疑問のうち、「固有植物・稀少植物の減少は、本当にヤクシカの摂食のためにおきているのか」「ヤクシカは本当に増えているのか」という二つの疑問については、ある程度答えを出すことができたと思います。証拠は十分とはいえませんが、「ヤクシカは林道沿いに増えている」「ヤクシカの摂食のために固有植物・稀少植物が減少している」という仮説を選択することについては、合意が得られるものと思います。すでに述べたように、完全な証明を待つのではなく、仮説選択の段階で合意し、対策をとりながらさらに検証を進めることが重要です。私たちのプロジェクトでは、この成果をもとに現地報告会を開き、島民の方々や、行政と合意形成を進めていく予定です。

では、「個体数管理をしなくても、自然界のバランスを通じてヤクシカと植物は共存を続けるのではないか」という疑問に対しては、答えを出せたでしょうか。現時点で、「個体数管理をしなければヤクシカと植物は共存できない」という私たちの仮説を支持する強い証拠は、提示できていないと思います。しかし、いくつかのヒントは得られています。

第一に、ヤクシカの増加は、林道と深い関わりがありそうです。林道沿いの、再生産力の高い群落の存在と、林道というコストの低い移動ルートの存在が、ヤクシカの個体数増加に寄与しているという仮説は、かなり有力です。この仮説が正しければ、林道が存在する限り、林道が存在していなかった時代のヤクシカと植物の共存機構は、成り立たない可能性があります。「自然界のバランス」は、人間が作りだした林道の存在によって、すでに崩れているかもしれないのです。

第二に、ヤクシカの摂食のもとで、小型化して生きのびている植物と、食い尽くされている植物があります。屋久島固有の絶滅危惧種の中でも、コスギイタチシダは前者であり、当面は、完全に滅ぶ心配はなさそうです。

一方で、ヤクシマタニイヌワラビは、おそらく小型化という柔軟な対応ができず、絶滅寸前に至っています。このように、「植物」がすべて同じように反応するわけではありません。「個体数管理をしなければ、少なくともいくつかの種は絶滅する」という仮説については、有力な証拠が得られたと思います。

それでも、多くの人が訪れる屋久島の国立公園内で、個体数管理を実施することには、さまざまな反対意見がありえるでしょう。私たち研究者の役割は、証拠や仮説を提示するとともに、私たちがより適切と考える対策について、合意を形成する努力を重ねることにあると思います。しかし、対策を決定するうえでもっとも尊重されるべきなのは、島民の意思だと思います。この考えにもとづいて、島民・行政・研究者の間で、情報を共有し、ねばり強く議論をつみ重ねていきたいと思います。

第九章　サル二万、シカ二万、ヒト二万　屋久島のシカと森の今

ヤクタネゴヨウ調査隊●手塚賢至
屋久島まるごと保全協会●牧瀬一郎
荒田洋一
総合地球環境学研究所●湯本貴和

はじめに

屋久島は昔から「サル二万、シカ二万、ヒト二万」と数えられるとされるほど、サルとシカの多い島として知られていました。現在、屋久島は上屋久町と屋久町のふたつの町に分かれていますが、人口は合計で一万四千人ほどです。人口のピークは、森林伐採の最盛期である一九六〇年でおよそ二万四千人でした。

また屋久島には「野に十日、山に十日、海に十日」ということばもありました。恵まれた自然のなかで、農業と林業、漁業をうまく組み合わせて生活の糧にしてきた人々の暮らしを表現したものです。

このように人間と自然が共生し、人とサルとシカが共存してきた豊かなこの島は、いまどうなっているのでしょうか。

1―世界遺産の島・屋久島

屋久島は、九州最南端の佐多岬から南海上およそ七〇キロに浮かぶ周囲約一三二キロ、面積約五〇三キロのほぼ円形の島です。九州一の高峰・宮之浦岳（標高一九三五メートル）をはじめとして、一八〇〇メートル級の山七座を擁する山岳島として知られてきました。

黒潮洗う亜熱帯の海岸部から、四月まで雪をいただくこともある山頂部までの標高差が、シダ植物三八八種、種子植物一一三六種の自生を許す環境となっています[1]。日本に自生する植物の約六分の一が、この小さな島に分布することになります。植物は赤道に近いほど、また島の面積が大きいほど種数が多いのがふつうですが、屋久

島より南に位置し、面積も大きい奄美大島でも帰化植物も含めて一三〇〇種あまりであることを考えますと、屋久島の植物相の豊かさがわかっていただけるでしょう。

屋久島は花崗岩の隆起によって生まれた島です。約六五〇〇万年前の屋久島は、アジア大陸沿岸の海底であったと推定されています。大陸から流れ込んだ土砂は、現在の種子島と屋久島付近に堆積し、熊毛層群と呼ばれる堆積層を形成しました。この熊毛層群は、現在、島の北西部を除く海岸部でみることができます。いまから一四〇〇～一三〇〇万年前にマグマが上昇して熊毛層群を押し上げて、現在の屋久島の姿になったとされています。[2]

屋久島はまた、雨の島としても知られています。標高二〇〇〇メートルに迫る高山を擁するために、斜面に沿って上昇した空気が冷却されて雲をつくりやすい条件にあります。北東部海岸の小瀬田での一五年間の平均では、年間四二九〇ミリの降水量を記録し、鹿児島の二倍、奄美大島の名瀬の一・五倍にあたります。また、小瀬田では、年平均気温は、一九・四℃、もっとも寒い一月の月平均気温でも一一・六℃で、霜が降りることも、積雪もめったにない温暖な気候です。島内各地の降水量の違いをみると、海岸部では東部が年間四五〇〇ミリ前後と多く、北部と南部では四〇〇〇ミリあまり、西部では少なく約二五〇〇ミリとなっていますが、山間部ではじつに八〇〇〇ミリ以上の雨が記録されています。多雨地帯として有名な大台ヶ原（奈良・三重県）でさえ、年間四〇〇〇ミリ程度であることを考えると、日本有数あるいは世界でも屈指の多雨といえるでしょう。

屋久島の森林帯は、標高に沿って五つに分けることができます。[3] 亜熱帯―照葉樹林帯移行帯、照葉樹林帯、照葉樹林―ヤクスギ林移行帯、ヤクスギ林帯、風衝低木林帯です（図1）。この標高に対応した五つの植生に、河口にだけみられる亜熱帯性のマングローブ林を付け加えることができます。屋久島は、この植生の垂直分布が連続して残っている東アジアで、ほとんど唯一の場所です。

マングローブの北限に近い屋久島や種子島では、マングローブを構成するのはメヒルギ一種だけで、現在、屋久島にはメヒルギのマングローブ林が、島の南西部の栗生川河口に細々と残っているにすぎません。

標高一〇〇メートル以下の亜熱帯―照葉樹林帯移行帯

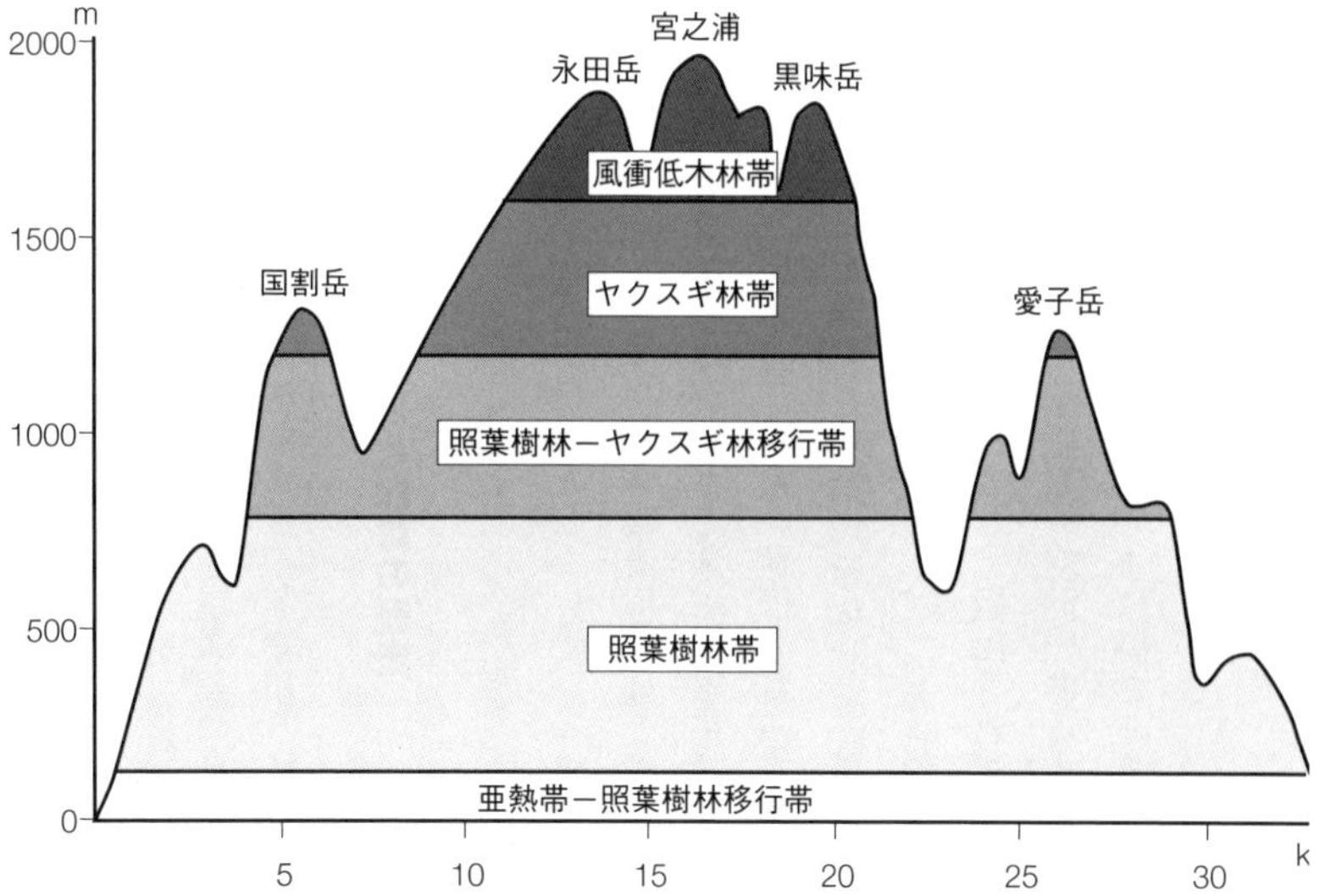

図1　屋久島の垂直分布帯(3)

は、タブノキ、スダジイ、イスノキを主体とする常緑広葉樹林に、絞め殺し植物のアコウ、ガジュマル、琉球や台湾に多いフカノキ、モクタチバナなどの熱帯要素が混じる森林です。標高一〇〇〜八〇〇メートルの照葉樹林帯は、スダジイ、ウラジロガシ、イスノキを主体として、サカキ、ヤブツバキ、イヌガシ、バリバリノキといったツバキ科、クスノキ科などからなる常緑広葉樹林です。このゾーンには種子島と屋久島にしか生育が確認されていないヤクタネゴヨウという五葉松があります。やせた尾根に生えていて、屋久島でも西南部のごく限られた地域にみられます。

スギ、モミ、ツガの針葉樹は、標高五〇〇メートル付近から現れ、標高が上がるとともに、数を増していきます。標高八〇〇メートルを超えると、針葉樹の巨木が目立つようになります。照葉樹林―ヤクスギ林移行帯である。一二〇〇メートル付近からは照葉樹林の構成要素が少なくなり、スギと着生したヤマグルマが優占する典型的なヤクスギ林となります。

標高一六〇〇メートルを過ぎたあたりから、モミやツガが姿を消し、スギも次第に樹高が低くなり、まばらになっていきます。強風によって、高木の生育が妨げられる風衝低木林帯です。高木が疎になり、林床が明るくなるこのゾーンでは、ヤクシママママコナ、ヤクシマコオトギリ、ヤクシマアザミなどの、屋久島の名を冠して呼ばれる固有植物が多く見られることで知られています。

2 屋久島の森林伐採と保護の歴史

こうした豊かな自然をもつ屋久島も、人間の手が加わっていない場所はほとんどないといってよいと考えられます。一六世紀末に屋久島を直轄領とした薩摩の島津氏は、一七世紀半ばからヤクスギの本格的な伐採にのりだしました。宮之浦に屋久島奉行をおいて、米のかわりにヤクスギを年貢として納める体制を確立したのです。当時、ヤクスギは屋根を葺く平木《ひらぎ》という長さ六〇センチ、幅一〇センチほどの薄板として搬出されました。そのため、平木をとるのに適さない空洞のある木や、曲がりくねった木は伐採を免れて、いまにいたるまで生き存えています。

明治以降、屋久島の八割弱の面積が国有林に繰り込まれたのちも、森林伐採は続きました。太平洋戦争時代の木材需要期には、大量の木材が屋久島から出荷されたといいます。さらに戦後、一九五六年にチェーンソーが導入されて以降、標高六四〇メートルにある小杉谷を森林伐採の基地としてヤクスギ林の皆伐が始まり、またパルプ用材として標高の低い照葉樹林も皆伐されてしまいました(図2)。ヤクスギ伐採の最盛期は一九五四年から約十年間、照葉樹林伐採の最盛期は一九六五年から約十年間です。

一九六四年に「霧島屋久国立公園」として島の三八%が国立公園に編入されましたが、禁伐の特別保護地域は公園の三二%、伐採方法や面積に制限がない第三種特別地域が六割を占めていました。当時、国立公園を所轄していた厚生省は、保護地域の大幅増を企画していましたが、国有林当局の強い抵抗を受けて妥協せざるを得なかったと聞いています。その後、島に住む人々や都会に住む島の出身者を中心に屋久島の自然を保全する動きが生まれ、世論の後押しをうけて、一九七〇年に学術参考林、自然休養林の指定、一九七六年には宮之浦川・永田川上流の施行を見合わせる、といったように保護が拡大し、さらに一九八三年には屋久島北西部の国立公園の拡

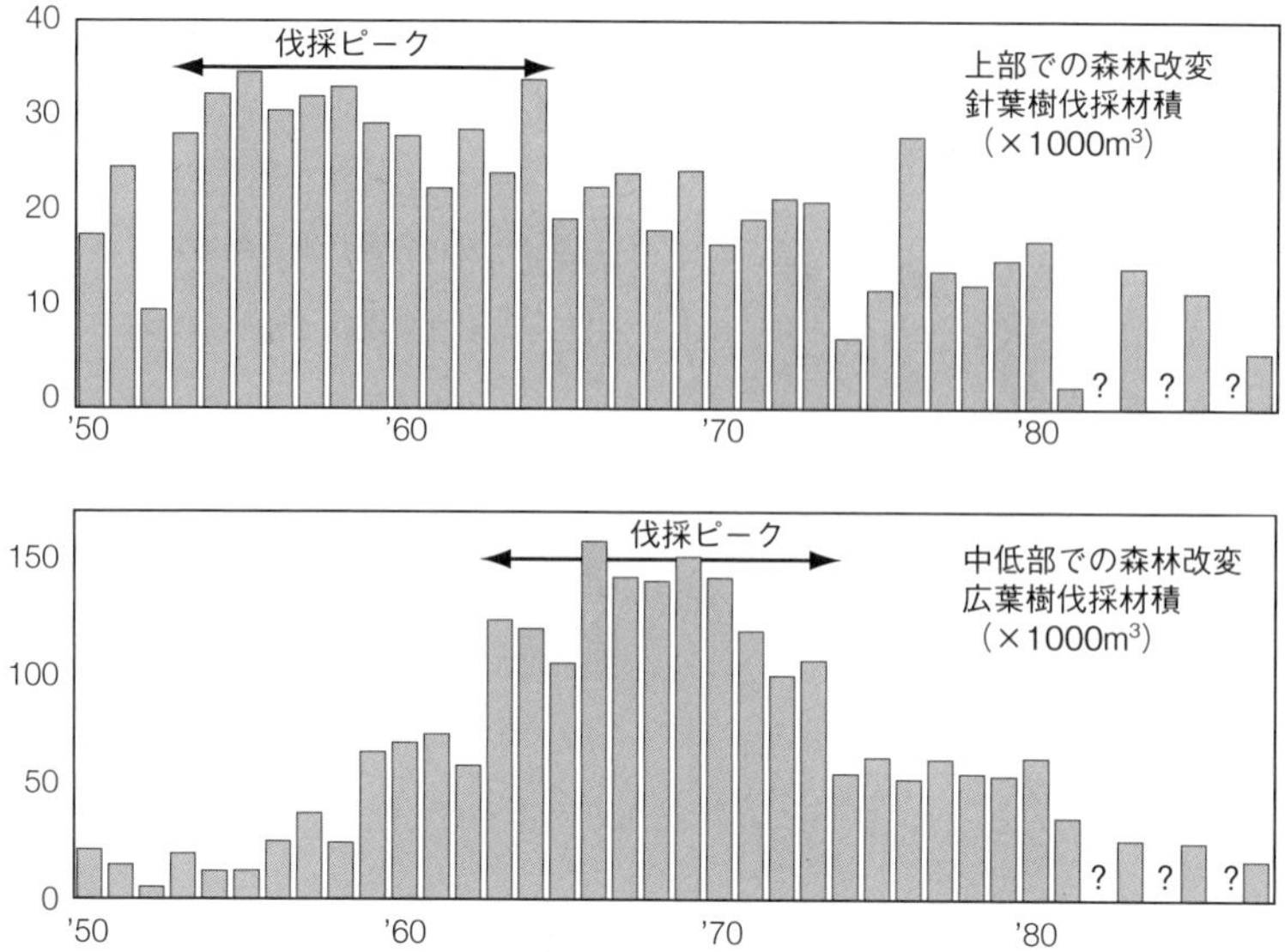

図２　屋久島上部・ヤクスギ林（上）と中下部（照葉樹林（下）の伐採体積の推移（屋久島営林署統計による）

張および保護強化が行われ、西部の海岸線より中央高地に至る垂直分布の保護ゾーンが確保されました。また林野庁も一九九一年に森林生態系保護地域を設定しました。一九九三年一二月に白神山地とともに日本で初めてユネスコの世界遺産に登録される際にも、残った垂直分布の貴重さが登録の大きな理由となっています。

しかし、人工衛星からの画像をみると、世界遺産の島・屋久島にいま自然植生が残っている割合がいかに小さいか驚くほどではないでしょうか。森林生態系保護地域も世界遺産地域も、国立公園の特別保護地域、第一種特別地域、第二種特別地域と大幅に重複していることがわかります（図３）。自然植生が残っているのは島の約五分の一であり、それ以外に自然度の高い植生は残っていなかったからなのです。森林帯別に全面積に対する保護地域の占める割合、すなわち保護率をみると、風衝低木林帯一〇〇％、ヤクスギ林帯六二％、照葉樹林―ヤクスギ林移行帯三四％、照葉樹林帯一一％、亜熱帯―照葉樹林帯移行帯二％となっていて、垂直分布の下部ほど保護対象となっていないことがわかります。実際に島で成熟した照葉樹林がみられるのは、西部地域、愛子岳山麓、尾

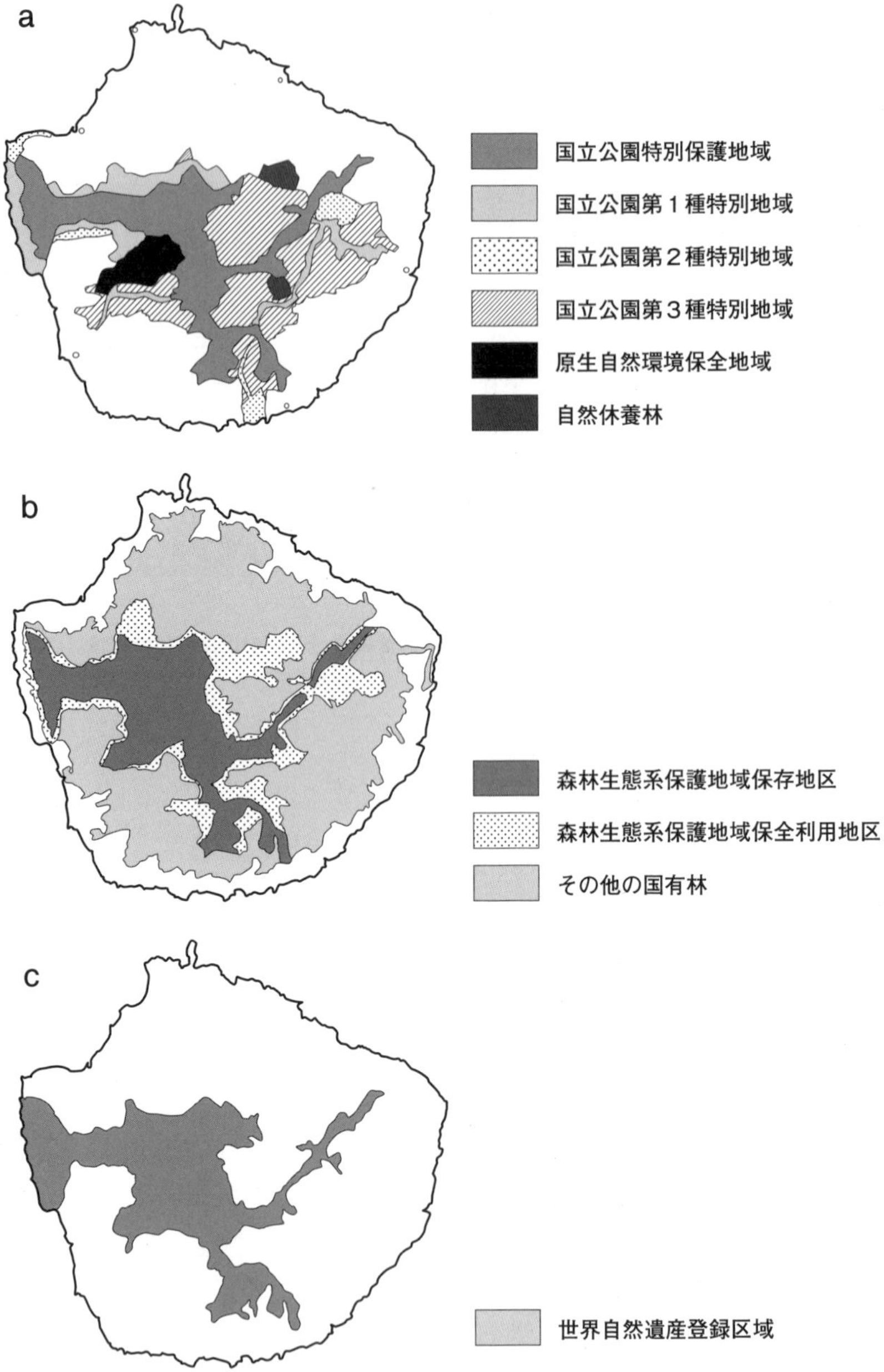

図３　屋久島の保護区域。ａ：国立公園特別地域、ｂ：森林生態系保護地域、ｃ：世界遺産登録地域（環境省および林野庁による）

之間—蛇の口滝の三ケ所にすぎません。照葉樹林がもっとも広い面積にわたって残っている西部地域は島内では降水量が少なく、地形が急峻なために、土壌が浅くて樹高も低く、現存量も種多様性も典型的な照葉樹林とはいいがたい面があります。肥沃な平坦地の照葉樹林はほぼすべて消滅してしまったあとであり、その意味で屋久島の保護のゾーニングは、大規模な森林伐採のあとに残った自然をかろうじて囲い込んだものといえるのではないでしょうか。

3 農林業被害とヤクシカ駆除

こうした屋久島の森の大きな変化が屋久島に住む動物に大きな影響を与えていることは想像に難くありません。多様さを誇る植物相に比べると、もともと動物相は豊かとはいえません。本土と離れた島だからでしょう。とくに大・中型哺乳類は、ヤクシマザル、ヤクジカ、ヤクシマコイタチといった固有亜種がいる他には、本来、タヌキもキツネもウサギもいませんでした。ヤクシマザルとヤクジカは、ほぼすべての植生帯に生息しています。

ちなみに鳥相も屋久島独特で、日本中どこでもふつうにみられるシジュウカラが分布せず、ヤマガラ、メジロ、ヒヨドリが優占しています。特別天然記念物のアカヒゲは極めて稀ながら、ヤクスギ林に生息しています。同じく天然記念物のアカコッコとイイジマムシクイはここ二〇年以上も確認されていません。

この動物たちの世界に異変が起こっているのではないかと島の人々が感じ始めたのは、ここ一〇年あまりのことでしょうか。もともと自然分布していなかったタヌキが増えてきました。ペットとして持ち込まれた少数のタヌキが逃げ出した、あるいは故意に放されたとされていて、現在、島のいたるところで目撃されています。屋久島で旺盛に繁殖しているようです。

それからヤクシカです。二〇年ほど前には人里でヤクシカをみることは、そんなに頻繁ではなかったのですが、いまでは毎日のようにシカの姿をみることができます。屋久島を一周する道路の脇を歩いていたり、ゲートボール場でのんびり草を食んでいたりします。また、世界遺産地域に含まれている西部林道の照葉樹林や、自然休養林で観光客が多く訪れる白谷雲水峡やヤクスギランドなどでは、行けば必ずといっていいほどヤクシカをみることができるほどになりました。以前では考えられなかったことです。とくにシカの目撃例の多い西部林道や白谷雲水峡などでは、以前は林床にたくさんみられた樹木の実生やシダ植物がほとんどない状態になりました。

農林業被害にも著しいものがあります。現在、屋久島では新たに植林はほとんど行われていませんが、一九九九年に国有林三ヘクタールに植え付けられた八三〇〇本ほどのうち、かなりのスギの苗木がヤクシカの食害を受けており、二〇〇五年現在では八六％がすでに枯れてしまいました。シカは植林した樹木の樹皮を剥ぐ、皮剥ぎという行動で植林地に被害をもたらします。

また、屋久島ではポンカンとタンカンという柑橘類が主力農産物となっています。これら柑橘類はヤクシカによる皮剥ぎだけではなく、ヤクシマザルも大きな被害をもたらすので、農園の大部分ではサル対策の金網を張っていて、なかには電気柵を設けているところもあります。これらのフェンスは頻繁にメンテナンスを行う必要があるのですが、管理を放棄したところではサルやシカのやりたい放題になっていて、後継者不足で高齢化が進んでいる島の農業の大きな脅威となっています。

屋久島ではヤクシカは保護獣であり、ヤクシカの捕獲は許可捕獲（いわゆる有害鳥獣駆除）に限られています。有害鳥獣駆除とは、「鳥獣保護及狩猟ニ関スル法律」第一二条に基づく制度です。野生鳥獣によって被害を受けた農林水産事業者が、被害防除を実施しても被害が防止できないと認められる場合に、環境大臣または都道府県知事の許可を受けて、捕獲従事者が野生鳥獣の捕獲または鳥類のひなおよび卵を採取できるというものです。平成六年からは、一部の有害鳥獣駆除の捕獲許可権限が都道府県知事から市町村長に委任されるようになりました。有害鳥獣駆除の許可が下されると、農林業被害がでた区域内で、被害防止の目的を達成するために最小数の鳥獣を、指定された実施期間内であれば季節を問わずに、捕獲することになっています。被害が認定されれば、保護鳥獣であっても、鳥獣保護区や国立公園内でも、有害鳥獣駆除に限っては捕獲が可能なのです。さらにここに述べたような、実際に被害が起きた場合に申請に基づいて許可をだす対処駆除とは別に、常時駆除を行って生息数を低下させる必要が認められる場合には、事前に計画をたてて一定数ずつ捕獲する予察駆除というものもあり

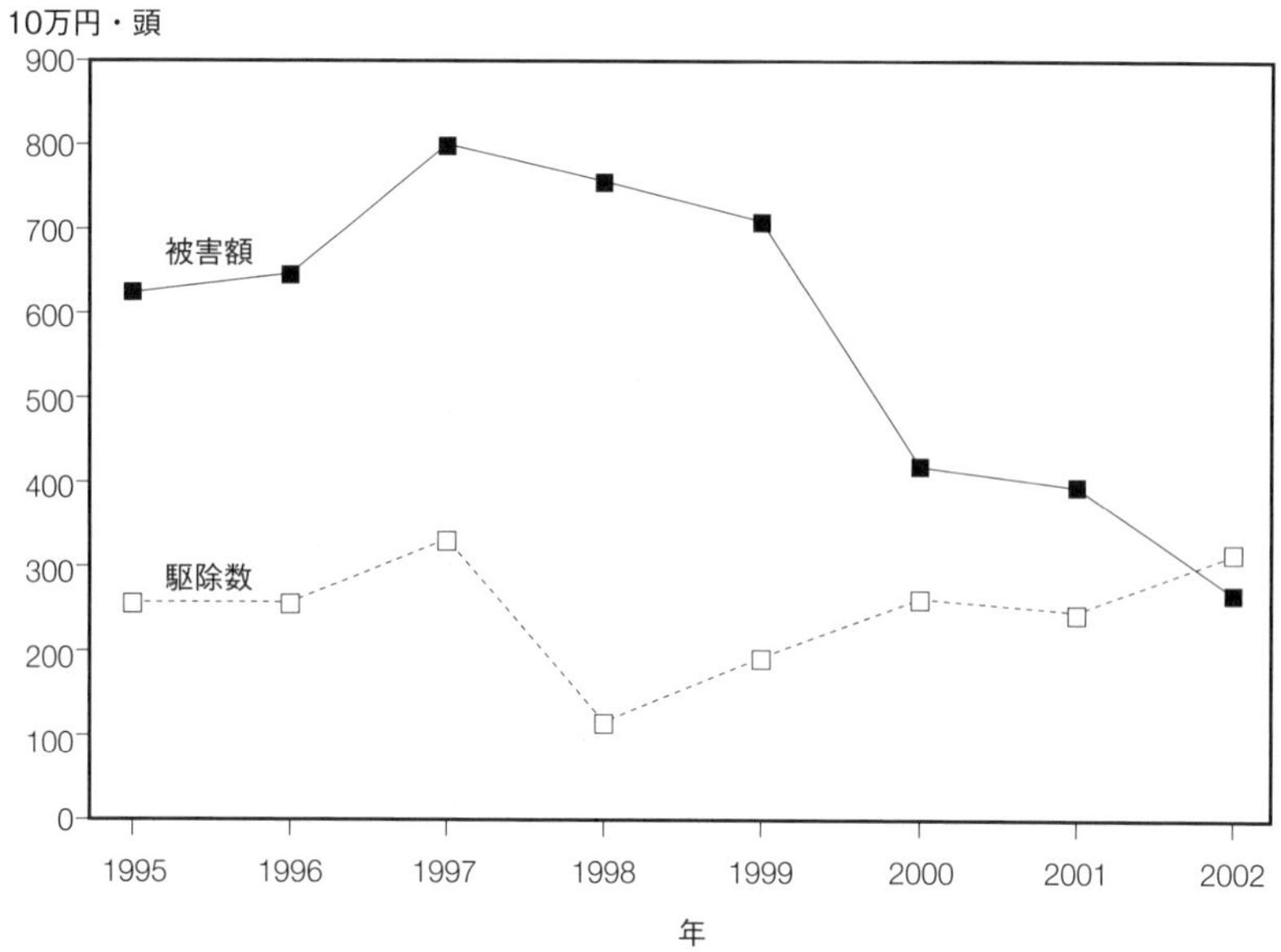

図４　ヤクシカによる農業被害額と駆除数（上屋久町農業統計による）

ます。このために、被害が出た畑や植林地を離れて、人家から遠くて人間を誤射するおそれの少ない国有林や国立公園内で駆除活動を行うこともしばしばありました。

上屋久町の統計にあらわれた一九九五年からの農業被害額とヤクシカの駆除数の変化をみると、一九九七年までは農業被害額が増え続け、そのあと徐々に減ってきている様子が分かります（図４）。屋久島では一九九八年に国有林内で、除伐作業を行っていた営林署の職員を誤射した事故が発生しました。それ以降、国有林内ではヤクシカの駆除を行っていません。そのため、実際にヤクシカによる農林業被害が発生している里山に近い農地や平地内で駆除をやっているので、有害鳥獣駆除の効果が顕著に現れているのではないかと思われます。ただ、この期間にも、管理が放棄されて被害額が報告されないようになった農地や林地が増えている、つまり被害を受ける農地や林地の面積が減少しているということも無視できません。とくに最近では、獣害のひどい農地ほど放棄される可能性が高くなっているので、このことが統計上に被害額の減少というかたちで現れているのかもしれません。

では、ヤクシカの総数は屋久島全体で本当に増加しているのでしょうか。照葉樹林帯の西部林道一・二キロの区間で、日の出直後から時速二キロで歩き、道の両側に出現する動物をカウントするラインセンサスという方法で、一九八八年八月～一九八九年七月に行ったものと、二〇〇一年八月～二〇〇二年七月行ったものを比較して、その間の変化を調べました。すると一九八〇年七月末から二〇〇〇年代初めの一三年間に、およそ六倍になり、現在では一平方キロあたり約四一頭と推定されました。(4)

これが本当に屋久島のシカ個体群の増加率を物語っているかどうかについては、いくつかの疑問があります。たとえば、シカの生息域がむしろ狭まって、個体数は同じあるいは減少していても特定の場所に集中するようになるとこのような結果が出ますし、調査した場所でシカが人間をおそれなくなって容易に観察されるようになったりしても同様です。ですから全島で全数調査をしないかぎり、屋久島でのシカの総数はわかりませんし、その増減も依然として不確かです。

4 シカ猟の過去と現在

昭和三〇年代には屋久島には各集落にプロの猟師がいて、ほぼ猟だけで現金収入を得ていた方が全島で五〇名ほどもいらしたようです。そのひとりである佐々木重安《しげやす》さんという大正一五年一〇月八日生まれの方は、一六歳から狩猟の修行を始めた屋久島の猟のエキスパートです(写真1)。ヤクシカは昭和四六年に保護獣に指定されましたが、それまでの三二年間、佐々木さんは生活の半分は農業に従事し、半分はシカ猟師として家族を養ってこられたそうです。昭和四六年までは、猟犬やシカ笛を使って猟をされていました。獲ったシカの毛皮は板張りにして乾かしておくと、仲買人が定期的にやってきて買い取っていったといいます。シカ角も立派なものは軍刀掛用に売れたそうですが、小さなものは、ほろ曳き(トローリング:疑似餌をつけた仕掛けを小さな漁船で曳航し、ソウダガツオやシイラなどの肉食魚を一本釣りする)のほろ(疑似餌)の頭に使いました。また獲物はシカのほかはイタチが主であり、イタチの皮は防寒帽用や軍服の裏毛用で需用が高かったといいます。

シカ笛は、土台を水牛の角やシカ角の又の部分、あるいはマテバシイの枝分かれの部分でつくり、リードとしてシカの胎児の皮を張り付けてつくったそうです。細かく震動させるために、薄い胎児の皮が珍重されたようです。雄シカの甲高い長くのばした鳴き声をまねして吹くと、雄シカはなわばり争いのため、雌シカは配偶者を求めて寄ってきたのだそうです。ただし、シカたちが興味をもつのは繁殖期の九月、一〇月の二ヶ月間だけで、あとの季節には効果はなかったとのこと。

作家の椋鳩十さんが書かれた「片耳の大シカ」(昭和二六年)という児童文学は、屋久島の大自然を背景に、猟師・猟犬とシカの壮絶な戦いと、きびしい自然のなかで肩を寄せ合って生き抜く動物たちを、共感をもってえがいた名作として知られています。これは椋氏が佐々木重安氏の実父・佐々木吹義《ふきよし》さん(明治三三年三月生まれ)にインタビューして聞いた実話を基にしたものです。

他の猟師のみなさんも、春から夏にかけてはトビウオ漁やサバ釣り、あるいは畑で農業に従事し、冬場にシカわなやサルの落としかご(永田ではどや、宮之浦ではろうと呼んでいました)で猟をしていたそうです。まさに「野に十日、山に十日、海に十日」の生活です。サルの落としかごは、釘と腰鉈《なた》、ハンマーだけを手に山に入って、直径五センチ前後の木を伐って、こたつくらいの大きさの底の抜けた檻をつくり、天秤棒で檻の片方をもちあげておきます。サルトリイバラの赤い実やからいも(サツマイモ)などを餌にして、サルが餌を引っ張ると天秤棒がはずれて檻が落ち、サルを生け捕るという仕組みのものです。獲ったサルはペットや実験動物として島外に売ったり、婦人病の特効薬とされる頭の黒焼きをつくったりしていたとのこと。また、やまばと(キジバト、アオバト、ズアカアオバト)を捕ったりもしていたそうです。

いまの猟は昔と違って有害鳥獣駆除で、上屋久町で二三名、屋久町で三八名の登録された駆除隊員で行います。出猟は最低三名から多くて一二名ぐらいまでで、ひとりおよそ三頭の猟犬を伴います。猟犬の活動はたいへんな運動量なので、交替で休ませながら猟をさせます。猟犬を六頭持っている隊員は、午前に三頭、午後に別の三頭を使います。まず被害の多いところ、またその日の天候をみて、出猟する場所を決めます。昔は山に入ると

屋久島の猟師、佐々木重安さん

猟に欠かせない屋久犬

きには、米と塩を持って山の神様（やまのかんさー）にお供えをしたそうですが、いまはあまりやりません。ただ山に入るのを避ける日（やまのかんのひ＝山の神の日）というのがあって、旧暦正月五月九月の一六日がそれに当たります。この日は営林署も山仕事を休んだものでした。やまのかんのひにシカ狩りに入って、他人にはいえない怖い目にあったという話は、狩猟に関わるひとなら誰でも知っています。

　獲ったシカは、あばら骨（リブロース）、背ロース、もも身（後脚）、まえ足（前脚の骨付き肉）の部位ごとにきちんと等分し、撃った人も撃っていない人も猟に参加したひとには平等に分けます。首の肉と背骨は猟犬に、どう骨（骨盤付近の身付き骨）は猟犬を出した人々に分け与えられます。どう骨は叩いて味噌炊きにすると、たいへん美味な部分です。また、角は撃ち取ったひとが持ち帰る権利があります。心臓やレバーなどは自己申告制で、持って帰りたいひとが持って帰るぐらいの決まりしかありません。

　屋久島の猟犬は、地元では屋久犬（やっけん）あるいは耳立ちの犬、島外では屋久島犬（やくしまけん）と呼ばれる日本犬です（写真2）。ヤクシカが保護獣に指定されてからというもの、職業猟師がいなくなって屋久島犬も島外に流出してしまいました。熊本や静岡ではイノシシ猟の猟犬として、たいへん評価の高いもので、一頭三〇〇万円まで値がついたことがあるそうです。屋久島では、一時はポインター、スピッツ、シェパードなどの洋犬がはやったことがあり、シェパードと屋久犬との掛け合わせも試みられたそうですが、いまは再び屋久犬が見直されてきています。

5 住民参加による調査が始まった

屋久島では別章にあるように、九州大学大学院の矢原徹一先生をリーダーとするシカと森の調査プロジェクトが進行中です。著者らは、矢原先生の問題提起は屋久島住民にとっても座視できないことであると認識し、研究者だけでなく地域住民も一緒になって調査研究に関わりながら、きちんと合意形成に参加していくべきだと考えました。

これまで専門の研究者のみなさんからいろいろお話をうかがって、地域住民のうちでシカと森の問題に関心のあるひとたちのなかでは、世界遺産の島・屋久島といえども、ヤクシカの捕獲を含めた適正な管理は、農林業に大きな被害がもたらさないためにも、また屋久島の貴重な植生や植物をなくさないためにも、極めて重大な課題であると次第に考えるようになってきています。

「野に十日、山に十日、海に十日」の精神は、島の自然をできるだけ多面的に利用し、限られた資源を枯渇させるような無理な集約的専業はしないという知恵だと、著者らは解釈しています。この点から考えると、シカを撃ってシカ肉を消費する営みは、工夫次第では農林業のひとつとして位置づけることはできないものでしょうか。もちろん、有害鳥獣駆除は、営利目的で鳥獣を捕獲するものではありません。ただ、捕獲した鳥獣については、他の法律（たとえば、ワシントン条約、文化財保護法第五章史跡名勝天然記念物、食品衛生法など）の規制のもとで、有効に利用することが可能です。十分な調査に立脚した管理計画によって捕獲したシカの有効な利用は、もっと積極的に図られてもよいように思われます。著者らは、狩猟後継者の育成、屋久島犬の優れた猟犬としての育成などを行って、安定したシカ個体群の管理を行うとともに、屋久島の自然に培われた狩猟文化を伝承していきたいと希望しています。

島というコンパクトな自然と人間社会では、ふつうは複雑な因果関係の連鎖で覆い隠されて、なかなか原因と結果が結びつかないようなことが、わたしたちの目の前に単刀直入に現れることがあります。森林伐採と土石流、森林伐採とシカ害との関係は、その一例かもしれません。私達は島の自然と人の歴史を深く学び、貴重な自然生態系と人の暮らしが両立し、共生していける世界を後世へ伝えていきたいと望んでいます。

そのため新たに島の将来へ責任を持つ住民の立場で人を含む屋久島のまるごとの保全をめざす「屋久島まるごと保全協会」〔略称 YOCA（よか）：Yakushima Overall Conserving Association〕を設立しました。今後、民（地域住民）官（行政機関）学（研究者・研究機関）の協働を基に、シカと森の関係性解明をはじめとした様々な調査研究への参加や、保全活動に取り組み、屋久島の新たな人と自然の共生概念確立への積極的な役割を果たしていきたいと考えています。こうした活動が屋久島の価値をますます高め、地域住民の生活の安定と発展へと結びつく事を願ってやみません。

学研究 **7**: 129-144.
(34) 渡辺弘之　1976. 奈良公園の植生・景観に及ぼすシカの影響　春日顕彰会　昭和 50 年度春日大社境内原生林調査報告 pp. 35-42.

第９章　サル２万、シカ２万、ヒト２万

(1) 光田重幸・永益英敏　1984　屋久島のシダ植物相と顕花植物相　環境庁（編）屋久島の自然・屋久島原生自然環境保全地域調査報告書 pp. 103-286.
(2) 岩松暉・小川内良夫 1984 小楊子川流域の地質　環境庁（編）屋久島の自然・屋久島原生自然環境保全地域調査報告書 pp. 27-39.
(3) 木村勝彦・依田恭二　1984　屋久島原生自然環境保全地域の常緑針広混交林の動態と更新過程　環境庁（編）屋久島の自然・屋久島原生自然環境保全地域調査報告書 pp. 399-436.
(4) Tsujino,R., Noma, N. & Yumoto,T.　2004　Growth of the sika deer (*Cervus nippon yakushimae*) population in the western lowland forests of Yakushima Island, Japan. *Mammal Study* **29**: 105-111.

（奈良） pp. 25-33. 環境庁
⑾ 小清水卓二　1943. 大和の名勝と天然記念物　天理時報社
⑿ 小清水卓二・菅沼孝之　1971. 植物社会　奈良市史，pp.25-35. 奈良市
⒀ 今 正秀　2000. 奈良における人と鹿との関係性の歴史的考察. 奈良教育大学「奈良のシカ」研究プロジェクト 6-27.
⒁ 前迫ゆり　2001b. 春日山照葉樹林におけるシカの角研ぎと樹種選択　奈良佐保短期大学研究紀要 **9**: 9-15.
⒂ 前迫ゆり　2002. 保護獣ニホンジカと世界遺産春日山原始林の共存を探る　植生学会誌 **19**: 61-67.
⒃ Maesako, Y. 2002. Current-year seedlings in a warm-temperate evergreen forest Mt. Kasugayama, a World Heritage Site in Nara, Japan. *Bulletin of sturies Nra Saho College* **10**: 29-36.
⒄ 前迫ゆり　2004　春日山原始林の特定植物群落（コジイ林）における 17 年間の群落構造. 奈良佐保短期大学研究紀要 **11**: 37-43.
⒅ 前迫ゆり　2005　古都のエコミュージアム：奈良～地域の自然と人の営み～　エコミュージアム研究会 **10**: 1-8.
⒆ Maesako, Y. Nanami, S. & Kanzaki, M. 2003. Invasion and spreading of two alien species, *Podocarpus nagi* and *Sapium sebiferum*, in a warm-temperate evergreen forest of Kasugayama, a World Heritage of Ancient Nara. *In*: Frukawa, A. (ed), International Symposium Global Environment and Forest Management, pp. 1-9. KYOUSEI Science Center for Life and Nature, Nara.
⒇ 前迫ゆり・和田恵次・松村みちる　2003. 奈良公園におけるニホンジカの樹皮剥ぎと立地条件　関西自然保護機構会誌 **25**: 9-15.
(21) 松村みちる・和田恵次・前迫ゆり　2004. 行動観察からみたニホンジカの樹皮はぎの特徴　野生生物保護学会誌 **9**: 33-41.
(22) Naka, K. 1984. Community dynamics of evergreen broad-leaf forests in southwestern Japan III. Revegetation in Gaps in an Evergreen Oak Forest. *Botanical Magazine* **97**: 275-286.
(23) Prior, R. 1983. Trees and Deer. B. T. Batsford, London.
(24) 柴田桂太　1949. 資源植物事典　北隆館
(25) Shimoda K, Kimura K., Kanzaki M & Yoda K. 1994. The regeneration of pioneer tree species under browsing pressure of Sika deer in an evergreen oak forest. *Ecological Research* **9**: 85-92.
(26) 菅沼孝之・高津加代子　1975. 春日山原始林の自然保護のための植物生態学的研究および提言　奈良県文化財調査報告 **22**: 83-96.
(27) 高橋春成　1996. 奈良公園を訪れた人びとのシカ意識　地理 **41**: 50-55.
(28) 高槻成紀　1989　植物および群落に及ぼすシカの影響. 日本生態学会誌 **39**: 67-80.
(29) 立澤史郎・藤田 和　2001. シカはどうしてここにいる？ —市民調査を通してみた「奈良のシカ」保全状の課題—，関西自然保護機構会誌，**23**: 127-140.
(30) 鳥居春己・鈴木和男・前迫ゆり・市本佳紀　2000. 奈良公園におけるニホンジカ *Cervus nippon* の胃内容物分析. 関西自然保護機構会誌，**22**: 13-15.
(31) 山倉拓夫・川崎稔子・藤井範次・水野貴司・平山大輔・野口英之・名波哲・伊東明・下田勝久・神崎護　2001a. 春日山照葉樹林の未来　関西自然保護機構会誌 **23**: 157-170.
(32) 山倉拓夫・名波哲・野田周央・伊藤明　2003. 種子を運ぶ奈良の風（御蓋山ナギの分布拡大 4）. 関西自然保護機構会誌 **25**: 43-54.
(33) 渡邊伸一　2001. 保護獣による農業被害への対応 －「奈良のシカ」の事例－. 環境社会

(11) Ito, H. & Hino, T. 2005 How do deer affect tree seedlings on a dwarf bamboo dominated forest floor? *Ecological Research* **20**: 121-128.
(12) 環境庁　2000　大台ヶ原地区トウヒ林保全対策事業実績報告書 平成6～10年度　環境庁
(13) 環境省　2001　大台ヶ原ニホンジカ保護管理計画
(14) 環境省　2005　大台ヶ原自然再生推進計画
(15) Maeji, I., Yokoyama, S. & Shibata, E. 1999 Population density and range use of sika deer, *Cervus nippon*, on Mt. Ohdaigahara, central Japan. *Journal of Forest Resarch* **4**: 235-239.
(16) McShea, W. J., Underwood, H. B. & Rappole, J. H. 1997 The science of overaundance. Smithonian Books, Washington.
(17) 丸山直樹・治田則男・星野義延・三浦慎吾・朝日稔　1984　ニホンジカ・ニホンツキノワグマが大台ヶ原の森林に及ぼす影響　大台ヶ原原生林における植生変化の実態と保護管理手法に関する調査報告書, pp.39-46.　奈良自然環境研究会
(18) 関根達郎・佐藤治男　1992　大台ヶ原山におけるニホンジカによる樹皮の剥皮　日本生態学会誌 **42**: 241-248.
(19) Takahashi, H. & Kaji, K. 2001 Fallen leaves and unpalatable plants as alternative foods for sika deer under food limitation. *Ecological Research* **16**: 257-262.
(20) 常田邦彦　1997　ニホンジカ問題の全国的な状況　ニホンジカ保護管理の現状と課題」. pp.2-5　自然環境研究センター
(21) Ueda, A., Hino, T. & Tabuchi, K. (in press) Deer browsing on dwarf bamboo affects the interspecies relationships among the parasitoids associated with a gall midge. Proceedings of the international symposium of gall forming insects.
(22) Yokoyama S., Koizumi T. & Shibata E. 1996 Food habits of sika-deer asassessed by fecal analysis in Mt. Ohdaigahara, central Japan. *Journal of Forest Research* **1**: 16-164.
(23) Yokoyama S. & Shibata E. 1998 The effects of sika-deer browsing on the biomass and morphology of a dwarf bamboo, *Sasa nipponica*, in Mt.Ohdaigahara, central Japan. *Forest Ecology and Management* **103**: 49-56.
(24) Yokoyama S., Maeji I., Ueda T., Ando M. & Shibata E. 2001 Impact of bark stripping by sika deer, *Cervus nippon*, on subalpine coniferous in central Japan. *Forest Ecology and Management* **140**: 93-99.

第７章　春日山原始林とニホンジカ

(1) 朝日 稔　1982　奈良のシカ　奈良公園史編集委員会（編）　奈良公園史 自然編　奈良市
(2) Banwell, D. B. 1999. The Sika. The Halcyon, New Zealand.
(3) 文化庁文化財保護部（監修）・本田正次ほか（編）　1971. 天然記念物事典　第一法規出版.
(4) グリーンあすなら 2002.　2002 春日山原始林巨樹調査報告書　グリーンあすなら
(5) 平尾根之吉　1949. 日本植物成分総覧 第1巻　植物成分総覧刊行会
(6) 平尾子之吉　1954. 日本植物成分総覧 第2巻　植物成分総覧刊行会
(7) 平尾根之吉　1956. 日本植物成分総覧 第3巻　植物成分総覧刊行会
(8) 池田啓・蒔田明史　1997. 天然記念物整備活用事業－エコ・ミュージアムの愛称をもつふれあいの場所づくり－　日本エコミュージアム研究会（編）　エコミュージアム・理念と活動　牧野出版
(9) 神戸伊三郎・久米道民　1939. 春日山動植物大観　奈良女子高等師範学校.
(10) 環境庁　1988. 第3回自然環境保全基礎調査　特定植物群落調査報告書　生育状況調査

(7) 山村光司　未発表.

第５章　林床からササが消える 稚樹が消える

(1) Akashi, N. & Nakashizuka, T. 1999 Effects of bark-stripping by sika deer (*Cervus nippon*) on population dynamics of a mixed forest in Japan. *Forest Ecology and Management* **113**: 75-82.
(2) 環境省　2002　2002年度大台ヶ原自然再生推進計画調査森林再生手法検討部会資料
(3) 羽山伸一　2001　野生動物問題　地人書館
(4) 井手久登・亀山章　1972　大台ヶ原の植生　応用植物社会学研究 **1**：1-48.
(5) 中村沙映　2002　大台ヶ原山の現存植生　奈良女子大学理学部生物科学科卒業論文
(6) 菅沼孝之・内山知子　1984　大台ヶ原山の植生　大台ヶ原原生林における植生変化の実態と保護管理手法に関する調査報告書 1-9.　奈良自然環境研究会
(7) 辻岡幹夫　1999　シカの食害から日光の森を守れるか：野生動物との共生を考える　随想舎
(8) 横田岳人・中村沙映　2002　大台ヶ原山山上域のササ草地拡大の時間推移　奈良植物研究 **24**・**25**：15-18.
(9) Yokoyama, S. & Shibata, E. 1998 The effect of sika-deer browsing on the biomass and morphology of a dwarf bamboo, *Sasa nipponica*, in Mt. Ohdaigahara, central Japan. *Forest Ecology and Management* **103**: 49-56.

第６章　シカによる適切な森づくり

(1) Ando, M., Yokota, H. & Shibata, E. 2004 Why do sika deer, *Cervus nippon*, debark trees in summer on Mt. Ohdaigahara, central Japan? *Mammal Study* **29**: 71-83.
(2) 福島成樹・三浦慎吾・菊池ゆり子・丸山直樹・田中均　1984　大台ヶ原山山頂一帯におけるニホンジカの生息密度　大台ヶ原原生林における植生変化の実態と保護管理手法に関する調査報告書，pp.29-37.　奈良自然環境研究会
(3) Frank, D. A. & Groffman, P.M. 1998 Ungulate vs. landscape control of soil C and N processes in grasslands of Yellowstone national park. *Ecology* **79**: 2229-2241
(4) 古澤仁美・荒木誠・日野輝明　2001　シカとササが表層土壌 の水分動態に及ぼす影響　森林応用研究 **10**: 31-36.
(5) Furusawa H., Hino T., Kaneko S. & Araki M. 2005 Effects of dwarf bamboo (*Sasa nipponica*) and deer (*Cervus nippon centralis*) on the chemical properties of soil and microbial biomass in a forest at Ohdaigahara, central Japan. *Bulletin of the Forestry and Forest Products Research Institute* **4**: 157-165.
(6) Hino, T. 2000 Bird community and vegetation structure in a forest with a high density of sika deer. *Japanese Journal of Ornithology* **48**: 197-204.
(7) 日野輝明・古澤仁美・伊東宏樹・上田明良・高畑義啓・伊藤雅道　2003　大台ヶ原における生物間相互作用にもとづく森林生態系管理　保全生態学研究 **8**: 145-158.
(8) Hino T. (in press) The impact of herbivory by deer on forest bird community. *Acta Zoologica Sinica.*
(9) 伊東宏樹・日野輝明　2003　大台ヶ原の針広混交林の林分構造　森林応用研究 **12**: 163-165.
(10) Ito, H. & Hino, T. 2004 Effects of deer, mice and dwarf bamboos on the emergence, survival and growth of *Abies homolepis* (Piceaceae) seedlings. *Ecological Research* **19**: 217-224.

J Wildl Manage **32**: 350 – 367
⒁ 金子正美・梶 光一・小野 理　1998 エゾシカのハビタット改変に伴う分布変化の解析 哺乳類科学 **38**: 49-59
⒂ 松田裕之　1998 非定常性、不確実性、合意形成　哺乳類科学 **38**: 343.
⒃ Matsuda, H., Kaji, K., Uno, H., Hirakawa, H. & Saitoh, T. 1999 A management policy for sika deer based on sex-specific hunting. *Researches on Population Ecology* **41**: 139-149.
⒄ Miyaki, M. & Kaji, K. 2004. Summer forage biomass and the importance of litterfall for a high-density sika deer population. *Ecological Research* **19**: 405-409.
⒅ Nagata, J., Masuda, R., Kaji, K., Kaneko, M. & Yoshida, M. C. 1998a Genetic variation and population structure of the Japanese sika deer (*Cervus nippon*) in Hokkaido Island, based on mitchondrial D-loop sequences. *Molecular Ecology* **7**: 871-877.
⒆ Nagata, J., Masuda, R., Kaji, K., Ochiai, K., Asada, M. & Yoshida, M. C. 1998b Microsatelite DNA of the sika deer, *Cervus nippon*, in Hokkaido and Chiba. *Mammal Study* **23**: 95-101.
⒇ Nabata, D., Masuda, R., Takahashi, O. & Nagata, J. 2004 Bottleneck effects on the sika deer *Cervus nippon* population in Hokkaido, revealed by ancient DNA analysis. *Zoological Science* **21**: 473-481.
(21) 大泰司紀之　1971　エゾシカの生態－日高地方南部における聞き込み調査の覚え書き 哺乳類科学 **22**: 9-18.
(22) Riney, T. 1964 The impact of introductions of large herbivores on the tropical environment. 9th technical meeting Nairobi. *IUCN Publications New Series* **4**: 261-273.
(23) Scheffer, V. B. 1951 The rise and fall of a reindeer herd. Science Monthly **73**: 356-362.
(24) Sinclair, A. R. E. 1979 The eruption of the ruminants. *In*: Sinclair, A. R. E. & Norton-Griffiths, M. (eds), Serengeti: dynamics of an ecosystem. University of Chicago Press, ChicagoS
(25) Takahashi, H. & Kaji, K. 2001. Fallen leaves and unpalatable plants as alternative foods for sika deer under food limitation. *Ecological Research* **16**: 257-262.
(26) 玉手英利　2002　じつは大陸で分かれた北と南のニホンジカ　遺伝 **56**: 53-56
(27) 知里幸恵編訳　1978　アイヌ神謡集　岩波文庫
(28) 宇野裕之・高嶋八千代・冨沢日出夫　1995　エゾシカと森林　森林保護 **249**: 36-38.
(29) 宇野裕之・横山真弓・高橋学察　1998　北海道阿寒国立公園におけるエゾシカ（*Cervus nippon yesoensis*）の冬期死亡　哺乳類科学 **38**: 233-246

第３章　シカはなぜ増える、どう増える

(1) Kaji, K., Okada, H., Yamanaka, M., Matsuda & H., Yabe, T. 2005 Irruption of a colonizing sika deer population. *Jornal of Wildlife Management* **68**: 889-899.
(2) 松田裕之　2000　環境生態学序説　共立出版
(3) Matsuda, H., Uno, H., Kaji, K., Tamada, K., Saitoh, T. & Hirakawa, H. 2002 A population estimation method by reconstructing the population size from harvest data: a case study of sika deer in Hokkaido Island, Japan. *Wildlife Society Bulletin* **30**(4):1160-1171.
(4) Matsuda, H., Kaji, K., Uno, H., Hirakawa, H. & Saitoh, T. 1999 A management policy for sika deer based on sex-specific hunting. *Researches on Population Ecology* **41**: 139-149.
(5) 日本生態学会生態系管理委員会　2005　自然再生事業指針（案）　保全生態学研究 10: 63-75. http://wwwsoc.nii.ac.jp/esj/J_CbnJJCE/EMCreport05j.html
(6) 北海道自然保護課　2000　エゾシカ保護管理計画　http://www.pref.hokkaido.jp/kseikatu/ks-kskky/sika/keikaku/keitop.htm

はじめに　シカと森の「今」をたしかめる

(1) 田端英雄編　1997　里山の自然　保育社
(2) 飯沼賢司　2004　環境歴史学とはなにか　山川出版社
(3) 環境省　2002　新・生物多様性国家戦略
(4) http://www.conservation.or.jp/Strategies/Hotspot.htm
(5) http://www.crrn.net/

第１章　自然公園におけるシカ問題

(1) 永田純子　2005　DNA に刻まれたニホンジカの歴史　増田隆一・阿部永（編）　動物地理の自然史（分布と多様性の進化学）　北海道大学図書刊行会
(2) http://ja.wikipedia./org.wiki/
(3) 鬼頭宏　2000　人口から読む日本の歴史　講談社
(4) 速水融　2001　歴史人口学で見た日本　文藝春秋社
(5) 鬼頭宏　2002　環境先進国江戸　PHP 研究所
(6) 環境省自然環境局生物多様性センター　2004　種の多様性調査　哺乳類分布調査報告書
(7) National Research Council　2002　Ecological Dynamics on Yellowstone's Northern Range. National Academy Press, Washington, D.C.
(8) 加藤則芳　2000　日本の国立公園　平凡社

第２章　エゾシカの個体数変動と管理

(1) Caughley G.　1970　Eruption of ungulate populations with emphasis on Himalayan thar in New Zealand. *Ecology* :**51**:53-72
(2) Caughley G.　1983　The deer wars: the story of deer in New Zealand. Auckland, N.Z. Heinemann.
(3) 北海道自然環境課　2004　エゾシカ保護管理計画　http://www.pref.hokkaido.jp/kseikatu/ks-kskky/sika/sikatop.htm
(4) 北海道環境科学研究センター　1995　ヒグマ・エゾシカ生息実態調査報告書Ⅰ　野生動物分布等実態調査（1991 ～ 1993 年度）　北海道環境科学研究センター
(5) 北海道環境科学研究センター　1997　ヒグマ・エゾシカ生息実態調査報告書Ⅲ　野生動物分布等実態調査（1991 ～ 1996 年度）　北海道環境科学研究センター
(6) 北海道環境科学研究センター　2004　エゾシカテレメトリー調査報告書　北海道環境科学研究センター
(7) 犬飼哲夫　1933　北海道産狼とその滅亡経路　植物及び動物 **1**: 11-18
(8) 犬飼哲夫　1952　北海道の鹿とその興亡　北方文化研究報告 **7**: 1-45
(9) 梶光一　2003　エゾシカと被害：共生のあり方を探る　森林科学 **39**: 28-34
(10) Kaji K., Koizumi T & Ohtaishi N　1988　Effects of resource limitation on the physical and reproductive condition of Sika deer on Nakanoshima Island, Hokkaido. *Acta Theriol* **33**: 187-208.
(11) Kaji K., Miyaki M., Saitoh, T., Ono S. & Kaneko, M.　2000　Spatial distribution of an expanding sika deer Cervus nippon population on Hokkaido Island, Japan. *Wildlife Society Bulletin* **28**(3): 699-707
(12) Kaji K., Okada H., Yamanaka M., Matsuda H., & Yabe, T.　2004　Irruption of a colonizing sika deer population. *J Wildl Manage* **68**: 889-899
(13) Klein, D. R.　1968　The introduction, increases, and crash of reindeer on St. MatthewIsland.

執筆者紹介

《編者》

湯本 貴和（ゆもと たかかず）

・一九五九年　徳島県生まれ
・大学共同利用機関法人・人間文化研究機構総合地球環境学研究所　教授
・平成一八年度から五年計画で本格的に始動する地球研プロジェクト「日本列島における人間―自然相互関係の文化的・歴史的検討」のリーダーとして、日本列島の自然の成り立ちを人間活動を絡めて解明し、豊かな生物相と人間生活が両立するような「望ましい自然」とは何かということについて考えたい。
・著書『熱帯雨林』（岩波書店）、『屋久島―巨木の森と水の島の生態学』（講談社）など。

松田 裕之（まつだ ひろゆき）

・一九五七年　福岡県生まれ
・横浜国立大学環境情報研究院　教授
・中西準子教授の後任として、生態リスクマネジメントなどに関する教育と研究に従事。愛知万博の環境影響評価委員、知床世界遺産の科学委員、エゾシカやヒグマの保護管理計画検討委員、国際捕鯨委員会科学小委員会の日本代表団、世界自然保護基金（ＷＷＦ）日本事務所の自然保護委員などを務め、順応的生態系管理の理論的方法論と実施に取り組む。持続可能な資源利用と生物多様性保全の両立を目指す。
・著書『環境生態学序説』（共立出版）、『ゼロからわかる生態学』（共立出版）など。

《第一章》

常田 邦彦（ときだ くにひこ）

・一九五二年　長野県生まれ
・財団法人自然環境研究センター　研究主幹
・生物学的側面と社会学的側面を含めた中・大型哺乳類の保護管理、外来種問題について研究を行っている。
・著書『イノシシと人間―共に生きる』（分担執筆。高橋春成編、古今書院）、『移入・外来・侵入種―生物多様性を脅かすもの―』（分担執筆。川道美枝子・岩槻邦男・堂本暁子編、築地書館）など。

《第二章》

梶 光一（かじ こういち）

・一九五三年　東京都生まれ
・北海道環境科学研究センター自然環境部主任研究員兼自然環境保全科長（二〇〇六年四月から東京農工大学大学院共生科学技術研究部　教授）
・北海道ではエゾシカの科学的な管理計画策定に従事し、管理計画を害獣管理から資源管理へ、さらには生態系管理へと発展させてきた。東京農工大学では、野生動物保護管理の担い手養成の拠点作りを目指す。
・著書『知床の動物』（分担執筆。大泰司紀之・中川元編、北海道大学図書刊行会）『生態学からみた北海道』（分担執筆。東正剛・阿部永・辻井達一編、北海道大学図書刊行会）。

《第四章》

岩本 泉治（いわもと せんじ）
・一九五五年　奈良県生まれ
・大台ヶ原ビジターセンターを経て、奈良県立万葉の森管理事務所（奈良県橿原市）　主任技能員
・一昨年、NPO法人森と人のネットワーク・奈良を設立し、山里に引き継がれていた森林文化の継承や、植生保護活動に力を入れている。数十年前まで、日本の各地に周辺の自然環境に寄り添って成り立っていた山里の暮らしがあり、それぞれに独特の文化があった。戦後五十年を過ぎ、まさに消えていこうとしているふるさととの山里文化を、せめて情景として皆さまに伝えられたら、と思う。
・主著『地球の風「大台ヶ原」』（ゼンリン出版）。

《第五章》

横田 岳人（よこた たけと）
・一九六七年　千葉県生まれ
・龍谷大学理工学部環境ソリューション工学科　専任講師
・山で暮らす人々の元気がなくなってきたから山に問題が生じて深刻になっている、との思いから，山村域の村おこしに関心を持つ。山の自然に興味を持つ人を増やすために、体験型環境教育の機会を増やしたいと考えている。野生動物が森林の多様性や生産・更新に与える影響についての研究も続ける。
・主な論文「樹木における呼吸消費　器官レベルから個体レベルを経て群落レベルの呼吸消費へ」（森茂太との共著、日本生態学会誌第53巻37～43ページ）など。

《第六章》

日野 輝明（ひの てるあき）
・一九五九年　宮崎県生まれ
・独立行政法人森林総合研究所関西支所　チーム長（野生鳥獣類管理担当）
・専門は動物生態学、群集生態学で、森林生態系における生物間相互作用と生物多様性に関心を持って研究を進めている。
・主著『鳥たちの森』（東海大学出版会）、『アカオオハシモズの社会』（分担執筆。山岸哲編著、京都大学学術出版会）、『これからの鳥類学』（分担執筆。山岸哲・樋口広芳共編、裳華房）、『鳥類生態学入門』（分担執筆。山岸哲編著、共立出版）など。

伊東 宏樹（いとう ひろき）
・一九六七年　石川県生まれ
・独立行政法人森林総合研究所関西支所　主任研究官
・大台ヶ原で、シカ―ササ―樹木実生の相互作用関係における間接効果や、樹木実生の生残過程について研究を行っている。また、近畿地方の里山林で、どのような過程を経て落葉広葉樹林が常緑広葉樹林へと遷移していくのか、その過程に人為がどのように影響するかなどについての研究も進めている。
・主著『里山を考える101のヒント』（分担執筆。日本林業技術協会編、

東京書籍）。

古澤 仁美（ふるさわ ひとみ）
・一九六九年　北海道生まれ
・独立行政法人森林総合研究所関西支所　主任研究官
・ニホンジカが森林生態系の窒素循環に及ぼす影響について研究している。
・主要論文「Effects of dwarf bamboo (*Sasa nipponica*) and deer (*Cervus nippon centralis*) on the chemical properties of soil and microbial biomass in a forest at Ohdaigahara, central Japan」（森林総合研究所報告4）など。

上田 明良（うえだ あきら）
・一九六一年　京都府生まれ
・独立行政法人森林総合研究所北海道支所　チーム長（生物多様性担当）
・同型交配一夫多妻制の婚姻形態をもつキクイムシの生態と進化に関する研究、ヤツバキクイムシ類の忌避剤による防除の開発研究、北方および熱帯の原生林と二次林に生息する昆虫の生物多様性比較ならびに原生林依存種の保全に関する研究を行っている。
・主著『森林をまもる―森林防疫研究50年の成果と今後の展望』（分担執筆。全国森林病虫獣害防除協会）など。

高畑 義啓（たかはた よしひろ）
・一九六九年　北海道生まれ
・独立行政法人森林総合研究所関西支所　研究員
・近年問題になっているカシノナガキクイムシのマスアタックをともなうナラ類の集団枯死について、とくに病原菌と樹木・昆虫・他種の菌類との相互作用について関心を持っている。
・主要論文「Changes of xylem pressure potential in *Quercus serrata* saplings inoculated with Raffaelea sp., a possible causal fangus of oak mortality in Japan」（Proceedings of IUFRO Working Party 7.02.02）など。

伊藤 雅道（いとう まさみち）
・一九五九年　東京都生まれ
・横浜国立大学大学院環境情報研究院　助教授
・陸生大型貧毛類（ミミズ類）、緩歩動物の多様性・系統分類、土壌動物の群集解析など。
・主著『森を支える土壌動物』（新島渓子との共著、林業科学技術振興所）、『無脊椎動物の多様性と系統』（分担執筆。白山義久編、裳華房）など。

《第七章》

前迫 ゆり（まえさこ ゆり）
・一九五四年　京都府生まれ
・奈良佐保短期大学　教授
・「春日山原始林の多様性と外来種」、「島嶼の照葉樹林と海鳥の関係」、「人と自然環境共生系としての河川流域環境」を主な研究テーマにしていますが、研究を通して、自然には「人の営み」が深くかかわっていることを改めて感じています。大和川という、全国でもワースト一、二を競う河川の支流上流域に、春日山原始林は位置します。人による負荷が大きい川を支える源流域の森の脆弱さに危機感を抱いています。森と川と海と人のつながりという視点から、地域の環境保全に関心を持って研究を進めています。
・主著『植物群落モニタリングのすすめ―自然保護に活かす『植物群落レッドデータ・ブック』（分担執筆。日本自然保護協会編集、文一総合出版）など。

《第八章》

矢原 徹一（やはら てつかず）

・一九五四年　福岡県生まれ

・九州大学大学院理学研究院　教授

・有性生殖をする植物と「性を失った植物」の比較研究に携わる基礎研究者。一方で、植物レッドデータブック編集にかかわったことから、絶滅危惧植物の保全のための調査・研究に乗り出し、現在では生態系・生物多様性全体を保全するにはどうすればよいかを真剣に考えている。生物種の大半は、限られた場所にひっそりと生きている目立たない存在である。シカはこれら目立たない生物たちの存続にとって大きな脅威になっている。この脅威を増大させたのは、結局は人間である。いま、私たち人間が自然とどうかかわるかが問われている。この問に答えるうえで、本書は重要なヒントを与えてくれるものと思う。

・主著『保全生態学入門』（鷲谷いづみとの共著。文一総合出版）、『花の性　その進化を探る』（東京大学出版会）、『レッドデータプランツ』（永田芳男らとの共著。山と渓谷社）など。

《第九章》

手塚 賢至（てつか けんし）

・一九五三年　鹿児島県生まれ

・画家。鹿児島県希少野生動植物保護推進員、ヤクタネゴヨウ調査隊、代表屋久島まるごと保全協会（Yakushima Overall Conserving Association、略称ＹＯＣＡ（よか））幹事

・一九九九年より、屋久島と種子島のみに自生する絶滅危惧種ヤクタネゴヨウの保全活動を民・官・学の協働で実践する。その活動を基盤にＹＯＣＡの立ち上げに参画し、新たな屋久島の人と自然のまるごと保全、共生概念の確立をめざす。

牧瀬 一郎（まきせ いちろう）

・一九六三年　鹿児島県生まれ

・自動車整備士。上屋久猟友会　理事、三岳クライマーズクラブ　会長

・屋久島まるごと保全協会（Yakushima Overall Conserving Association、略称ＹＯＣＡ）副会長

・永年、捕獲したヤクシカの個体測定や動態把握等を行っている。ＹＯＣＡの活動を通して、ヤクシカの調査を中心に、屋久島のまるごと生態系保全活動に取り組み、歴史的に培われてきた狩猟文化の継承・育成にも努める。

荒田 洋一（あらた よういち）

・一九五六年　鹿児島県生まれ

・樹木医、エコツアーガイド。屋久島山岳会　会員

・屋久島まるごと保全協会（Yakushima Overall Conserving Association、略称ＹＯＣＡ）会長

・ＹＯＣＡは、人をふくむ屋久島のまるごと保全を目的として設立された環境ＮＧＯである。ＹＯＣＡ植物部門の活動計画のひとつである山岳部の絶滅危惧種ヤクシマリンドウをはじめとした屋久島の貴重種の現状分布調査を行い、積極的な保全対策を提示していく。

《シンポジウム企画》

NPO法人　森林再生支援センター

・地域固有の豊かな森を守り育てるために、この活動をする産、官、市民の理念、技術の分野から専門的支援することを目的に、二〇〇〇年一月に設立。竹林拡大や鹿の食害等からの森林保護、森林再生手法、自然景観保全等の調査・研究などを全国で行っている。

・モウソウチク林改善実施計画策定（徳島県）、男山植生調査・放置竹林侵入竹林実態調査（京都府）、尾瀬至仏山保全対策関連調査（群馬県）、戸倉山林自然環境資源（植物相）調査（群馬県）、岩井川ダム法面緑化計画及び設計・モニタリング等検討（奈良県）、牧尾ダム松原土捨場法面緑化検討（長野県）、など。

世界《せかい》遺産《いさん》をシカが喰《く》う　シカと森《もり》の生態学《せいたいがく》

2006年3月31日　　初版第1刷発行
2006年6月30日　　初版第2刷発行

編著者／湯本 貴和・松田 裕之

発行人／斉藤 博
発行所／株式会社　文一総合出版
〒162-0812　東京都新宿区西五軒町2-5
Tel: 03-3235-7341　Fax: 03-3269-1402
URL: http://www.bun-ichi.co.jp
郵便振替: 00120-5-42149

印　刷／奥村印刷株式会社

ISBN4-8299-1190-5